国外现代食品科技系列

天然食用香料与色素

[印]Mathew Attokaran　著

许学勤　译

中国轻工业出版社

图书在版编目（CIP）数据

天然食用香料与色素/（印）安托卡伦（Attokaran，M.）著；
许学勤译．—北京：中国轻工业出版社，2018.4
（国外现代食品科技系列）
ISBN 978-7-5019-9765-7

Ⅰ.①天…　Ⅱ.①安…②许…　Ⅲ.①天然香料②食用天然
色素　Ⅳ.①TQ654②TS264.4

中国版本图书馆 CIP 数据核字（2014）第 096136 号

责任编辑：李亦兵　　责任终审：滕炎福　　封面设计：锋尚设计
版式设计：宋振全　　责任校对：燕　杰　　责任监印：张　可

出版发行：中国轻工业出版社（北京东长安街 6 号，邮编：100740）
印　　刷：三河市万龙印装有限公司
经　　销：各地新华书店
版　　次：2018 年 4 月第 1 版第 2 次印刷
开　　本：787×1092　1/16　印张：22.75
字　　数：520 千字　插页：12
书　　号：ISBN 978-7-5019-9765-7　定价：68.00 元
著作权合同登记　图字：01-2014-1286
邮购电话：010-65241695
发行电话：010-85119835　传真：85113293
网　　址：http://www.chlip.com.cn
Email：club@chlip.com.cn
如发现图书残缺请与我社邮购联系调换
180304K1C102ZYW

译 者 序

《天然食用香料与色素》作者 Mathew Attokaran 是一位多年从事香料工作的权威人士。

全书分为三部分。第一部分为有关天然香料和色素提取方面的基础知识；第二部分介绍了近百种主要为植物的天然香料和色素原料；第三部分分别介绍了天然香料和色素材料的开发潜力和发展方向进行展望。本书的重点为第二部分，所介绍的天然香料和色素材料大多是公众所熟悉的，每章基本结构包括相关历史背景介绍、材料、化学成分、精油和油树脂、主要成分分析、使用方法及命名编号等。

天然食用香料和色素使用已经被确认为是食品发展的大趋势。这种应用趋势的发展，一方面要依靠天然香料和色素提取技术的提高，推出更多可供食品行业选用的天然提取物产品。另一方面，也需要得到非香料和色素提取行业的应用人员的配合。后者对于各种天然香料和色素化学组成、主要活性成分的了解十分重要，这种了解对各种天然产物提取的发展会起到很大的推动作用。例如，直接供餐的食物大多会使用未经提取的天然香料或色素材料，这种使用方式随意性较大，难以进行标准化定量。因而，如要将各种菜肴加工成工业制品，最好能将天然材料中的主要活性成分提取出来加以应用。这样，一方面可提高天然材料的利用率；另一方面可以促进天然香料和色素应用的标准化生产。天然食品香料和色素应用的发展离不开各类专业人员的参与。本书不失为一本适合各类人员对天然香料和色素加以了解的好书。

一如既往，要感谢中国轻工业出版社提供的翻译机会，以及在本书出版发行方面所作的努力；也要感谢江南大学有关师生对本书翻译工作所提供的帮助和启示。

江南大学

许学勤

2014.5

前　　言

　　人类自从为改善口感而将各种粉碎的根茎、果实和叶子加入食物起，一直在寻找更加多样化的风味物。此外，消费者也容易接受赏心悦目的食物。某些植物材料能够为食物提供动人的颜色。人与其他动物的一大明显区别是，人类能够创造新方法来提高其食品质量。这种创造能力，使得植物材料以粉末、碎粒、蒸馏物和提取物形式，成为方便有效的风味物和着色剂及优良的天然添加剂。

　　随着现代化学的发展，涌现出了许多味美且色彩诱人的合成化合物。随着人类对自身生理及各种外部分子干扰而导致的过敏、中毒和致癌性等问题的日益关注，人们又在有意回归天然物质。毕竟，人体属于生物有机体，与生物衍生材料相容是顺其自然的事。

　　最近（食品科技，IFT，2010 年 4 月）有关十大食品趋势的调查报告指出，美国排行第二的流行趋势是富含营养素的混合食品和饮料，而排行第五的流行趋势是避免化学添加剂和人工色素。

　　Ernest Guenther 的开创性六卷本专著《精油》，包括了大部分食用天然香气和风味材料。即使在 60 年后的今天，这一专著对食品科学家和技术人员仍然起着广泛指导作用。Brian M. Lawrence 一直在《香料与调料师》"精油进展"专栏发表综述。人们对精油这些能够贡献香气的天然风味物质有很好了解，但对非挥发性天然风味物质却了解不多。

　　虽然有关香料的图书很多，但只有少数像本书一样涉及化学组成。由 Albert Y. Leung 和 Steven Foster 编制的《普通天然配料百科全书》，确实是一本在香料及其他材料方面非常有价值的书。食品颜色方面，也有一些好的专著和综述性书籍。然而，笔者认为，仍有必要编写一本涵盖面足够广泛的书，涉及各种植物性天然食品风味物和色素、提取技术、活性成分、化学性质、分析方法指导及相关机构的链接。该书旨在帮助食品科技人员和工业界相关人员实现这样的梦想——使消费者能重新回归含天然物质且外观诱人的食品。

　　本书涉及的各种产品几乎全为普通百姓所熟悉。然而，它们的科学意义、生产方法以及食品法规认可等方面，对于外行来说不会完全熟悉。因此，它对于学生、研究人员以及食品从业人员来说将有很大帮助。

　　本书分为三个部分：第一部分涉及分析、一般性质和技术；第二部分介绍各种天然香料和色素；第三部分涵盖了研究人员和制造商有关的未来展望。

Mathew　Attokaran

致　　谢

　　本书实现了本人的一个夙愿。在推出本书过程中，一直期许它对那些致力于发展深受当今消费者喜爱的天然风味物质和色素的全球食品科技人员和企业家能够有所帮助。然而，若非得到 C. J. George 的支持和鼓励，这种努力将永无成功之日。C. J. George 担任生产天然风味和色素的植物脂质公司总经理，该公司在技术和质量管理方面都处于领先地位。

　　此外，感谢植物脂质公司所有为本书出版所给予充分合作的人员。尤其要感谢：C. P. Benny、K. V. George、Thomas Mathew、Binu V. Paul 的有益讨论；John Nechupadom 的关注；Neelu Thomas 的插图；Moby Paul 的文字处理以及一些科研人员的有价值提示。还必须感谢 Madthu Kar Rao 教授在文字方面提出的宝贵意见。

　　感谢 Salim Pushpanath 公司提供的精美照片（所有照片版权属于 Salim Pushpanath 公司）。

　　真诚地感谢食品化学法典（FCC）机构，允许本人引用 40 种天然成分（多数精油）物理指标。这些指标得到 2009 年美国药典委员会版权许可转载。

　　最后，要感谢美国食品科技协会的鼓励，并接受本书出版建议。

Mathew Attokaran

作 者 简 介

　　Mathew Attokaran（原名 A. G. Mathew），生于印度喀拉拉邦，先后获得油脂和香料硕士学位，以及食品化学博士学位。在进入工业界以前，他曾在特里凡德琅市中央食品技术研究院的迈索尔地方研究实验室（CSIR）从事过 28 年食品科技方面的研究工作，并指导过博士生，发表过 200 多篇科学论文。

　　作者的多项研究成果已成功转化为实用技术，这些技术在行业中得到实际应用。其团队非常成功地开发了香料油树脂两级制造过程。

　　作者曾两次率领印度代表团出席在匈牙利（1983 年）和法国（1986 年）举行的国际标准化组织（ISO）委员会的香料和调味品标准化会议。他曾两度担任印度精油协会主席。他曾广泛游历美国、欧洲和亚洲的一些研究与产业中心，并参加相关国际会议。他在三个联合国机构（设在罗马的联合国粮农组织、设在维也纳的联合国工业发展组织以及设在日内瓦的联合国和世贸组织的国际贸易中心）都有过短期工作经历。

　　作者有着幸福的婚姻，夫妇俩生活在科钦，有两个女儿和五个孙子。作者是当地植物脂质有限公司的技术总监。更多有关 Attokaran 博士的信息可从 info@ plantlipids. com 电子邮箱获取。

目　　录

第一部分　概述 ·· 1

1　分析事项 ·· 3

2　风味剂 ·· 7

3　香料 ··· 9

4　精油 ·· 11

5　食品色素 ··· 14

6　植物提取材料的制备 ··· 17

7　精油提取方法 ··· 20

8　溶剂萃取 ··· 23

9　超临界流体萃取 ·· 26

10　提取物的均质 ·· 28

11　固体悬浮物 ··· 32

12　贮藏和加工过程中的变质 ··· 34

第二部分　风味材料与色素材料 ·· 37

13　阿育魏（毕索杂草） ·· 39

14　多香果 ··· 41

15　安卡红菌 ·· 46

16　茴芹 ·· 48

17　胭脂树 ··· 50

18　阿魏 ·· 55

19　罗勒 ·· 57

20　月桂叶 ··· 60

21　甜菜根 ··· 63

22　香柠檬薄荷 ··· 66

23　黑孜然 ··· 68

24　黑胡椒 ·· 70

25　辣椒 ·· 76

26　焦糖 ·· 83

27　葛缕子 ·· 86

28　豆蔻 ·· 89

29　角豆荚 ·· 95

30　胡萝卜 ·· 98

31　肉桂 ··· 102

32　芹菜籽 ··· 106

33　菊苣 ··· 110

34　月桂 ··· 112

35　月桂叶 ··· 115

36　丁香 ··· 118

37　丁香叶 ··· 123

38　古柯叶 ··· 125

39　胭脂虫 ··· 127

40　可可 ··· 131

41　咖啡 ··· 134

42　香菜 ··· 138

43　香菜叶 ··· 142

44　孜然 ··· 144

45　咖喱叶 ··· 147

46　椰枣 ··· 150

47　印蒿 ··· 152

48　莳萝 ··· 155

49　茴香 ··· 160

50　葫芦巴 ··· 164

51　大高良姜 ·· 167

52　山奈 ··· 170

53　小高良姜 ·· 172

54　藤黄果 ··· 174

55　大蒜 ··· 178

56　姜 ··· 183

57	葡萄	189
58	葡萄柚	193
59	绿叶	196
60	啤酒花	201
61	牛膝	205
62	日本薄荷	207
63	杜松子	211
64	柯卡姆	215
65	可乐果	218
66	大豆蔻	220
67	柠檬	222
68	香茅	225
69	甘草	229
70	莱姆	232
71	荜拨	235
72	川芎	237
73	肉豆蔻皮	239
74	柑橘	242
75	万寿菊	245
76	马郁兰	249
77	芥末	251
78	肉豆蔻	255
79	洋葱	260
80	橙	264
81	牛至	268
82	红辣椒	270
83	欧芹	277
84	胡椒薄荷	280
85	紫檀	283
86	迷迭香	286
87	藏红花	290
88	鼠尾草	294
89	风轮菜	297

90　留兰香 ……………………………………………………………… 299

91　八角 ……………………………………………………………… 302

92　菖蒲 ……………………………………………………………… 305

93　罗望子 ……………………………………………………………… 308

94　龙蒿 ……………………………………………………………… 311

95　茶 ……………………………………………………………… 313

96　百里香 ……………………………………………………………… 316

97　番茄 ……………………………………………………………… 319

98　姜黄 ……………………………………………………………… 322

99　香子兰 ……………………………………………………………… 330

第三部分　未来需求 ……………………………………………………… 337

100　某些天然色素源的开发潜力 ………………………………… 339

101　某些天然香料源的开发潜力 ………………………………… 344

后记 ……………………………………………………………………… 348

第一部分
概　述

引言

　　在讨论各种风味剂和着色剂以前，必须先对多方面情形做一般性了解。有若干著名组织定期负责对测定方法、指标及安全评估进行整理。这部分涉及风味剂和色素方面的技术和某些类型的一般特性，这些内容有助于对与食品配料相关的食品技术有更好的了解。

　　各章涉及的内容有提取方面的分析、技术以及食品应用的必要调整。为了对研究人员、制造商和食品配方人员有所帮助，也重点介绍了诸如香料、精油、风味剂和色素等重要产品类型。

1 分析事项

天然风味剂和着色剂的测定分析包括三种不同类型：①化学成分分析；②残留物分析；③微生物学分析。

化学分析

活性组分含量测定最重要。每种活性组分都有某些特征表象作用。这些表象作用，除可用常规方法分析以外，可能需要借助仪器进行分析。许多组分涉及紫外或可见光谱分析。此外，有些挥发性组分可以通过气相色谱法（GC）进行分析，而挥发性组分则可采用高压液相色谱法（HPLC）进行分析。而气相色谱法（GC）与质谱（MS）结合而成的 GC－MS 先进分析方法，则是通过质谱（MS）对气相色谱法（GC）分离得到的化合物进行鉴别。

香料等许多含挥发油的物质，不能用重量法测定水分含量。美国香料贸易联合公司（ASTA）描述了测定挥发油含量的甲苯蒸馏法，该法采用克莱文杰捕集器来捕集蒸馏产生的挥发油。

美国分析化学家学会（AOAC）方法是公认的植物产品官方分析方法。美国食品与药物管理局（FDA）和欧洲联盟（EU），分别按联邦法典（CFR）和欧洲食品安全条例（EFSA），规定了监管方面、指标基准方面和分析方面事宜。食品香料工业国际组织（IOFI）对风味剂材料也有类似的细节规定。食品法典在这方面也有分析指南。食品化学品法典（FCC）对许多风味剂、着色剂及试验方法有非常详细的阐述。

残留物分析

残留物通常不受欢迎，但有可能存在于天然风味剂和着色剂中，残留物包括①提取物中的溶剂；②黄曲霉毒素；③杀虫剂；④重金属。

食品法规（详见第 8 章溶剂萃取）对残留溶剂有限制。溶剂残余的测定方法是，对 50g 提取物在规定条件下进行水蒸馏，使用 1mL 甲苯收集蒸馏出的残留溶剂，然后用 GC 测定所含的溶剂。

这种方法基于半个世纪前 Todd（1960）的论文。为了将这种方法改进成标准化方法，人们做了许多努力，但均没有取得成功。FCC 在溶剂残留测定方面有详细介绍。

黄曲霉毒素由黄曲霉（毒素以此菌命名）及一些曲霉菌和青霉菌产生。欧盟对黄曲霉毒素 B1 的限量为 5μg/kg，对霉菌毒素的总量限量为 10μg/kg。FDA 对黄曲霉毒素总量的限值是 20μg/kg。黄曲霉毒素的检测方法参见 AOAC 和 ASTA（只针对香料）方法。

　　欧盟最近对赭曲霉毒素污染实行了限制。建议的限值为 30μg/kg。AOAC 有关于这种毒素的分析方法。黄曲霉毒素可利用高效液相色谱与荧光检测器结合进行测定。

　　农药残留分析具体方法参见 FDA 出版的《农药分析手册》。AOAC 在农药残留分析方面也有很好的参考资料。农药残留按有机氯、有机磷和拟除虫菊酯分类。这些农药残留可用气相色谱法测定。有机氯化合物和拟除虫菊酯类要用电子捕获检测器（ECD）检测，而有机磷化合物，则要用火焰光度检测器（FPD）检测。

　　常见的有害重金属残留包括汞、镉、砷、铜、铅和锌。AOAC 有这方面的测试方法，该方法用原子吸收光谱法（AAS）测量。

　　人们关注人工色素是因为曾有人试图用苏丹红对红辣椒提取物掺假。就风味剂和着色剂整体而言，这种问题不普遍，人们对色素造假的关注程度正在慢慢消退。欧盟对于辣椒和姜黄中的以下几种染料设有限量值：奶油黄、固深红 GBC、甲基黄、间胺黄、橙色二号、段红、对-硝基-苯胺、罗丹明、苏丹黑 B、苏丹橙、苏丹红 B、苏丹红 I 至 IV 以及甲苯胺红。为防止交叉污染，人们也使用胭脂素。

　　这些人工染料的起始限量曾经定为 10μg/kg，这意味着要用 LC/MS/MS 分析手段才能检出，一台液相色谱（LC）仪与两台质谱仪可对较低水平含量进行定量测定。目前，这一限量可增至 500μg/kg，因而可以用 HPLC 测定，这是一个必须检验的限量值。

　　一般认为，在这种水平上掺假并不存在有利可图的优势。此外，许多其他原因也可引起污染。农药生产企业会使用胭脂素之类着色剂，以便农民对其产品识别。农场操作机械和粉碎机械使用的润滑油有时也被染色，以便区别。农民会在一些袋子上用染料书写上诸如重量、日期、批号之类详细信息。

微生物

　　对于蒸汽蒸馏得到的精油和溶剂提取得到的风味剂和着色剂，由于处理过程具有灭菌效果，因此微生物污染不是主要问题。然而，对于植物产品和水提取物，微生物污染却很严重。在维持一般良好卫生条件的情形下，只需对菌落总数、酵母和霉菌进行评估就已足够。然而，在严重污染情况下，需要测试下列致病菌：大肠菌群（特别是大肠杆菌）、沙门氏菌、金黄色葡萄球菌和蜡状芽孢杆菌。

　　FCC 对许多风味和着色材料进行过描述。AOAC 和 ASTA（香料）给出了一些分析程序。风味提取物制造商协会（FEMA）和化学文摘社（CAS）均有用于各种天然风味剂和着色剂的识别编号。欧盟为经过各方面检验证明使用安全的各种添加剂指定相应 E-编号。到目前为止，这些编号已经包括食品颜料和一些其他物品。香料及其活性组分尚未指定编号。美国 FDA 给出有关指标和 CFR 编号。本书给出了各种物料已有 FEMA、CAS、CFR 编号和 E-编号。

　　相关重要机构的全称和地址如下：

表 1.1

英文机构名称及地址	中文名称
American Spice Trades Association, Inc.　**ASTA** 560 Sylvan Avenue P. O. Box1267 Englewood Cliffs, NJ 07632 Official Analytical Methods (for methods of analysis on spices)	美国香料贸易协会公司（**ASTA**） 森林大街 560 号 邮政信箱 1267 英格兰伍德客利夫斯，NJ07632 （官方（香料）分析方法）
AOAC International　**AOAC** 481 North Frederick Avenue, Suite 500 Gaithersburg, MD 20877 (for methods of analysis of plant products and impurities)	国际分析化学家协会（**AOAC**） 北弗雷德里克大街 481 号，500 室 盖瑟斯堡，MD20877 （有关植物产品和杂质分析方法）
Food Chemicals Codex　**FCC** Legal Department of United States Pharmacopeial Convention 12601 Twinbrook Parkway Rockville, MD 20852 (for specification and test methods) European Union	食品化学法典（**FCC**） 美国法务部 药典委员会 厅布劳克派汇 12601 号 洛克威尔区，MD20852 （有关指标和测试方法） 欧洲联盟
European Food Safety Authority **EFSA** (for food regulation, standards, and award of E-number)	欧洲食品安全局（**EFSA**） （负责食品法规、标准和授予 E－编号）
U. S. Food and Drug Administration　**FDA** 10903 New Hampshire Avenue Silver Spring, MD20993 (for regulatory matters and standards) Code of Federal Regulations (CFR)	美国食品与药物管理局（**FDA**） 新罕布什尔州大道 10903 号 云泉大厦，MD20993 （负责监管事项和标准） 联邦法规法典（CFR）
Codex Alimentaris　**CODEX** Secretariat Viale delle Terme di Caracalla 00153 Rome, Italy (for food safety, standards, and related matters)	食品法典（**CODEX**） 秘书处 Viale delleTerme di Caracalla 罗马 00153，意大利 （负责食品安全，标准及相关事宜）
International Organization of the Flavor Industry　**IOFI** Secretariat, 6 Avenue des Art 1210, Brussels, Belgium (consisting of national association of flavor manufacturers of several countries)	国际食用香料工业组织（**IOFI**） 秘书处，艺术大街 6 号 1210，布鲁塞尔，比利时 （由若干国家香精制造商协会构成）
Flavor Extract Manufacturers Association　**FEMA** 16201 Street NW, Suite 925 Washington, DC 20006 (generally recognized as safe [GRAS] list)	风味提取物制造商协会（**FEMA**） 西北路 1620 号，925 室 华盛顿特区，20006 （一般公认安全 GRAS 清单）
Chemical Abstracts Service　**CAS** American Chemical Society Columbus, OH 43202	化学文摘社（**CAS**） 美国化学学会 哥伦布，OH43202

食品化学法典（FCC62008 – 2009）是一份关于各种食品添加剂（包括天然风味剂和着色剂）的描述、指标、测试方法的法规文件。如今，该文件已经成为食品添加剂方面权威性文件。该文件由美国药典委员会（USP）编撰，可以肯定的是，该委员会的专业性质也可扩展到食品化学范围。

以下为所用测量单位的缩写。

%	百分比
℃	摄氏度
μg	微克（10^{-6}g）
μm	微米（10^{-6}m）
g	克
kg	千克（1000g）
km	千米（1000m）
L	升
m	米
mg	毫克（10^{-3}g）
mL	毫升（10^{-3}L）
mm	毫米（10^{-3}m）
t	吨（1000kg）
ng	纳克（10^{-9}g）
nm	纳米（10^{-9}m）
ppb[①]	十亿分之一
ppm[①]	百万分之一
V/m[②]	体积/质量

参考文献

FCC 6. 2008 – 2009. *Food Chemicals Codex*, 6th edition. Rockville, MD: United States Pharmacopeial Convention.

Todd, P. H. 1960. Estimation of residual solvents in spice oleoresin. *Food Technol.* 141, 301 – 308.

---

① ppb 改为 μg/kg，ppm 改为 mg/kg——译者注。
② V/m 有误，应为 m/V。如：0.2%（m/V）改为 2g/L——译者注。

2 风味剂

天然风味剂源

当今世界，人们大都偏好食用天然材料。许多奇妙的化学品随着化学发展而得到合成。因此，化学家可以创造出具有香气、滋味和颜色的各种化合物。但由于试验发现某些化学物质具有毒性和致癌性，使得食品消费者再次选择天然物质。凡涉及食品材料，人们趋于尽可能回归天然产品。这种趋势表现在发展有机食品、反对基因改造项目、避免加工过程不良残留物，以及对真菌毒素、农药残留和重金属加以严格限制。

香料是风味剂中最大一类物质。人们在食品中使用各种香料已有很长历史。香料含有能够产生微妙香气的精油。此外，许多香料具有辛辣味，这种风味可为食物提供刺激作用。人们在食品中使用香料，使其对消费者更有吸引力。鉴于香料的重要地位，本书将在第 3 章专门介绍香料。

柑橘类水果是另一大类风味剂源，它们通过所含精油的精致香气产生风味作用。各种柑橘类水果果皮含有精油。这类精油不需要采用水蒸气蒸馏便可从果皮细胞提取。事实上，柑橘皮的价值只在于所含精油，因为其所含的各种非挥发性成分对风味没有贡献。柑橘皮只在极罕见情况下才以整皮形式作为风味物使用，如用于蛋糕、糕点和橘皮果酱。泡菜可使用带皮的整酸橙或柠檬。其他情形下，大多使用通过分离而得到的精油。

有些风味材料得到应用的原因是它们含有某些生物碱和多酚类物质。但它们在食品中的使用方法与香料不同。它们主要以提取物的形式用于饮料，也可作为咀嚼物使用。

风味的感知

风味是滋味、气味和口感的组合。甜味、酸味、咸味和苦味被认为是真实滋味。如今，"鲜味"、肉汤味、肉味，或谷氨酸盐咸鲜味，也被列入风味清单。真正滋味由舌头上专门神经末梢感知。

甜味由糖和其他甜味剂产生，而咸味则由氯化钠产生。这两类滋味均在食品及食品的制备中起着重要作用。酸味由产品中酸的 H^+ 所引起，罗望子、藤黄果、酸橙、番茄、柠檬酸和醋均是含酸产品。可可和咖啡之类中的生物碱、葫芦巴中的皂苷以及焦糖都可产生苦味。

除了真正滋味以外，还有其他不依赖专门神经末梢的感觉因素。这些感觉因素遍布全身，但在嘴里与其他因素一起被感知时，便被认为是某些食品所应具有的因素。辛辣味、涩味、凉爽感和温暖感，均属于这类因素。辛辣味由红辣椒中的辣椒素、黑胡椒中的胡椒素、生姜中的姜辣素类化学物质所引起。辛辣作用本质上是一种痛苦反应。涩味是一种触觉，由茶叶和咖啡中的多酚类物质所引起，这类物质会暂时与口中的蛋白质缔合在一起。这种作用程度意义上类似于皮革鞣制。凉爽或温暖感是一种温度效应。例如，由冰淇淋产生的凉感或由热咖啡产生的温暖感觉。薄荷醇类的化学物质也可产生凉爽感觉。生物碱一般会影响神经系统，使人产生风味发生改变的感觉效果。

口感包括硬度、韧性、柔软性或脆性之类的食物质地。风味和色素提取物对食品的质地影响很小，原因是它们添加水平低。

食品的气味由所含的挥发性化合物引起。一般情况下，这是一类有机化合物。香气是食品中受欢迎的气味。人体通过两个步骤产生对气味的感知。扩散的挥发性化合物，首先受到鼻子受体捕获，然后由大脑嗅觉部分进行刺激识别处理。

有关气味的科学及其检测，要比滋味检测复杂得多。多年来，人们在这方面展开了许多研究。气味分子按大小和形状，可分为若干主要类型，如樟脑味、辛辣味、泥土味、花香味、薄荷味、麝香味和腐烂味。

食品的风味由滋味、口感和香气整体感觉决定。本书所描述的各种风味配料对滋味和香气都有显著贡献。然而，无论风味多么具有吸引力，其外观（尤其是色彩）也起着重要作用。宜人的色彩对进食风味和感觉起促进作用（详见第5章）。

3 香料

香料是来源广泛的优良风味料。古代欧洲已经接受香料的开胃风味。15 世纪，欧洲人多次大胆的航海探险都是为了前往东方获取香料。哥伦布和伽马的航程便是两个例子。虽然哥伦布偶然发现的是美洲大陆，但伽马却绕过南非开普敦好望角，最终在印度西南沿海当时繁荣的卡利卡特港口登陆。早期的阿拉伯商人从西南印度和东印度出发，通过陆路与海上航线结合，经营着与中东、地中海地区和欧洲国家之间的生意。十三世纪马可·波罗的旅行经历提到了诱人的东方香料。但是，亚洲香料出口到欧洲的繁荣生意，直到伽马团队在印度成功登陆之后才开始。

除了叶菜类香料（如地中海香草和薄荷）以外，多数大宗香料只能在热带温暖潮湿气候条件下生长。即使是辣椒这些带辣味的品种也需要温暖的气候条件，只有主要用于提取色素的红辣椒，才能在较冷的气候条件下生长。香料对于亚洲人来说，确实是其食物的灵魂。各种香料能唤起西方人对热带地区激动人心的探险以及古老帝国兴衰的各种遐想。

香料来自植物的不同部位。它们可以是果实（小豆蔻，辣椒）、浆果（杜松子，黑胡椒，多香果）、种子（芹菜、茴香、小茴香）、仁（肉豆蔻）、假皮种（肉豆蔻干皮）、花朵（藏红花，丁香）、树皮（决明子，肉桂）、叶子（薄荷、马郁兰、月桂叶）、根茎（姜黄、生姜）或球茎（大蒜、洋葱）。

香料的主要贸易品种有黑胡椒、辣椒、生姜和姜黄。种子香料、树香料及其他香料都是次要香料。印度的小豆蔻由于交易率高，被当地人普遍认为是主要香料。然而，人们会注意到，很多种子香料，如香菜、小茴香、茴芹、芹菜，实际上是果实，这些颗粒干燥后称为种子。

香料，特别是大宗香料，一般用于咸味食品。这是因为它们能提供高水平辣味。黑胡椒、辣椒和生姜称为热性香料。而许多种子香料和香草（如豆蔻、薄荷和肉桂）则被用于甜味制品。

几乎所有香料都在第二部分中介绍，然而某些共性方面的内容还是需要加以特别提出。除了辣椒以外，几乎所有香料的香气均来自于所含的精油。许多主要香料，事实上，所有香料（除香草和一些种子香料以外的）均含有非挥发性刺激性成分，能够赋予食物辣味。有些香料，如辣椒、姜黄和红花可为食物提供诱人的颜色。与各种香料有关的具体的辛辣和赋色性组分以及精油将在下面讨论。然而，精油有一些共同特性，因此需要专门加以讨论（详见第 4 章）。

香料油及油树脂

第二次世界大战期间，一些士兵和平民不得不在完全陌生的地区度过漫长的时间。

因此，有必要获得具有喜欢风味的方便食品和添加剂。这种方便食品趋势在战后得到增长，这种需求必然会导致标准化香料油及油树脂的发展。

如上所述，香料有两个主要风味属性。一种是香料的香气迅速引起消费者注意，这是由精油或香料油提供的，由鼻子这种嗅觉器官检测。香料油可以用水蒸气蒸馏法分离。

另一风味属性是由口中咀嚼时产生的辣味和辛味。辛味由非挥发性化学物产生。香料也有颜色，但只有部分香料具有诱人的颜色，例如辣椒和姜黄。呈色组分也是非挥发性的。如果需要所有包括香气、滋味和颜色的风味属性，则只有溶剂提取的油树脂可成为一种完整的提取物。这种提取物中还可发现挥发性香料油。

过去，油树脂常用单级溶剂萃取法生产，20世纪70年代，印度开始引入改进的两级萃取法。不过，两级法也存在缺点，由于受到溶剂干扰，油的质量不怎么好。在溶剂去除过程中，可能会丢失一些纯正的香气。

在两级萃取过程中，香料油首先通过水蒸气蒸馏法分离。脱油的香料，经过干燥和粉碎，用适当的溶剂提取非挥发性组分。由于这一阶段精油已经提取，因此，可只根据非挥发性组分选择溶剂。如此得到的脱除溶剂的树脂组分，与第一阶段得到的油进行适量混合，就成为油树脂。

第一阶段中除去的香料油不受溶剂影响。一般情况下，这种油产率高，只需约一半的量就可与树脂提取物混合。事实上，在第一阶段的水蒸气蒸馏过程中，油可以分两级馏分收集。第一部分油中含有更加丰富的单萜成分。第二部分油含较多倍半萜类和含氧化合物。第二部分的油可作为制品销售。带有浓重香气的第一部分油适用于与第二阶段的溶剂提取物混合。改进的两段法过程的出现，使得高级香料油的生产成为油树脂工业的一部分，从而使得这种过程具有更大的商业可行性。

4 精油

精油是由植物产生的挥发性液体，通常具有香气。英文术语"essential oil"源于英文单词"essence"（精华之意），因为它带有植物材料独特气味或精华。由于精油具有挥发性，因此也被称为挥发油。精油根据提取所用的植物名称命名，例如姜油、肉豆蔻油和橙油。精油也统称为香料油和柑橘油。

精油是亲脂性和疏水性化合物的浓缩物，具有挥发性。植物也产生不具有挥发性的固定油或脂肪油。固定油是甘油的脂肪酸酯，即甘油三酯。甘油三酯也存在于动物体内，具有黏性。固定油营养丰富，可作为烹饪用油。精油在食品中的作用是提供香气和风味。在某些情况下，精油还具有药疗作用。精油被广泛用于香料工业。最近流行的芳香疗法，促进了精油行业发展。芳香疗法是一种药物替代疗法，精油产生的特殊气味被认为具有疗效能力。

精油由萜烯组成。100多年前，人们发现精油中存在的碳氢化合物是 C_{10}、C_{15} 及少量 C_{20} 化合物。C_{10} 烃类分子式通常为 $C_{10}H_{16}$。它们可视为由两个异戊二烯单元 C_5H_8 构成。类似地，C_{15} 和 C_{20} 化合物分别由3个和4个异戊二烯单元构成。因此，C_{10}、C_{15} 和 C_{20} 化合物分别称为单萜、倍半萜和二萜。单萜类化合物可以无环，如 α-蒎烯，也可以含有单环，如柠檬烯和对伞花烃，还可含有双环，如莰烯，甚至还可含有三环。$C_{10}H_{16}$ 无环萜烯含有三个双键，单环结构含有两个双键，双环结构含有一个双键，三环结构不含双键。随着氢或其他取代物的增加，这一不饱和数规则可能会有所不同。

$C_{15}H_{24}$ 烃为倍半萜烯，可认为由3个异戊二烯单位构成。其中，无环化合物含4个双键，单环、双环和三环化合物分别含三个、两个和一个双键。与单萜烯相比，倍半萜烯具有较高沸点，通常高于250℃。一般来说，单萜或倍半萜烯是主要的芳香性萜烯。二萜类化合物由于不易挥发，因此在大多数精油中并不是常见产生香气的化合物。

萜和倍半萜类化合物可以含氧衍生物形式出现。单萜类化合物可以是醇（薄荷醇，香叶醇，香茅醇）、醛（柠檬醛，肉桂醛）、酮（薄荷酮，香芹酮）、酚（百里酚，丁子香酚）、酯（醇的乙酰基衍生物）以及氧化物（桉叶油素）。这类化合物也以酸、内酯和香豆素形式出现。类似地，倍半萜也可以含氧衍生物形式出现。

由于挥发性随着分子质量的增加而降低，因此，倍半萜的挥发性比单萜的挥发性低。含氧衍生物的挥发性也较烃类化合物的低。尽管如此，倍半萜类化合物和高沸点的含氧衍生物在食品风味中仍然占有重要地位。咀嚼时，食物所含风味物会在口中保留一段时间，这期间风味物质与嗅觉器非常接近。在此情形下，风味分子无需长途传输。香料通常用于加热后食用的咸味食物，加热会增加挥发性。挥发性非常大的分子（如单萜烃），如果较长时间靠近鼻子或加热，对嗅觉系统刺激性特别强。

值得一提的是，许多市售香料油的质量，是根据挥发性较低的含氧萜烯或倍半萜烯等标志性化合物含量确定的（表4.1）。高百分比高沸点的标志性化合物，确保产品具有足够含氧萜和倍半萜类物质。

表 4.1 主要香料油质量标志性组分

香料油	质量标志物	化学性质
肉豆蔻油	肉豆蔻醚	双环含氧萜
芹菜籽油	油芹子烯	双环含氧倍半萜
姜油	姜碱，姜黄烯	倍半萜
辣椒油	β-石竹烯	双环倍半萜

倍半萜和含氧衍生物含量较高的市售香料油可采用分级式水蒸气蒸馏获得。印度有一种改进的双级萃取工艺，可用于制备油树脂。在此工艺中，香料油先经过蒸汽蒸馏。在第二阶段中，脱油香料再用溶剂萃取。如前所述，在第一阶段水蒸气蒸馏过程中，香料油被收集为两部分。第一部分含较多低沸点物质，如单萜类，而第二部分含较多高沸点化合物，如倍半萜和含氧衍生物（表4.2）。第一部分具有较强香气，非常适合与溶剂提取的非挥发性树脂混合成优良油树脂。第二部分含有较多高沸点化合物，是良好的市售香料油。为了获得更多倍半萜和含氧衍生物，仍然可以通过长时间水蒸气蒸馏实现。

表 4.2 分级蒸汽蒸馏过程中第一和第二部分馏分中高沸点标志性化合物分布

香料油	第一部分			第二部分		
	总油分/%	高沸点标志性化合物	油中的标志性化合物含量/%	总油分/%	高沸点标志性化合物	油中的标志性化合物含量/%
肉豆蔻油（斯里兰卡）	25	肉豆蔻醚	0.2~0.5	75	肉豆蔻醚	2.5~3.5
芹菜籽油	40	芹子烯	3~5	60	芹子烯	16~18
辣椒油	50	β-石竹烯	4~6	50	β-石竹烯	25~27
姜油	10	姜碱	8~12	90	姜碱	42~44

部分简单烃类会在贮存过程发生氧化。柑橘油的主要单萜烃柠檬烯会发生这种氧化作用。在氧化过程中，柠檬烯会散发出一股难闻的樟脑气味。烃类过多不仅会对含氧化合物产生的所需风味产生稀释作用，也会限制油在水中的分散性，并且当用于饮料时，还会对醇产生稀释作用。为了避免这类问题，要将萜烃除去以得到无萜柑橘油。烃类较具挥发性，可通过分馏式真空蒸馏进行分离。也可采用含水酒精和正己烷进行液相分配，但会出现残留溶剂问题。含氧化合物具有较大极性，进入含水酒精相，而非极性烃进入正己烷。由于残留的正己烷在清凉饮料中不受欢迎，一般建议用适当稀释的乙醇进行单液体分馏。然而，必须强调的是，最好采用分馏式真空蒸馏，因为这种方法较有效。

Ernest Guenther（1948—1952）所编的六卷本精油专著虽然较老，但它仍然具有参考价值。有关精油的更多细节，参见 Baser 等（2010）最新著作。

参考文献

Baser, Husnu; Can, K.; and Buchbauer, Gerhard. 2010. *Handbook of Essential Oils*, *Science*, *Technology and Application*. Boca Raton, FL: CRC Press, Taylor and Francis Group.

Guenther, Ernest. 1948 – 1952. *The Essential Oils*. 6 vols. Malabar, FL: Robert E. Krieger.

5 食品色素

按照食品工艺师的说法，食品外观色决定食欲。诱人且适当的颜色，会使食品得到消费者的认可。消费者对于特定的食物会有某种颜色期望。例如，菠萝汁应为浅黄色，橙汁应为橙色，草莓汁应为粉红色。如果这些颜色互换，其结果会令人不满意。同样，有些食物是纯白色的，如熟米饭或牛奶。如果这些颜色变深，则无论多么诱人，消费者都不会接受。一般来说，诸如苹果切口之类的食品褐变，会被认为不受欢迎，但消费者却喜欢烘焙产品的褐变属性。

食品在加工贮存过程中，可能会失去一些颜色。同样，某些反季节水果可能色彩不足。这些情形下，需要加入色素以使产品被人们接受。儿童产品比较特别，丰富多彩的外观会受到欢迎，如糖果、麦片、雪糕等。食品的颜色会影响消费者意愿，并能抑制或增加食欲。

颜色的感受机制

颜色是光线的光谱反映，光线与眼中具有光谱分辨能力的专门光线受体发生作用。这些光线受体被称为视锥细胞。视网膜中各种类型视锥细胞，会与适当波长的光线作用，使目标得到辨认，从而对颜色的深浅进行量化。

人眼能识别范围在 380 ~ 740nm 之间任何波长的光辐射；蓝色光线方向的波长较短，红色光线方向的波长较长。该光线波长范围称为可见光谱。低于可见光的波长位于紫外区，红外线波长比可见光波长长。眼睛有三种类型视锥细胞，看某个对象时，每种细胞根据受刺激程度分别产生三种信号。这些刺激值称为三刺值。需要指出的是，眼睛所看到的对象颜色，是由各个锥体细胞刺激总和反映的整体感受颜色。在这种情况下，背景颜色会影响到我们所见的颜色，因为眼睛看到的是总体情况。

颜料是选择性吸收和反射不同光谱的化学物质。背景颜色有影响，但整体颜色描述假设背景色为白色。然而，同样的食物在阳光和人工光源下看起来可能有所不同，光线变暗也会影响判断，这是超市或餐厅展示食品时要注意的因素。

食品的颜色

从食品加工早期开始，人们就已经尝试通过添加色素和增色配料使食品具有吸引力。即使是家庭烹调，人们也熟知各种食物最终应有的颜色。随着合成色素的发展，人工着色剂也被用于食品。然而，不少人工着色剂后来被确定为具有毒性和致癌性。基于毒理学的多次筛选结果，目前多数国家的食品法规只允许使用少数合成色素。美国食品与药物管理局（FDA）的联邦法规（CFR）中，只允许七种合成色素在食品中使用。表 5.1 中给出了它们的 E - 编号和颜色色调。

表 5.1		美国允许使用的合成食用色素	
序列	合成色素	E - 编号	色调
1	亮蓝 FCF	E.133	蓝
2	靛蓝	E.132	蓝
3	固绿 FCF	E.143	蓝绿色
4	诱惑红 AC	E.129	红
5	赤藓红	E.127	粉红色
6	柠檬黄	E.102	黄色
7	日落黄 FCF	E.110	橙色

南安普顿大学最近在《柳叶刀》发表的一项研究显示，儿童食用人工色素及防腐剂苯甲酸钠混合物与高水平多动症之间存在相关性。遗憾的是，该研究没有对色素单独进行试验，而只是对混合物进行试验，从而难以查明这种生理障碍源。人们正在计划进行验证性和更系统性的研究，因此，审慎起见，最好是等待结果出来后再下结论。

一些大学专家和欧洲食品安全局认为，人工色素在儿童多动症方面起一定作用。欧洲联盟（欧盟）有可能会对此进行调查。然而，到目前为止，美国食品与药物管理局（FDA）尚未认可这些结果。

消费者对合成颜料的关注，预示着天然色素会成为理想的着色剂选择。全球不同组织都在对食品颜色的安全性进行测试。在美国，得到美国食品与药物管理局（FDA）批准的着色剂意味着它可同时用于食品、药物和化妆品。欧盟的欧洲委员会正进行详细的测试和批准过程。E - 编号表示可安全使用。许多先进国家都有相关法规和批准使用的食品色素清单，其中包括每日最大摄入量。

一些监管机构一般不要求对天然食品色素进行试验，并且很少有最高摄入量限制。几乎所有天然食用色素将在第二部分讨论。许多监管机构认为焦糖色素属于天然色素。

颜色的测量

食品的颜色可以用罗维朋比色计进行测量。该仪器有三块提供三元色（红、黄、蓝）的刻度滤镜。也有用于测量混浊度的白色滤镜。颜色可以通过透射（液体）和反射两种方式测量，并以红色、黄色、蓝色和白色单位表示。这是一种主观但标准化测定。较后出现的客观反射光谱仪带有三刺值透镜组合设计，这些透镜类似于为人脑提供信号的三种视网膜锥细胞。

一种客观测量方法是将眼睛所见的产品颜色定用 L、a 和 b 值描述。L 值代表白黑程度。如果读数为 100，则被测产品具有 100% 白度。如果读数为零，则代表产品为全黑。a 值代表红色和绿色，正值表示红色，负值表示绿色。b 值代表黄色和蓝色，正值表示黄色，负值表示蓝色。使用特制设备可同时客观描述反射和吸收的颜色。美能达 Lab 公司、亨特公司及实验仪器公司是得到普遍认可的测色仪器生产商。

　　某些香料使得食品色彩丰富。除了香料外，蔬菜和水果也可使食品具有诱人的颜色。然而，诸如菜叶、花朵、微生物及昆虫材料中的色素在提取后才能用于食品。因为这类材料总体上没有任何风味和食用价值。色素组分如姜黄素、叶黄素和花青素，也可用分光光度计或高效液相色谱定量测定。

6　植物提取材料的制备

对天然风味和颜色材料进行处理，需要应用某些单元操作，制取提取物时更是如此。后面会介绍两个主要制备步骤，即水蒸气蒸馏（第7章）和溶剂萃取（第8章）。本章简要介绍一些其他操作。这些操作有很多理论，当应用于具体产品需要有更详细的方法和改进。因此，如需进一步深入了解，建议读者参见有关专著和文献。

干燥

几乎所有植物材料，无论直接使用或用于制备提取物，均需要干燥。需要得到新鲜风味提取物或花青素之类水溶性色素时，则不用干燥。干燥是为了确保不发生腐败。干燥也有助于细胞破碎，以利用蒸汽或溶剂使活性组分流出。大部分植物材料，特别是在热带地区，多利用日晒方式进行干燥。有些植物材料可利用干燥机干燥，预热空气以横流或穿流方式通过被干燥材料。干燥通常是农业操作的一部分，但也可在靠近生产区进行干燥。提取物生产商采购的是干燥材料。极少数情形下，加工商不得不利用日晒或干燥器对材料进行补充干燥。

烟熏干燥在农村并不少见，但这是一种不良做法，因为烟雾会影响材料风味。缺乏电力的场合，常用自然流热管干燥室对豆蔻之类的作物进行干燥。利用热交换器得到的预热空气可以取得理想的干燥效果。

粉碎

所有天然风味和色素材料均需要粉碎。这些材料即使直接使用，粉碎成粉末可确保其在制备食品中得到均匀分散。为了制备提取物必须进行粉碎，这样有利于溶剂与细胞内部接触。

农产品可应用冲击力、摩擦力、剪切力和压缩力进行粉碎。压缩力非常适用于对于黑胡椒和肉豆蔻之类的脆性产品进行粉碎。摩擦和剪切作用可用于对红辣椒之类鞘状物进行粉碎。对于如生姜、咖啡、姜黄和菊苣之类的韧、硬产品，则需多种力组合进行粉碎。采矿业中非常有用的颚式破碎机和回转式破碎机在食品工业中不是非常有用。同样，球磨机通常也并不适用于干燥植物产品粉碎。

锤式粉碎机

这种粉碎机中，活动锤头连接在高速转盘上，转盘外是金属外壳。旋转锤片与金属壳的间隙很小，物料受到转动锤片冲击而被粉碎。粉碎机底部开口处可安装不同尺寸的筛网。被粉碎材料在粉碎机内一直受到冲击，直到足以通过筛孔大小颗粒为止。

锤式粉碎机非常适用于韧性产品粉碎。其主要缺点是有可能产生高热，并且不易调节产品粒度。

固定头粉碎机

这种粉碎机的旋转体上安装的不是摆动锤，而是固定的粗实突出物，旋转体与外壳之间的间隙很窄。这种粉碎机设计上的一种变形是转动盘带两到三排粗钉，这些粗钉可在间距窄小的固定粗钉排间运动。这种粉碎机也称为针盘式粉碎机。由于是通过均匀分布的钉子实现粉碎，因此积累的热量较少。

盘式粉碎机

这类粉碎机中，物料在两个圆盘之间受到粉碎，其中一个为运动转盘，材料主要受到剪切力和摩擦力作用。两圆盘表面可适当粗糙。虽然盘式粉碎机磨盘垂直安装，但其作用与水平安装的手动旋转的石磨相似。由于高度摩擦作用，因此发热量通常很大。

辊磨机

这种粉碎机通过两个旋转方向相反的重辊对材料进行粉碎。滚磨机用于小麦制粉。改进型辊磨机的两个辊子速度不同，所使用的是槽辊而不是光滑辊，有两对辊，分上下两层安装。这种磨粉机的主要作用力是挤压力，也有部分剪切力作用，尤其是在滚筒以不同速度运动时，剪切作用较大。热量形成通常较低。

黑胡椒浆果通过两对辊筒后被压成片状。这种辊压作用并未减小物料尺寸，主要起压碎细胞作用。

大而坚韧的植物产品，例如姜、姜黄和高良姜根茎，需要事先用锤式或针式粉碎机粉碎，然后再用辊磨机研磨。

辊磨机有助于在不使香料温度上升情形下使其细胞破碎。冲击式粉碎机会产生热量。用辊磨机取代锤式粉碎机，可以提高芹菜籽（Sowbhagya 等，2007）和孜然籽（Sowbhagya 等，2008）的挥发油产量。

切碎机

这种设备中，高速旋转的薄刀片安装在较大间隙的壳体内。这类粉碎机类似于厨房用混合器，可用于新鲜未干燥植物材料粉碎。旋转薄刀片与植物产品垂直，可将其切成片状。

参考文献

Sowbhagya, H. B.; Sampathu, S. R.; and Krishnamurthy, N. 2007. Evaluation of size reduction on the yield and quality of celery seed oil. *J. Food Eng.* 80, 1255 – 1260.

Sowbhagya, H. B.; Sathyendra, Rao; and Krishnamurthy, N. 2008. Evaluation of size reduction and expansion on the yield and quality of cumin (*Cuminum cyminum*) seed oil. *J. Food Eng.* 84, 595 – 600.

7 精油提取方法

精油具有挥发性，因此，最好用蒸馏方法提取。然而，大多数精油组分（如萜烯、倍半萜及其含氧衍生物）会在到达沸点前受到破坏或烧焦。

液体沸腾时，其蒸汽压等于外部压力（大气压）。但如前所述，由于分解原因，精油不能加热到其蒸汽压力与大气压力相等的程度。在这种情况下，可用两种方法进行蒸馏。一是降低外部压力，即通过真空蒸馏。许多含精油材料中的挥发性物质含量非常低，因此，真空蒸馏成本非常高，也不切实际。减压蒸馏可用于从精油中除去某些组分或化合物，例如柑橘油脱萜处理。另一种方法是水蒸气蒸馏法（详见下文）。

粉碎

为加快油从细胞中释放，可能有必要对材料进行粉碎。然而，应注意避免过度细磨。细颗粒会聚在一起，使蒸汽难以均匀地通过物料床。这将导致蒸汽形成沟流。这种情形下最好采用粗磨粉碎。

黑胡椒之类某些植物产品，只需经过一到两次辊磨处理便可。浆果被压成扁片状，使细胞碎裂。

对于根茎之类的较硬材料在利用辊磨机粉碎前，可能先要用锤式粉碎机或针盘粉碎机进行粗粉碎。在锤式粉碎机中，由于受到严重冲击，材料温度会明显上升。针盘式粉碎由于冲击点分布均匀，产生的热量较少。小豆蔻精油存在于被外壳覆盖的种仁中。因此可用盘磨机处理小豆蔻，使其外壳打开，但又不使种仁受破坏，从而实现种仁与外壳的分离。这样可单独对种仁进行水蒸气蒸馏。

水蒸气蒸馏

水蒸气蒸馏是一种回收精油的实用方法，该法不需要使用真空。当两种互不相溶的液体混合物受到加热搅拌时，每种液体各自具有的独立蒸汽压都会增加。这种蒸汽压与加热温度有关，不受其他存在组分影响。混合物各成分对总压增加都有贡献。当蒸汽压总和大于外压（大气压）时，可在较低温度下沸腾。因此，在水蒸气蒸馏中，精油蒸汽会随水蒸气一起在接近水沸点温度下得到蒸馏。

水蒸气蒸馏法是收集植物产品精油最常用的方法。蒸汽混合物冷却时，与水不混溶的精油可在环境温度下得到分离。一般来说，大多数精油比水轻，因此会漂浮在水上面。但是，也有一些精油比水重。某些情况下，可能会出现由较轻和较重馏分构成的混合物。

水蒸气蒸馏由水蒸馏发展而来。在水蒸馏中，经过粉碎的植物材料与水一起沸腾，产生蒸汽，经过冷却进入收集容器。在粗蒸馏过程中，可能不设冷却蒸汽的冷凝器。通过使收集容器置于水中实现冷却，收集容器外通以流动水可有更好的冷却效果。经过改进的蒸馏装置，利用的是外部提供的蒸汽，并设有高效水冷式冷凝器。

现代蒸汽蒸馏装置包括一个外部蒸汽源（由锅炉提供的）、一个设有粉碎植物材料用底装置的蒸馏单元、一个循环水冷凝器，以及一个收集并将水和精油分离用的接收器。所用的冷凝器可以用最少水量实现蒸汽冷却。为了取得这种效果，采用多管蒸汽通道设计以增加热交换面积。蒸汽管为冷却水所包围。冷水由冷凝器出口端进入，以进一步对部分冷却蒸汽进行有效冷却。随着冷却水部分变热，并朝冷凝器入口端流动，新进入的热蒸汽会受到一定程度的冷却，这些蒸汽继续向下移动将被完全冷却至室温。

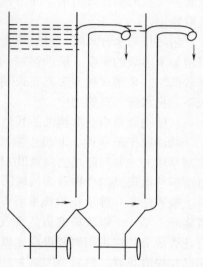

图 7.1　用于油比水轻且没有重馏　　　分场合的接收器

冷却后的水与精油的混合物然后进入接收器。精油用水蒸气蒸馏时，由于沸点高，冷却混合物中有 90% 以上的水和少量精油。为了回收少量精油，收集大量混合物的做法可能不实用。这种情况下，可用佛罗伦萨瓶作为接收器，对水进行收集、分离和去除。大多数精油比水轻，如图 7.1 所示为一种精油分离装置。在接收瓶中，油浮在上面，水集中在底部。瓶底有排放口，因此只有水会流入下一个腔室。为了避免精油以液滴形式损失，一般要用两到三个接收瓶组合。

由于出口现位于接收器底部，因此，收集在顶部较轻的油不会损失。然而，如果油较重，则出口应当安排在上面。在这种布置中，收集在底部的油不会损失，而分离后的水则从上面流入下一个收集瓶。这种安排中，为了防止油滴随水损失，也要安排两到三个接收瓶。然而，在部分为较重油的情况下，也可能有部分较轻馏分的油聚集在顶部。在这种情况下，出口就应当开在略低于顶部的位置，但带有虹吸作用，如图 7.2 所示保持一段水柱。根据较轻馏分在油中的比例，分离水的出口位置应适当调整。

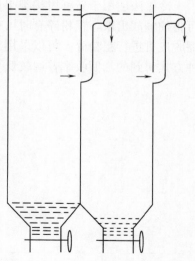

油水分离

一般情况下，可利用接收器直接将油从水中分离出来。考虑到精油的高价值，通常应尽量回收精油。

图 7.2　用于油比水重且带有少量　　　较轻馏分场合的接收器

精油回收没有固定程序，但某些步骤可能会有所帮助。对于丁香花蕾油之类重质精油，油和水之间界面可能不很清晰。在这种情况下，可用玻璃分液漏斗对泡沫状相中的油和水进行分离。在大型企业中，由若干批次得到的未分离部分被贮存在带有圆锥形底部的不锈钢容器中，并设有除去液体的龙头。几天以后，分散在油中的水会聚集，这样就可将水排出，并且也可将油取出。

如果油较浑浊，可用无水硫酸钠处理，吸收水分，从而得到清澈的油。使用大量化学品对精油进行澄清处理会较昂贵。因此，要审慎使用这种处理方法。加水可以将硫酸钠吸收的油释放出来。油与含水硫酸钠很容易分离。得到的馏分可添加到下一批提取物中。

精油难与水分离时，可采用传统盐析过程将水中的较轻精油分离出来。盐溶于水可增加水溶液的密度。精油被顶到水相顶部。这种技术不可用于较重的油，因为油处于较低层。采用这种方法需要长期存储和仔细分离。有人将难于分离的水油乳化物加入下一批水蒸气蒸馏物中。

从植物原料中获取精油的其他方法还有溶剂提萃法、吸香法和冷榨法。

精油属于疏水性、非极性物质，可以用有机溶剂（特别是石油有机溶剂）提取。溶剂萃取的主要问题是会将植物材料中的非挥发性组分萃取出来。对于香料，这种通过溶剂萃取得到的产物称为油树脂。油树脂将在第8章讲述。

吸香法是一种从花中提取香气的经典方法。其中，花被撒在涂有脂肪的盘上，后者实际上是一个框式玻璃板。香气和精油被转移到精炼油中。第二天将鲜花取出，含有花香成分的油再用酒精提取，以得到纯香气成分。这种方法已不常用。目前，一般用己烷提取花香，然后蒸馏除去己烷，获得所谓的"混合物"。再经过酒精提取、结晶除蜡和过滤，并经过精细蒸馏得到部分或全部精油，这样可从混合物提取纯精油。必须指出，上述方法通常适用于花香精油提取。

冷榨法适用于新鲜柑橘类果皮。果皮经过粗略粉碎可使含油细胞打开，经过压榨可将油释放出来。粗粉碎有时可在粗糙表面或带针状物的容器中旋转实现，也可用摩擦脱皮机进行粗粉碎。可以采用手动方式用小型装置或螺旋压榨机进行压榨。通过这种方式得到的油回收率普遍较低。柑橘精油将在有关章节中详细讨论。

8 溶剂萃取

对滋味和颜色有贡献的化学组分具有挥发性。为了提取这类化合物，通常采用溶剂萃取法。主要香料中最重要的滋味为辛辣味。黑胡椒含胡椒碱，辣椒含辣椒素，生姜含姜辣素。某些含硫（如大蒜、洋葱和芥末等）精油除具有较强香气以外，对辛辣味也有贡献。这类产物比较特别，因为它们可以通过水蒸气蒸馏法提取。

辣味不是真正的滋味，这与甜味、酸味、苦味和咸味不同，它由舌头专门部位神经末梢感觉。辣味与涩味、凉爽感、温暖感一样，几乎可被身体的任何部位（特别是柔软敏感组织）感觉到。辣味是一种痛苦反应。在口中，适量辣味与食品中其他美味和香气成分搭配，可以收到良好的感官效果。

咖啡、茶、可可以及古柯叶之类风味材料含有生物碱。虽然苦味是这些组分的独特滋味，这些组分也能影响神经系统，但在浓度适当时可以产生良好的感觉效果。生物碱不易挥发。

辣椒、姜黄、胭脂树及其他彩色植物产品含有天然着色剂。它们具有非挥发性，因而需要溶剂萃取，产生浓缩物。

溶剂萃取是利用可溶某种物质的液体，将各种物体中该物质转移出来的过程。当可萃取组分为固体，并且存在于干燥的粉碎植物材料时，这种萃取过程称为浸出。

室温下间歇式渗沥是最简单的溶剂萃取。该过程中，待萃取植物材料干粉被填充入带假底的垂直容器。假底上面衬有滤布，以免过细颗粒透过板孔。填料必须均匀，以免形成沟流。此外，物料的粉碎程度应当尽量便于溶剂均匀流动。最近，逆流法被应用于所谓的间歇式逆流提取过程。这种方法将两个或多个容器串联在一起。前期提取物浓度较大，要采用蒸馏法提取。余下的低浓度混合油被引入下一个充满粉碎植物原料的渗滤器。由于此阶段溶质浓度最高，因此会与低浓度混合油发生交换作用。浓度逐渐变低的混合油，逐步经过受到部分萃取的植物材料。最后，新鲜溶剂与几乎完全得到提取的材料接触，完成提取过程。利用两个以上容器，可使这种提取过程以连续方式进行。

有机溶剂在室温下对香料的提取一般可以取得令人满意的效果。对于咖啡或茶，可用热水进行很好的提取。用溶剂提取时，必须对废弃材料中的残留溶剂加以回收，否则这种过程不太经济。因此，要在提取器内设置蒸汽夹套，并且要与冷凝器和接收器相连。由于风味剂和颜色提取物是用于食品的，因此所有接触部件必须用不锈钢制造。

间歇式提取容器的大小从 0.5t 至 5t 不等。这些容器顶部开有投料口，底部开有残渣排出口。这些开口应有密封盖，以防溶剂泄漏。提取器也应设置供提取物排料的出口。为将残留溶剂除去，需对植物材料进行热处理，这容易使材料结成饼，从而给出料带来问题。常用提取容器在底部卸料，这样，当带铰链容器底打开时，被提取的材料会向下流动，并可以收集在适当的带轮托盘中，并可用拖拉机拖出。底盖应能完全密封，这样，当其关闭后再用螺栓固定，就不会出现溶剂泄漏问题。

如果使用连续提取装置，就可避免装卸物料过程出现的许多问题。连续装置中，粉碎的干燥材料由运动金属链传送。溶剂从顶部喷洒，新鲜溶剂由残渣排出端喷入。部分增浓的混合油由泵抽出，喷在后续输送上面。通常情况下，进行溶剂喷淋分成 6 至 12 段。从新鲜溶剂进入残渣排出端起，每段浓度逐步增加，在末端，增浓的混合油与溶质含量最高的新鲜植物材料接触。

最后阶段出来的高浓度混合油经过蒸馏，得到脱除溶剂的提取物。排料端排出的废料经过烘烤加热回收溶剂。为防止溶剂及其蒸气泄漏，有必要采用特殊旋转装置实现植物材料的投料和排出。

虽然连续提取装置既快速又高效，但其投资成本高。就香料而言，许多种子香料油树脂的需求量较少。即使是大宗香料，如黑胡椒和生姜，也需要不同来源的香料油树脂。因此，不能完全避免采用间歇式逆流提取手段。连续提取器非常适用于辣椒油树脂提取，这种油树脂根据活性成分含量分级。此外，这种提取物需求量非常大。在连续萃取过程中，要根据植物材料类型确定粉碎粒度、链条运动速度、床层厚度以及喷淋段数目。为了获得最大提取效率，可能有必要进行若干实验，以使提取过程标准化。

由于提取物和油树脂将用于食品，因此有必要去除最后残留的痕量溶剂。如果提取溶剂为水或乙醇，则不存在溶剂残余去除问题。但如果用有机溶剂萃取，则如表 8.1 所示，对溶剂残留有严格限制。此表根据某些法规整理而成，有关法规也在不断更新。最近，欧盟规定将油树脂中的甲醇残留从 50mg/kg 降低到 10mg/kg。

表 8.1　　　　　　　　　不同的国家允许的油树脂溶剂残留限量　　　　　　　单位：mg/kg

美国 FDA	欧盟	日本	韩国
丙酮 30	乙酸乙酯	二氯甲烷 30	二氯甲烷，三氯乙烯
二氯甲烷 30	丙酮正丁醇	丙酮 30	低于 30
二氯乙烯 30	正己烷	异丙醇 50	单独或组合
异丙醇 50	乙醇	甲醇 50	异丙醇 50
甲醇 50	单独或组合不超过 50mg/kg	正己烷 25	甲醇 50
正己烷 25	甲醇 10 二氯甲烷 10	二氯乙烯不许出现	正己烷 25

从混合油中除去溶剂，最好分两个阶段进行。在第一阶段中，可通过简单蒸馏除去大部分（例如 90% 以上）溶剂。利用薄层连续蒸馏，即使是在非真空条件下，也可以避免对活性组分的不利加热影响。

第二阶段所用的蒸馏容器应当满足以下条件：能与真空相连接；所带搅拌装置应不影响真空；引入生蒸汽；并具有加热蒸汽夹套。一般情况下，加热时适当利用真空搅拌可以取得必要的降低溶剂残留效果。必要时，蒸馏时可以引入蒸汽，从而可将蒸馏过程中的残留溶剂蒸出。极少数情况下，人们允许食品存在少量液体（如乙醇），可以在搅拌下进行，真空搅拌条件下可以实现共沸点蒸馏。

然而，欧盟已经改变了其最终食品中残留溶剂限制的立场。要求必须遵守规定的溶剂残留量限制。食品制造商必须确定溶剂及其他成分的使用水平，这样才能符合食品中溶剂残留量要求。食品中允许的最大溶剂残留量如表8.2所示。各监管机构有更详细的溶剂和稀释剂清单，但这里仅选择性地给出一些溶剂。

表8.2	食品中溶剂残留限量值		单位：mg/kg
	食品中最大残留量		
	EU	IOFI	Codex
丙酮	GMP	2	30
苄醇		P	GMP
丁 – 1 – 醇 1		10	1000
丁 – 2 – 醇	1	P	1
二氧化碳	GMP	GMP	GMP
1，2 – 二氯乙烷			
二氯甲烷	0.02	2	2
乙醇	GMP	P	GMP
乙酸乙酯	GMP	10	GMP
甘油			
己烷	1	1	0.1
石油醚（轻）		1	1
异丙醇	10	P	
甲醇	10	10	
甲苯		1	1

注：①EU：欧盟88/344/EEC号委员会指令，对92/115 – 94/52 – 97/60指含的修正。

②IOFI：1997年1月生效的E12实践守则。

③Codex：食品法典1999年1A卷第5部分。

④P：允许作为风味或载体溶剂使用。

⑤GMP：如果使用某种萃取溶剂在技术上不可避免导致不会对人体健康构成危险的残留量，则该溶剂被视为符合良好生产规范。

⑥空白：表示对应溶剂没有相关立法规定。

9 超临界流体萃取

任何气体温度超过该物质临界点，即使压力再高也不会液化。这种以流体形式存在的气体有某些特殊性质。它可像气体一样很容易穿过固体物质，也可像液体溶剂那样溶解各种组分。另外，通过调节压力，可对溶解度进行调节。因此，这种萃取方法对一些特定组分进行分级萃取具有很大潜力。

二氧化碳能以固体、液体或气体形式存在。二氧化碳的临界温度约为31℃，高于此温度，该化合物将保持气态流体状态。只要释放压力，就可将该溶剂除去。即使存在残留溶剂，二氧化碳也是安全的天然成分，存在于大气、体内和食品中。水也可以用作超临界流体（SCF），但其临界温度非常高，因此，一般情形下使用不方便。

超临界二氧化碳萃取的优缺点如下。

优点

（1）二氧化碳是惰性化合物、不易燃、无毒、无腐蚀性，且便宜。

（2）可在低温下进行提取，从而可使温度敏感和具有很大挥发性化合物的提取不受影响。

缺点

（1）与传统溶剂提取相比，需要更多溶剂才能实现相同的提取程度。然而，由于这种超临界流体可循环使用，因此，这一缺点可部分克服。

（2）由于二氧化碳为非极性，因此仅适用于溶解非极性化合物。它不能溶解糖苷、盐或类似化合物。然而，这种性质对于风味物质可能有利，因为风味物质不会被不良极性非风味化合物污染或稀释。

这里不详细讨论超临界流体萃取过程，只对某些共性方面进行说明。超临界流体具有介于气体和液体之间性质。由于液体和气体之间没有界面，因此不存在表面张力。因此，通过改变压力和温度（临界温度以上），超临界流体可以调整为更像气体或更像液体。在相同温度下，溶解度一般随超临界流体密度上升而增加。

利用这些特点，超临界流体被广泛用于诸如干洗、染色、纳米技术和医药提取等方面。目前，超临界流体萃取在风味和着色材料方面应用受到一定程度限制。超临界流体萃取的主要缺点是必要设备（压力容器）价格昂贵，可达到的容量也有限制。由于各国食品法规允许的常用有机溶剂残留范围在25～50mg/kg之间。因此，超临界萃取无有害溶剂残留这一主要优点不能被有效利用。

为了将石油醚和醇类溶剂除去，通常需要加热，而超临界萃取用的二氧化碳脱除则不需要加热。但许多天然风味和颜色材料，如黑胡椒、姜、咖啡、姜黄和辣椒，在干燥或干制过程已经有过高温经历。此外，烹调或食品加工多半涉及加热。风味材料中的某些风味物质通过加热产生。然而，超临界流体萃取非常适用于未经干燥的植物产品或香味材料，避免这类材料在加工过程中受热有很大好处。

超临界二氧化碳萃取可用于咖啡的脱咖啡因。一般来说，要将被萃取固体植物材料中的溶剂彻底除去比较困难。在咖啡脱咖啡因和烟草脱尼古丁过程中，有价值的材料是萃取完成后的固体材料。这种技术也被用于从啤酒花中提取酸。在此，不同压力下独特的超临界流体可用于对贡献苦味的 α - 酸进行浓缩，也可用于对提供香气的 β - 酸进行浓缩。

人们在用超临界流体萃取生产香料油树脂方面做了许多努力。然而，额外投资成本、容量方面限制以及现有食品法规允许传统溶剂残留量较高等原因，限制了这种技术在这方面的流行。柑橘油生产无需加热或溶剂，因此没有必要利用超临界萃取。

液态二氧化碳被用于某些提取，但这种提取没有超临界提取效果好。这种提取方法仅仅是为了降低提取温度，以避免残留溶剂。

10 提取物的均质

许多提取物，尤其是用有机溶剂提取得到的提取物，其组成可能并不均匀一致。有许多亲脂性成分会使其外观混浊。无论是用溶剂还是用水提取的材料，会含有沉积物、细颗粒和粘稠液滴之类不纯物，使提取物呈现浑浊外观。有时，提取物有可能同时含精油和非挥发性两种主要组分，从而不会形成均质体。以下介绍解决这类问题的各种操作。

稀释剂

为了降低浓度和实现标准化有必要使用稀释剂。水溶液提取物可用水稀释。然而，为了确保提取物安全不受污染，总可溶性固形物浓度必须足够大。总可溶性固形物 65°Bx 可认为具有安全性，特别是在低 pH 条件下。为了对活性组分强度进行标准化，可以添加少量水。

油性提取物需要特殊稀释剂。稀释剂的最低标准是具有良好溶解性。用于食品的稀释剂也应当具有安全性。下面讨论某些常用稀释剂。

固定油稀释剂。许多植物油可作为稀释剂使用。豆油曾经流行用作稀释剂。然而，豆类和坚果类油所带来的问题是有过敏可能性。如今，葵花籽油是一种常用的强度标准化稀释剂。带蓖麻油酸的蓖麻油具有温和的水分散性。

丙二醇，即 1，2 - 丙二醇（$CH_3CHOHCH_2OH$），并非乳化剂，而是一种稀释剂。它同时具有水和油相溶性，因此可以实现均匀性。丙二醇是一种粘稠透明液体，在 25℃ 下的密度为 1.0362g/mL。（FEMA 编号：2940；CAS 编号：57 - 55 - 6；US/CFR 编号：184.1666；E - 编号：1520）。

甘油三乙酸酯，即三乙酰基甘油，也是一种稀释剂。它也同时能够溶于水和油中。甘油三乙酸酯是一种无色、稍带苦味的油状液体，其沸点为 258～260℃，在 25℃ 下的密度为 1.1562g/mL，因此，可作为稀释剂用于大蒜油之类的重质油（FEMA 编号：2007；CAS 编号：102 - 76 - 1；US/CFR 编号：184.1901，E - 编号：1518）。

除此之外，许多常用于食品的液体也可用作稀释剂。它们包括乙醇、乙酸和甘油。这些成分即使与天然食品无关，但通常认为是具有足够安全性的化学液体，如乙酸乙酯、苄醇和异丙醇，在特殊情况下，也可作为稀释剂使用。

乳化剂

不均匀性可能会由于亲脂性和亲水性组分的存在而表现出来。将某种油溶性提取物制成水溶性物或制成分散于水的乳液，也可引起不均匀性。某些情况下，乳化剂有助于解决这类问题。乳化剂是表面活性剂,可用作洗涤剂、润湿剂和消泡剂等。这类分子具有亲水端(例如肥皂中的钠)和亲脂端(例如脂肪酸的脂肪链端)。基于分子结构的亲水/亲脂性平衡值确定了乳化剂的功能效率。在水包油分散体中,亲脂端会附着于油滴。油滴周围的乳化剂分子会形成胶束,乳化剂的亲水端朝外指向水中。这样的系统可以形成稳定分散体。

乳化剂有水包油型和油包水型两种类型。根据亲水端分子质量以及整个分子质量,某种乳化剂的亲水/亲油平衡值(HLB)可介于0～20之间,0对应于完全疏水分子,20对应于完全亲水分子。具有HLB值4～6的乳化剂适合于制备油包水型乳化液,而水包油型乳化剂的HLB值范围在8～18之间。

下面介绍一些常用乳化剂。

聚山梨醇酯是优良的乳化剂,可用于为香料油树脂提供水溶性。以聚山梨醇酯80名称供应的聚山梨醇酯,是指聚乙二醇脱水山梨糖醇单油酸酯。用于液体提取物的聚山梨醇酯也会以饱和脂肪酸衍生物形式供应,并且以油酸衍生物最令人满意。带不饱和脂肪酸的聚山梨醇酯的HLB值范围为10～16。聚山梨醇酯的油酸衍生物为淡黄色黏稠液体。近年来,一些欧洲国家,以及日本和韩国,对聚山梨醇酯的安全性提出了质疑,但仍然可合法使用(聚山梨酯80的识别编号为:FEMA编号:2917;CAS编号:9005－65－6;US/CFR编号:172.515;E－编号:432)。

DATEM,即单和双甘油脂肪酸的二乙酰酒石酸酯,是部分可溶性乳化剂,可使油树脂具有水分散性。DATEM的HLB值范围为7～8。

许多多羟基化合物脂肪酸酯也是乳化剂。其中,蔗糖脂肪酸酯是良好的乳化剂,其有高HLB值(7～16)和极性。(FEMA编号:4092;US/CFR编号:182.1101;E－编号:472e)。

甘油单油酸酯是一种很好的乳化剂,尤其适合于将脂质产品更好地分散于油中。在有限数量脂肪酸与甘油酯化反应过程中,通常有20%的产物以二甘油酯的形式出现,其余部分为甘油单酸酯。因此它们有时被称为单甘酯和双甘酯。对于液体状的油树脂来说,油酸甘油酯比饱和酸甘油酯更适合。单不饱和脂肪酸甘油酯的HLB值范围为3～4(FEMA编号:2526;CAS编号:111－03－5;US/CFR编号:172.515;E－编号:471[不饱和])。

用氢化蓖麻油生产的丙三醇－聚乙二醇单硬脂酸酯(聚乙二醇－羟基硬脂酸甘油),是新型乳化剂,非常适用于提高油状提取物的水溶性。许多国家的食品法规尚未批准其使用。巴斯夫公司生产的这种产品的商品名为Chremophor,而英国帝国化工集团的有利凯玛公司(现CREDA化工有限公司)生产的这种产品的商品名为Cresmer。

卵磷脂是磷脂和糖脂的复杂混合物。它们可由大豆、玉米、向日葵籽和油菜籽获得。卵磷脂是一类颜色介于奶油色和棕色之间的粘稠液体。它可增加油的溶混性。其HLB值约为3～4(US/CFR编号:184.1400;E－编号:322)。

机械均质机

均质是一个使物料成为均匀溶液或提取物的过程。尽管化学乳化剂可以做到这一点，但机械均质机可更有效地完成这个过程。均质还有助于降低乳化剂用量。

均质过程利用压力使液体颗粒或液滴细分成更小颗粒。打破凝固状亚微米大小液球，可以创建稳定分散体系。普通家庭使用打蛋器或研钵研杵操作时，应用的是相同的技术。下面介绍的是一些食品工业用以使主产品成为稳定悬浮液分散体系（通常稠厚）的技术。

胶体磨

不均匀黏稠提取物最好利用胶体磨进行均质处理。胶体磨的作用类似于降低固体颗粒粒度所用平板磨的作用。

在胶体磨中，由高速液流引起的流体剪切作用使颗粒或液滴得以分散均匀。如此形成的小颗粒将使分散体系或乳液稳定。除了可使粒度降低以外，有时也可将弱键形成的缔合物打散。胶体磨得到的颗粒重量小于 $5\mu g$ 时，通常具有稳定性。

典型胶体磨中，料液由料斗进入间距很近的两个相对运动表面，一个表面的运动速度大于另一表面的速度。有一种胶体磨使液体通过由圆盘转子与外壳构成的间隙而得到处理，两者间间隙可以调至低于 $20\mu m$。为了避免摩擦生热，需要采用循环水对胶体磨进行冷却。

球磨机

这种类型的研磨机通常用以减小硬脆材料（如矿物）的尺寸。然而，适当大小的球磨机也可用于将食品提取物颗粒磨细，以使食品得到均质化处理。这种机器的作用很像研钵和杵槌作用。

由于所处理的是食品材料，筒体必须使用不锈钢，并且要用重质陶瓷球作磨介。用于黑胡椒油树脂均质处理的典型球磨机包括一个可水平旋转的不锈钢滚筒。筒体有一主要敞口，其对面有另一开口，带有供均质化液体产品排出的龙头。机器一般容量约为 1000L，用容量三分之一的空间充填 1000kg 直径 30mm 的陶瓷球。从机器主敞口注入约 500 ~ 600kg 的油树脂，这些油树脂将大约可填充在装有磨球的半个转鼓。装有材料的转鼓由电机驱动旋转。转速和持续时间可以根据被均质提取物性质进行调节。

砂磨机

现代加压卧式砂磨机，由用于均质的球磨机发展而来。在砂磨机中，有一系列高速旋转的转盘。来自转盘的离心力使小玻璃珠（粒度范围 1.5 ~ 2.0mm）在夹套腔内旋转。靠近转盘边沿的玻珠运动速度较内侧玻珠的运动速度快。当黏稠物通此系统时，不动转速玻珠引起的剪切作用可将其中的颗粒物研碎。玻珠的旋转速度和装填量可根据黏稠产品的黏度和所含颗粒性质进行调节。这种设备也可用于不同密度组分的均质化处理。

高压均质机

市场上有不同生产能力的各种知名品牌高压均质机。待均质产品在非常高的压力作用下，通过专门可调节间隙的均质阀。这种装置一般利用往复泵迫使液体通过均质阀。在静止表面撞击产生的压力，能将液滴打碎成微米级液滴。

这种类型的均质机特别适用于由水、香料提取物和亲水胶液体构成的用于喷雾干燥的混合物。在油状提取物可利用乳化剂获得水溶性或水中分散性时，高压均质机有增效作用，并可减少乳化剂用量。

沉淀物和杂质

油性提取物有时会含有不必要的粗液滴。如果这些液滴趋于沉在底部，则可利用高速离心机加以分离。在高速离心机中，稍重液滴会集中在收集管中央，而澄清物料将从出口排出。对于柿子椒或辣椒油树脂，用这种方法制备无沉淀物的清澈产品很有效。水溶性的咖啡和茶提取物也可能出现沉积物，这种沉积物可以通过超离心进行澄清。

当杂质为固体且数量较多时，可用过滤方法除去。配备适当滤布的过滤式离心机可以取得满意的过滤效果。用过滤式离心机过滤，比根据重力进行分离的超速离心机操作成本低。

水溶化

许多用有机溶剂提取得到的天然风味物和色素大多数本质上属于脂质，并且在水中的分散性非常低。使用乳化剂可以引入在水中的溶解性或分散性。聚山梨醇酯非常适用于此目的。在某些情况下，只需要获得暂时的分散性，因为随后中间产品还要进行二次加工。这样，只需少量乳化剂，或使用甘油酯之类效率较低的乳化剂就可。当然，机械均质对所有这些情形均有促进作用。

脂质提取物用于面包面团之类水相含大量固形物的产品时，油状提取物可不使用乳化剂，因为固形物有助于制备稳定分散体系。

过去，人们将含羧基或羟基基团的组分转换成含钾或含钠衍生物，以产生水溶性。如今，随着高效乳化剂的出现，食品加工中一般避免使用碱。

通过机械均质作用使分散相粒度降低，是获得稳定胶体溶液的关键。此外，使用乳化剂，也非常有利。

例如，丙二醇之类的在水和油中均能溶解的稀释剂，本身不是乳化剂，但可适当地使用以用来减少较昂贵的乳化剂用量。

11 固体悬浮物

许多精油、油树脂和色素提取物为油状液体。对于某些应用，这些液体必须制成固体粉末。有两种方法可用于制备固体基质分散体，一是混合法，二是喷雾干燥微胶囊化。

混合

为了将油树脂制成能够用于固体饼干、蛋糕或其他烘焙制品之类食品的固体基质分散体，可将它们与某种不会对最终产品产生干扰的固体以适当的比例进行混合。糖、葡萄糖、盐、玉米或其他谷物粉、面包干粉末都可以使用。风味提取物可与适量上述某种粉末混合。这种产品单位重量风味强度将会降低。

如果希望得到温和的水分散性，可利用麦芽糊精或其他改性淀粉。也可加入聚山梨醇酯之类乳化剂，以增加被喷涂粉末的水溶性。混合操作对于获得均匀分散效果和避免结块至关重要。

喷雾干燥微胶囊化

微胶囊化是采用包裹方式将微小颗粒或液滴制备成微小胶囊的方法。微胶囊具有许多有用的性质。微胶囊是一种特殊的可食性食品配料包装形式。当然，用于形成保护性封装的材料必须具有食用安全性。

最简单的微胶囊是由均匀囊壁和保持所需成分的液滴囊心构成的微小球体。内部材料称为"囊心"，而保护性外壳称为"囊壁"。一般情况下，微胶囊粒度范围介于 $1 \sim 200 \mu m$。

许多用于糖果、汤粉以及其他食品和化妆品的风味提取物容易氧化变质，且容易蒸发损失。例如，如果豆蔻油与茶混合装于茶袋中，则挥发油将逐渐蒸发损失。如果这种油用微胶囊化保护，则在指定货架期内不会发生这种损失。在消费时，茶袋浸泡于热水中才使挥发油释放出，产生浓郁的豆蔻茶香味。

喷雾干燥是最成功的微胶囊方法之一。喷雾干燥法微胶囊化，首先使壁材在芯材水溶液中形成胶态悬浮液。麦芽糊精和阿拉伯胶是两种典型壁材。这两种材料的乳液黏度低，能够用泵送入喷雾干燥雾化器。上述两种壁材，以阿拉伯树胶效果较好，但麦芽糊精较便宜。事实上，在天然树胶或水溶胶中，阿拉伯树胶溶液的黏度最低。最近，已经出现一些专用淀粉基胶质，可用于实现更高效率的喷雾干燥微胶囊生产。

典型的多组分均质混合物可包括：70L 水、22.5kg 阿拉伯树胶和 7.5kg 油（如小豆蔻油）。油占非水成分的 25%，而水是将被蒸发的成分。最后喷雾干燥得到的粉末，由于损失的原因，油含量将低于 25%。麦芽糊精能够获得的最终粉末包埋率很低，为获得较高包埋率，可利用专门设计的改性淀粉，用喷雾干燥法实现。该混合物经桨叶搅拌，再通过高压均质机处理，可形成稳定胶体。每一胶体粒子由水溶液壁材连续相包围的芯材滴构成。这种悬浮液通过喷雾干燥器雾化，每一胶体粒子会干燥成粉末。如前所述，通过喷雾干燥机热空气区域时，由于水分蒸发作用，包围油性芯材的壁材将形成干燥囊壁。

用改性淀粉或阿拉伯胶喷雾干燥得到的亲油性材料，如精油和油树脂，会变得易溶于水。当油树脂之类黏性产品进行喷雾干燥时，为了获得胶体悬浮液稳定性，料浆中除了加亲水胶以外，可能还需添加聚山梨醇酯之类乳化剂。

像咖啡提取物之类的某些水溶性材料，不会形成胶体。咖啡提取物会以微小液滴形式在喷雾干燥时形成微小颗粒。这种情况下，不存可见囊壁或囊心。

喷雾干燥

喷雾干燥机是一种将提取物、配料溶液或配料悬浮液转化成干粉末的装置。通常，由于液体以喷雾颗粒状态通过干燥区，干燥作用只需几秒钟。

喷雾干燥机主体为一个带圆锥形底的高大金属圆筒。外部热风炉连续将热风输入干燥机上部区域。干燥机入口温度范围在 185～195℃，出口温度一般在 90～95℃，具体温度根据待干燥材料确定。干燥机顶端设有将水溶液状或悬浮液状待干燥材料雾化的装置。喷雾系统包括一台泵，此泵使液体经过喷嘴成为雾状。根据待喷雾材料的性质和所需的最终粒度，可选择不同形式的喷嘴。喷滴下落通过干燥室上部的热空气区脱去水分而得到干燥，形成固体颗粒。喷雾干燥设备的其他特殊结构有：干燥室圆锥形底部有收集和排出干燥物料的出口，为避免热量损失的干燥室绝热层，以及促使粉粒下落到锥底的敲击或振动装置。干燥室下部有一个湿空气流排出口，此空气出口与旋风分离器或布袋过滤器相连，以便对外逸的喷雾干燥产品进行回收。将两个位置收集产品的装置进行改造，可以变成从一个位置收集产品的形式。最好在干燥器底部出料口设一间空调或调湿室，对吸湿性产品进行保护。

中等大小的喷雾干燥机的干燥室直径约 3m，高约 6m，其中锥体高度为总高的一半。圆锥体的垂角约为 60°。用于食品喷雾干燥的干燥室必须用不锈钢制作。

喷雾干燥设备的核心是雾化器，它用于对黏稠胶体溶液进行喷雾。高速旋转雾化器的顺流旋转作用可产生细粉体，其转速范围为 15000～35000r/min。位于干燥器顶部的高压雾化器可产生较粗粒子粉体。压力喷雾干燥室以细长形为宜。雾化器有许多专门形式，可根据待干燥材料和所需粉体性质加以选用。有一种装于干燥室中间部位的双流雾化器，这种雾化器可以将空气和待干燥料液朝上喷雾。

粉末颗粒的大小很重要。这取决于与微胶囊包封产品要混合的食品材料。例如，如果茶的颗粒较大，则为了调节装袋比例，需要有颗粒大小相当的粉末。喷雾干燥得到的速溶咖啡细粉在水中溶解时容易结块。利用附聚技术增加粒子粒度，可以纠正上述缺陷。在此过程中，颗粒被适当润湿，并通过湍流作用使其碰撞粘在一起。当颗粒粘附形成所需大小颗粒时，便可通过干燥成为不具黏性的附聚颗粒。

12 贮藏和加工过程中的变质

香料之类植物产品如果未经适当干燥，则在贮藏过程有可能被真菌污染。这种污染可能会导致霉味，这种霉味会转移到香料提取物。严重污染引起的更大危险是有可能形成真菌毒素。辣椒、小豆蔻这类部分干燥的植物材料，其色素在贮藏时有可能损失。过度暴露在阳光下也能引起色素损失，姜黄素和叶绿素容易损失。类胡萝卜素也会受光影响，但受影响程度较小。

加工过程也可以引起化学变化。对辣椒、万寿菊和番茄提取物进行热处理，有可能会产生甲苯和间二甲苯（Rios 等，2008）。80℃以下温度的加工过程可确保这类物质的产量非常低。出现甲基苯甲醛或异佛尔酮之类其他化合物，意味着类胡萝卜素已经受到氧化。

风味材料的复杂分子有可能断裂成小分子物质。已有报道发现姜中存在甲苯和丙酮（Chen 和 Ho，1988）。这可能并非由热降解引起，因为所研究的对象是冻干姜粉的液态二氧化碳萃取物。另一项对姜油的研究观察到了苯和甲苯的存在（Erler 等，1988）。尽管没有用丙酮进行提取，仍有人在姜黄提取物中检测到了丙酮的存在（Binu 等，2007）。复杂分子的分解也可能由分析过程加热本身引起。油树脂分析者有时对来源不明的甲醇残留量感到惊奇。

如果姜油树脂在 80℃ 以上的情况下过度加热，则可能会导致姜醇转化为姜烯酚。姜醇含量对于药用姜油树脂非常重要。这种情况下，需要限制处理温度，最好低于70℃，绝不能超过 80℃。

印度引入两段提取方法时，有人曾担心用蒸汽蒸馏回收挥发性油的第一阶段，会因长时间加热而引起胡椒碱损失。为了在溶剂萃取的第二个阶段之前将水分除去，一些制造商重新采用日晒干燥方法。然而，经验表明如果采用阴干方法，则不会出现胡椒碱明显损失的情形。

辣椒和万寿菊类提取物在正常加工热处理过程中会发生叶黄素损失。姜黄中的姜黄素在正常加工的热处理过程中非常稳定。然而，姜黄素，尤其是提取得到的姜黄素对光敏感。事实上，所有天然着色剂都容易受光线影响，因此需要采取保护措施。

自动氧化

自动氧化是不饱和脂质之类分子在大气氧影响下转化成过氧化物的过程。这是一种自由基链式反应。油中的不饱和脂肪酸转化为过氧化物，并进一步转化成为羰基化合物，甚至能够形成分解产物。这种反应在食品中发展可导致酸败，产生不良异味。在次级反应过程中，一个自动氧化分子可以将能量释放给另一个不饱和分子，后者通过形成过氧化物、氧化羰基衍生物以及带有不良酸败气味的分解产物，继续参与链式反应。

使材料避免受热和光照射可以降低自动氧化强度。添加抗氧化剂是一种有效防止自动氧化的方法，抗氧化剂起中断链式反应的作用。铁和其他金属起促进氧化剂作用，因此，用金属容器装料会增加自动氧化作用。物料要用食品级不锈钢、适当聚合物或玻璃容器贮存。下面列出了一些用于天然风味物和色素的抗氧化剂。

抗氧化剂

类胡萝卜素色素，尤其是溶解于辣椒油树脂类的油脂中时，必须添加抗氧化剂。虽然有许多人工抗氧化剂，如丁基羟基茴香醚（BHA）、二丁基羟基甲苯（BHT）、三丁基羟基醌（TBHQ）和乙氧喹（EQ），然而许多人仍然喜欢天然抗氧化剂。

生育酚（维生素 E）混合物是宝贵的天然抗氧化剂。它通常是 α - 生育酚、β - 生育酚、γ - 生育酚和 δ - 生育酚的混合物。用做抗氧化剂的商业生育酚的浓度在 70% 以上。该产品为金黄色油状液体，具有温和的特有气味。中国已经成为维生素 E 主要供应国。

迷迭香提取物现被认为是一种有价值的天然抗氧化剂。这类提取物中的活性组分是鼠尾草酸。商品制剂含 5% 鼠尾草酸，但也有含量高达 50% 的产品。最近发现，迷迭香中的迷迭香酸是一种更有效的抗氧化剂。

抗坏血酸是一种协同抗氧化剂，与适当抗氧剂一起使用更有效。抗坏血酸一般以盐的形式出售，但有一种抗坏血酸的衍生物——抗坏血酸棕榈酸酯，也具有抗氧化作用。抗坏血酸和抗坏血酸棕榈酸酯均为白色粉末。

参考文献

Binu, Paul; Mathull, T.; Issac, Anil; and Mathew, A. G. 2007. Acetone originating from curcumin during determination of residual solvent. *Indian Perfumer* 1 (2), 41 –43.

Chen, Chu-Chin; and Ho, Chi-Tang. 1988. Gas chromatographic analysis of volatile components of ginger oil (*Zingiber officinale* R) extracted with liquid carbon dioxide. *J. Agric. Food Chem.* 36, 322 – 328.

Erler, J.; Vostrowsky, O.; Strobel, H.; and Knobloch, K. 1988. Uber atherische ole deslingwer, *Zingiber officinale* R. *Z. Lebensm. Urters. Forsch.*, 186, 231 – 234 (see Lawrence, B. M., Progress in essential oils, *Perfumer Flavorist* 1990, 15, 167).

Rios, Jose J.; Fernandez-Gracia, Elisabet; Minguez-Mosquera, Maria Isabel; and Perez-Galvez, Antonio. 2008. Description of volatile compounds generated by the degradation of carotenoids in paprika, tomato and marigold oleoresins. *Food Chem.* 106, 1145 – 1153.

第二部分
风味材料与色素材料

引言

本部分内容涉及许多已在生产和使用的天然材料。各章内容涉及相应植（动）物材料的描述、萃取、活性成分化学及其性质。文中给出的主要监管机构为相关产物分配的识别编号，将有助于学生获得更多信息细节。每章列出了一些相关参考文献。可以看出，一些着色剂来自微生物，另一些来源于昆虫。事实上，这两种资源均具有非常乐观的前途。通过微生物和小昆虫实现一些分子的生物转化是用于生产所需风味或色素生物学分子的一种有力工具，可使食品变得更具吸引力和安全性。

13 阿育魏（毕索杂草）

拉丁学名：*Trachyspermumammi*（伞形科）

引言

阿育魏也被称为主教的杂草。阿育魏是欧芹之一，其种子类似于小香菜籽，有时被误认为是独活草籽。它被称为主教的杂草的原因尚不清楚。阿育魏在古印度草药疗法中占有非常重要地位。阿育魏的名称来源于梵文，世界上几乎所有的地区都有类似的发音名称。在阿拉伯语中，它被译为"帝王小茴香"。它在非洲野生生长，在埃塞俄比亚，它被称为"阿孜姆特"。该植物最有可能起源于地中海东部，具体地点可能是埃及。其主要组分是麝香草酚，因此其风味有点像百里香。

植物材料

阿育魏是一年生草本植物，生长高度为90cm，有繁茂枝干。其叶子长宽约为（24×14）cm，带有抱茎叶基。花序为复伞形，每个花包含几百朵花。果实长2~3mm。灰棕色果实干燥后成为香料，通常称为籽。这种籽通常带有与植株相连的发状附件。适当烘焙可使阿育魏籽增香。

印度是主要的阿育魏生产国，因为它被用于许多素食菜肴。阿育魏也生长在埃及、阿富汗和伊朗。阿育魏含15.4%蛋白质、18.1%粗脂肪、38.6%碳水化合物和11.9%粗纤维。它含有丰富的矿物质：钙1.42%、磷0.30%和铁14.6mg%（Pruthi，1976）。

精油

印度的阿育魏籽大多用初级蒸馏器蒸馏，但也有的用现代化装置生产优质精油。报道的精油产率范围在2.5%~4%。20世纪初，部分阿育魏籽出口到欧洲和美国，这些国家很有可能用来蒸馏分离麝香草酚，以满足制药需求。然而，随着合成麝香草酚的出现，这种用途的出口活动不再出现。

有关阿育魏的文献中，已报道过某些单萜烯（Akhtar 等，1988），包括1.8% α-蒎烯、莰烯0.5%、3.5% β-蒎烯、0.3%月桂烯、0.5% δ-3-蒈烯、5.1%柠檬烯、34.9% α-萜，及对伞花烃。主要含氧衍生物是麝香草酚（45.2%~48.5%）和香芹酚L（4.5%~6.8%）。

在作者的实验室，阿魏精油通过水蒸气蒸馏油生产。这种精油是一种淡褐色液体，具有特征百里香香味。

物理特性如下：

旋光度	$-1° \sim +5°$
折射率（25℃）	$1.490 \sim 1.499$
相对密度	$0.895 \sim 0.910$

目前未见有阿魏油树脂产生。

表 13.1 所示为作者实验室所产样品油的一份气相色谱分析清单。可见，其主要成分是 γ – 松油烯、对 – 伞花烃和麝香草酚。然而，为了制备优质精油，通常不取蒸馏过程的第一批馏分，而取第二批馏分。这部分馏的麝香草酚含量范围为 40% ~ 42%，相应地有较低含量对甲基异丙基苯（12% ~ 18%）和 γ – 萜品烯（30% ~ 38%）。

表 13.1　　　　　　　　　　　　　阿育魏油分析

成分	含量（%，V/m）
α – 蒎烯	$0.2 \sim 1.0$
β – 蒎烯	$2.0 \sim 5.0$
柠檬烯	$0.1 \sim 0.6$
对 – 伞花烃	$20.0 \sim 25.0$
γ – 松油烯	$40.0 \sim 45.0$
麝香草酚	$20.0 \sim 30.0$

Lawrence（2006）对一份阿尔及利亚样品和几份印度样品进行过分析。分析得到的主要组分是麝香草酚、异麝香草酚、γ – 萜品烯、柠檬烯和对甲基异丙基苯。但是也有一些突出的次要成分。

用途

阿育魏由于含有麝香草酚，因此具有特征性酚醛药味。其草药味和刺激味被用于某些素菜肴。阿育魏可用于加工食品，如焦糖洋葱汤和类似的菜肴，可为这类产品提供诱人的风味。

阿育魏及其油主要用于胃和肠道药剂的制备，也可用于治疗支气管炎和哮喘。

参考文献

Akhtar, Husain；Virmani O. P.；Sharma, Ashok；Kumar, Anup；and Misra, L. N. 1988. *Major Essential Oil-Bearing Plants of India*. Lucknow, India：Central Institute of Medicinal and Aromatic Plants, pp. 1 – 3.

Lawrence, Brian M. 2006. Progress in essential oils. *Perfumer Flavorist* 31（6），60 – 70.

Pruthi, J. S. 1976. *Spices and Condiments*. New Delhi：National Book Trust, pp. 6 – 8.

14 多香果

拉丁学名：*Pimentaofficinalis* （桃金娘科）

引言

哥伦布指挥的西班牙探险家队伍在西印度群岛看到多香果树浆果时，以为已经发现了黑胡椒植物源。这是因为干燥的多香果浆果具有深色皱皮圆球外形，类似于胡椒。因此，这些探险家为这种树取名"pimenta"（多香果）。多香浆果具有与黑胡椒相同的涩味和芳香，但它们不是非常辣。多香浆果也略比胡椒浆果大。据报道，阿兹特克人用多香果为可可饮料调味。多香果被加勒比群岛海盗用来对肉调味，曾被称为牙买加胡椒。之所以称其为"多香果"，是因为这种果实具有丁香、肉桂、豆蔻和黑胡椒的混合风味。

植物材料

牙买加是多香果主要生产国。多香果也生长在墨西哥、西印度群岛和中美洲国家。牙买加政府曾在一段时期内限制这种植物和种苗出口，以防其外传。许多早期试图使多香果种子在其他热带地区发芽的努力均以失败告终，因此，当时人们认为这种植物不会在牙买加及其附近的以外地区生长。现在了解到，鸟类消化道有助于制备发芽种子。随着对其生物化学方面更好的了解，多香果现已经在印度喀拉拉邦、斯里兰卡、印度尼西亚出现，这些地区的农业气候条件有利于多香果之类的香料树生长。

多香果是一种高 6~9m 的浓密树木。其营养生长非常丰富，生长空间约有 4~7m 的球形范围。牙买加主要生长区的这种树为半野生树。这种树分雄性和雌性两种，所以栽种时要按照雄性树与雌性树间种的原则，便于授粉。

多香果树叶长 15cm 左右，叶呈长椭圆形。叶子具有芳香味，可产精油。多香果叶的香气特征类似于月桂叶。多香浆果质硬形圆（照片 1）。墨西哥多香浆果较大，直径在 5~7mm，而牙买加多香浆果的直径范围在 4~6mm。干燥多香浆果类似于黑胡椒，但颗粒较大并且颜色较浅些。

化学组成

分析表明，典型多香果约含 6% 蛋白质、6.6% 粗脂肪、52.8% 碳水化合物及

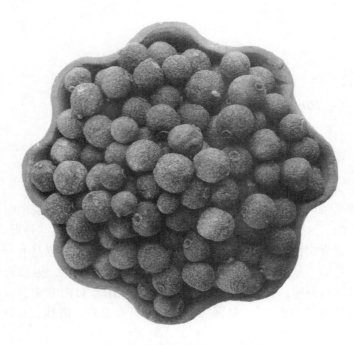

照片 1　干多香果（参见彩色插图）

21.6% 粗纤维、矿物质（如钙、磷、钠、钾）、水溶性维生素。

　　然而，多香果最重要的组成部分是精油，以干基计其含量范围在 3% ~ 4.5% 。主要特征香气成分为丁香酚（详见第 36 章）。

精油

　　已经分析过三种来源多香果种子的挥发油含量，并采用溶剂萃取方法测定了脱油残渣的树脂得率。为此，脱油材料要经过干燥，然后用己烷做溶剂，采用重力冷渗滤法萃取。结果如表 14.1 所示。牙买加多香果表现出较高精油和油树脂含量。

表 14.1　　　　　　　　　　不同来源多香果分析

来源	产地挥发油含量克莱文杰法，水蒸馏（%，V/m）	正己烷萃取的树脂含量/%	油树脂总得率（vo + 树脂）
牙买加	3.2	5.0	8.2
墨西哥	2.3	4.7	6.8
危地马拉	1.8	4.0	5.8

　　商业上利用外部蒸汽和不锈钢蒸馏器进行蒸汽蒸馏。采用辊式磨将圆形浆果粉碎成平片。常压下缓慢通入蒸汽 18h。大部分精油比水重，少量精油较水轻。混合后总得率为 4.0% 。

表14.2所示为典型牙买加多香果油的气相色谱分析结果。

表14.2　　　　　　　　　牙买加多香果油的气相色谱分析（以面积百分比计）

组分	百分比范围
丁香酚	80～87
β－石竹	4～8
β－Phyllandrine	0.2～0.5
1，8－桉叶素	1～3
α－蒎烯	<0.3
β－蒎烯	<0.3
δ－3－蒈烯	0.5～2
柠檬烯	<0.5

近年开展的许多分析工作表明，多香果油主要含甲基丁香酚和丁香酚。有一些小组分会影响多香果油的质量。Lawrence（2006）已经将一份清单整理编入了一篇值得参考的综述。

多香果油是一种黄色至淡红黄色透明重性油，带有使人想起丁香、肉桂、豆蔻和黑胡椒的香气。这种油的颜色随贮期延长而变暗。

根据食品化学法典，多香果油为无色、黄色或橙色液体，随贮存期延长而变暗。这种油具有多香果特有的气味及滋味。它易溶于乙醇、丙二醇，并溶于大多数植物油。

食品化学法典定义的多香果油物理特性如下：

旋光度　　　　　　　　$-4°～0°$
折射率（20℃）　　　　1.527～1.540
相对密度　　　　　　　1.018～1.048
溶解度　　　　　　　　在2mL70%酒精中溶解1mL

油树脂

脱油牙买加多香果用己烷萃取，可取得满意效果。脱油材料装在一个渗滤器，并用正己烷冷渗滤法进行萃取。除去溶剂后的油水混合物可得到（以整个多香果计）3.8%的树脂。根据需要，可将树脂与前面收集的油混合。

多香果油树脂是一种暗绿褐色黏稠液体，具有令人喜爱的丁香、肉桂、肉豆蔻和胡椒的香气和风味。

用途

多香果风味在加勒比烹饪中非常重要。它被用于香肠及其他肉制品。多香果风味在酱汁和泡菜中深受欢迎。多香果风味在中东地区也很流行。多香果可用于美国甜点和欧洲香肠。多香果油和油树脂在加工食品中使用起来非常方便。一般来说，油树脂与精油相比，具有更为饱满圆润的风味。由于多香果含有丁香酚，因此具有一定抗菌和除臭性能。然而，丁香提取物更适合于提供这些应用功能。

多香果叶油

干燥多香果叶的精油产率范围在 0.7% ~ 2.9% 之间。这种油的风味略差。多香果叶油呈淡黄至棕黄色。多香果叶油的主要成分是丁香酚，含量范围在 65% ~ 95%。

众香果（Pimenta dioica）叶油的主要成分为丁香酚，含量为 76.02%。其他化合物包括甲基丁香酚和 β - 石竹烯（Jirovetz 等，2007a）。叶香多香果（Pimenta racemosa）叶油含丁香酚（45.60%）、月桂烯（24.97%）和佳味醇（9.31%）（Jirovetz 等，2007b）。

根据食品化学法典，新鲜蒸馏得到的多香果叶油为黄至浅棕黄色液体，随着贮期延长而变暗。与铁接触呈蓝色，进而变成深褐色。它可溶于丙二醇，并且可溶于大多数固定油，带轻微乳白光。在甘油和矿物油中的溶解度较小。

食品化学法典定义的多香果叶油物理特性如下：

旋光度	$-2° ~ +0.5°$
折射率（20℃）	1.531 ~ 1.536
相对密度	1.037 ~ 1.050
溶解度	2mL70% 酒精中溶解 1mL，再加溶剂会出现轻微乳白光感

多香果叶油也可用于食品调味，调味食品例子有冰淇淋、糖果、口香糖、焙烤食品及饮料。多香果叶油还可用于医药制剂。多香果叶油一般比多香果油便宜。

识别编码

	FEMA 编号	CAS	US/CFR	E - 编号
多香果油	2018	8006 - 77 - 7	182.20	—
多香果叶油	2901	8006 - 77 - 7	182.20	—
多香果油树脂/提取物	2019	8006 - 77 - 7	182.20	—
		84929 - 57 - 7		—

参考文献

Jirovetz, L.; Buchbauer, G.; Stoilova, I.; Krastanov, A.; Stoyanova, A.; and Schmidt, E. 2007a. Spice plants: chemical composition and antioxidant properties of Pimenta. Lindl essential oil. Part 1: *Pimenta dioica* (L) Merr. Leaf oil. *Ernaehrung (Vienna)* 31 (2), 55 - 62 (English).

Jirovetz, L.; Buchbauer, G.; Stoilova, I.; Krastanov, A.; Stoyanova, A.; Schmidt, E. 2007b. Spice plants: chemical composition and antioxidant properties of Pimenta Lindl. essential oil. Part 2: *Pimenta racemosa* (Mill) J. W. Moore leaf oil of Jamaica. *Ernaehrung* (*Vienna*) 31 (7/8), 293 – 300 (English).

Lawrence, Brian M. 2006. Progress in essential oils. *Perfumer Flavorist* 31 (5), 52 – 62.

15　安卡红菌

拉丁学名：*Monascusanka* 或 *M. purpureus*

引言

　　安卡红天然色素由红曲菌（日本称为酒曲）所产。一本中医书首次将该色素称为"红曲"，此名称自 1884 年起就已经使用。Philippe van Thieghem 后来分离得到红曲菌，并将其命名为 *Monascus ruber*。1895 年，由印度尼西亚红霉米得到的霉菌被命名为 *Monascus purpureus*。此后，一些菌种相继得到研究和分离。

　　红曲米产于中国南方、日本和东南亚，生产所用的是传统酒曲工艺。该工艺已经得到改进，并已注册过 50 多项专利。中国和日本作为传统天然食品色素使用的是黄色（红曲菌黄色素，安卡黄素）、橙红色（红斑素，红曲红素）和红紫色（潘红胺，红曲菌紫色素）化合物的混合物（Chiu 和 Poon，1993）。

微生物材料

　　红曲霉真菌生长在含大量碳水化合物的基质中（Delgado-Varghas 和 Paredes-Lopez，2003）。制曲工艺用大米、小麦、大豆或玉米之类基质接种。亚洲地区使用的主要真菌是红曲菌。制曲过程的第一阶段为固态阶段，但这一阶段在后期的深层培养阶段还可延续（Chiu 和 Poon，1993）。

　　色素生产过程中，培养的曲霉会生产一种称为红曲霉素的抗生素，这种物质对食品不利。通过菌株和工艺改进，可以避免这一缺陷。制曲过程中对氧气和二氧化碳进行调节，可提高生产效率（Delgado-Varghas 和 Paredes-Lopez，2003）。

提取物

　　传统生产的红色素难溶于水，但溶于乙醇。这种色素对光敏感。在较低 pH 酸性条件下，这种色素偏橙色，而在高 pH 时呈紫红色。

　　用红曲提取的色素与氨基乙酸和氨基苯甲酸反应，可产生水溶性红色素（Wong 和 Koehler，1983）。该项改进得到的色素特征与利用谷氨酸或明胶改进得到特性相同。这种红色素可溶于乙醇和丙二醇，经过冷冻干燥后可作为食品色素使用。利用含有葡萄糖或蔗糖、玉米浆以及谷氨酸单钠的复合培养基，可以对半合成培养基条件下的红曲色素生产过程进行改善（Hamano 和 Kilikian，2006）。

用途

红曲色素可用于加工肉、水果制品、各种酱汁和冰淇淋。美国没有批准红曲色素的使用。欧洲委员会尚未为红曲色素指定 E - 编号。红曲色素似乎主要在亚洲使用，且其使用越来越少，因为，辣椒和胭脂树红类天然色素越来越受欢迎。

参考文献

Chiu, Sil-Wai; and Poon, Yam-Kau. 1993. Submerged production of *Monascus* pigments. *Mycologia* 85（2），214 – 218.

Delgado-Varghas, Franscisco; and Paredes-Lopez, Octivio. 2003. *Natural Colorant for Food and Nutraceutical Uses.* Boca Raton, FL: CRC Press, pp. 221 – 255.

Hamano, P. S.; and Kilikian, B. V. 2006. Production of red pigments by *Monascus ruber* in culture media containing corn steep liquor. *Braz. J. Chem. Eng.* 23（4），1 – 7.

Wong, Hin-Chung; and Koehler, Philip E. 1983. Production of red water-soluble *Monascus* pigments. *J. Food Sci.* 48，186 – 189.

16 茴芹

拉丁学名：*Pimpinellaanisum*（伞形科）

引言

人类熟知茴芹（茴芹种子）已有很长时间，据报道，早在公元前 1000 多年，人类就已经在埃及发现茴芹。茴芹香气被认为可防止睡觉做噩梦。过去人们认为它可提高性感受和乳汁流动。茴芹有许多用途，其中包括用于治疗昆虫叮咬、控制螨和虱子、用做啮齿类动物良好诱饵，并具有一定药用效果：在防止胀气、缓和过食不适以及防止口臭方面特别有效，它还可作为利尿剂使用。

有关政府对待茴芹种子的政策出现过相矛盾的报道，有的报道茴芹籽被课税，有的报道茴芹籽受到政府奖励以促进其传播。所有这些都说明了茴芹的重要性。在印度，茴芹经常与茴香之类具有类似改善消化质量的其他种子混淆。茴芹与八角风味相似，但两者在植物学上有很大差别。

植物材料

茴芹属于阿育魏家族，原产于地中海地区，特别是埃及、希腊、土耳其以及黎巴嫩。最近，其种植已经扩展到许多国家，包括美洲国家，如阿根廷、智利、美国和墨西哥；地中海国家，如塞浦路斯、西班牙和叙利亚；亚洲国家，如中国、印度和巴基斯坦；还有马达加斯加岛。美国是茴芹的净进口国。

茴芹属一年生草本花卉植物，生长高度约 1m。其下部有长柄叶，而顶部有短柄叶。种子呈黄灰至黄褐色。茴芹籽为椭圆形，长度范围为 3~5mm。种子有纵脊，通常有短细柄连接。茴芹籽具有类似于甘草的甜香气和风味，并有愉快的咀嚼味。

化学组成

不同地区茴芹籽的化学成分可能略有差异。以干基计，茴芹通常含 18% 的蛋白质、8%~23% 固定油、3.5% 总糖、5% 淀粉、12%~25% 粗纤维及 2%~7% 精油。挥发油的主要成分是茴香脑（图 16.1）。

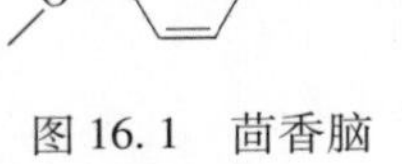

图 16.1 茴香脑

精油

一般干茴芹籽经破碎和水蒸气蒸馏可得到约 2%～3% 的挥发性油。提供特征风味的茴香脑占精油的 80%～90%。八角也有很高的茴香脑含量。全球茴芹油生产量只是八角挥发油产量的一小部分。其他茴芹组分包括 α-蒎烯、莰烯、芳樟醇、茴香醛、甲氧基苯乙酮和黄樟素。

茴芹油富含芳香气味和风味，可以认为，其令人愉悦感略比八角油强。根据食品化学法典，茴芹油为淡黄色液体，具有特征性茴芹气味和味道。

食品化学法典定义的茴芹油物理特性如下：

旋光度 　　　　　$-2°$～$+1°$
折射率 　　　　　1.553～1.560
相对密度 　　　　0.978～0.988
溶解度 　　　　　3mL90% 乙醇中溶解 1mL

用途

茴芹油非常适合于各种欧式加工肉制品调味。它在意大利菜肴（包括香肠）中特别受欢迎。它也被用于含酒精的饮料和烈酒。茴芹油有许多药用性质，可用于漱口液、消化剂和杀菌制剂。有报道（未经证实的）提到，茴芹油可用于芳香疗法和香水制造。

从茴芹油中分离得到的茴香脑有许多用途，可作为风味剂添加到食品和饮料。据报道，茴香脑具有自发形成微乳的性质，可使含酒精饮料产生浓厚外观。这种性质在许多饮料和药物制备中具有应用潜力。

茴香脑具有抗线虫、抗菌和抗昆虫性能。

识别编号

	FEMA 编号	CAS	US/CFR	E-编号
茴芹油	2094	84775-42-8	182.20	—
茴芹油树脂	—	84775-42-8	—	—

17 胭脂树

拉丁学名：*Bixa orellana*（红木科）

引言

　　胭脂树红既可用作香料，也可用作着色材料。该植物属于灌木。中美洲玛雅人在开战前用胭脂树染料涂身。拉美人曾将胭脂树称为"achiote"。19 世纪的作家已经将胭脂红形容为"火色"。目前，胭脂红被用于化妆品和食品。

植物材料

　　胭脂树红是一种常绿灌木假种皮（种皮）所含的明亮黄红色素，这种生长在森林边缘的灌木广泛分布于热带地区。该植物具有心形叶子，一般带有红色叶脉。胭脂树具有粉红色花朵，因此在殖民时代曾被用作花园绿篱植物。胭脂树果囊呈心形，带有相向裂口和红褐色刺脊。成熟时，果荚裂开成两半。红皮果荚内含有 40～50 粒种子。圆锥形种子基部为拟四边形，呈假种皮红色。红色素存在于种皮，而不存于内核。含有色素的种皮有时可采用蒸煮后搓磨方式与种子分离。

　　开花后 30 天左右出现籽胶囊，再经 1～2 个月成熟（Satyanarayana 等，2003）。颜色由绿色变为红色。最好在种子开裂时收获。这既可防止遇雨损伤，又可防止种子散落。沿成熟子囊束第一个节点处切断。正常情况下，种植后 18 个月可进行第一次收获。每公顷种子平均产量为 300～600kg，特别好情况下产量范围在 750～900kg。照片 2 所示为未打开和打开的胭脂红籽荚。

　　胭脂树生长在南美洲许多国家，尤其是秘鲁。它也生长在玻利维亚、巴西、厄瓜多尔、圭亚那、牙买加和苏里南。这种作物在非洲的安哥拉、肯尼亚、尼日利亚和坦桑尼亚等地区也有少量生长。

　　胭脂树红也生长在亚洲的印度、菲律宾、泰国和越南。多数地区生长的胭脂树是野生灌木。据估计，20 世纪 90 年代，全球胭脂树干种子交易量已经超过 1 万吨。其中很大比例用于提取天然色素。Preston 和 Rickard（1980）研究过胭脂树色素的提取和化学性质。

照片 2　（A）未开裂胭脂树荚。（B）含种子的开裂胭脂树荚（参见彩色插图）

化学组成

胭脂树的主要着色化合物是胭脂素（图 17.1），这是一种二阿朴类胡萝卜素。碳原子编号与正常胡萝卜素中的编号类似，犹如两端为碳环，而中间碳原子编号为 15 和 15′。β - 胡萝卜素之类的类胡萝卜素，可以有两个环，因此有 40 个碳原子。因此，胭脂素是一种独特的 C_{25} 类胡萝卜素。

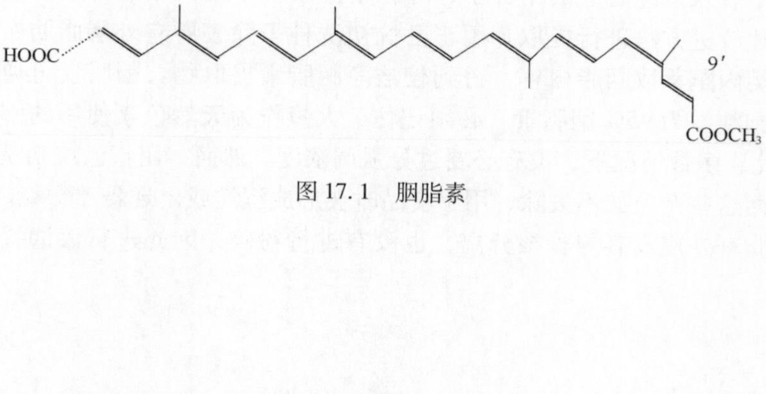

图 17.1　胭脂素

　　天然胭脂素为9′位顺式，带有一个甲基酯化羧酸。虽然天然胭脂素为橙色，熔点为198℃，但所有反式胭脂素为红色，并且熔点范围在216~217℃。这种异构化可部分地由加热引起。异构化作用也可在苯中与碘作用实现，但显然不适合食品使用。顺胭脂素仅微溶于脂肪，但可溶于大多数极性有机溶剂。

　　胭脂素提取物与5%氢氧化钾或氢氧化钠温热（低于70℃）溶液皂化，可产生相应的顺–降胭脂素钾或钠衍生物（图17.2）。降胭脂素是所有反式胭脂素和藏红花酸（由存在于藏红花中黄色藏花素衍生而成的）的同分异构体。

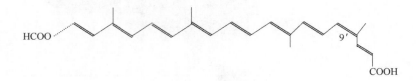

图17.2　降胭脂素

　　表17.1所示为胭脂素和降胭脂素色素的色调和吸收特性（Satyanarayana等，2003）。

表17.1　　　　　　　　　　　　　　　　　胭脂树着色化合物性质

化合物	物理性质		UV–VIS 光谱分析		
	物理描述	熔点/℃	使用溶剂	波长范围	消光系数
顺–胭脂素	红褐色晶体	189.5~190.5	氯仿	501，470	2880，3230
反–胭脂素	紫红色晶体	204~206.8	氯仿	507，476	2970，3240
顺–降–胭脂素	橙红色针状体	290℃时焦化，<300℃时不熔化	0.1mol/L NaOH	482，453	2550，2850
反–降–胭脂素	深红黑色颗粒	250℃时变暗，<325℃时不熔化	0.1mol/L NaOH	486，457	n.d.

　　注：UV–VIS：紫外可见光；n.d.：由于溶解度非常低未测定。

萃取

　　渗滤器中装入未经研磨的干种子，并在室温条件下用丙酮进行重力渗滤提取。也可以采用下述改进方法进行提取。用正己烷初洗种子除去所有外层脂肪杂质。除去正己烷后，可用丙酮萃取胭脂树籽，得到较洁净胭脂素提取物。胭脂素可通过结晶从丙酮富集，得到纯度为95%胭脂素。必须记住，大量作为天然色素使用的胭脂素浓度都为5%，因此，多数情况下，没有必要过分强调浓度。然而，用正己烷初洗可以排除提取物杂质，而这些杂质如不去除，用于食品时会形成沉淀或出现悬浮颗粒。

　　由于胭脂籽外皮没有与种核分离，也没有进行粉碎，因此进行渗滤提取时可能需要适当搅拌。较为方便的方法是，利用泵和循环管道使渗滤溶剂由底部到顶部循环一次。

许多情况下，特别是对于少量脂肪基色素产品，可使用普通固定油进行提取。提取时最好进行搅拌，并将温度控制在70℃以下。最好用蓖麻油提取。这样得到的溶于植物油的低浓度胭脂素液，可用于黄油和其他乳制品。利用颗粒磨损和冲击，从胭脂树种子分离干燥色素粉末的研究，已经表明不用溶剂有可能提取胭脂树色素（Passos等，1998）。

与其他类胡萝卜素相比，胭脂素在空气中显得特别稳定，但它们易受氧化性化学品影响。这种色素在低于105℃以下稳定，但高于125℃时稳定性较差。有人用纸层析确定过这种色素的颜色。顺胭脂素和反式降胭脂素为橙色，而反式胭脂素为红色。一种称为藤黄宁的组分为黄色。胭脂素受热会形成若干挥发性物质，包括甲苯和二甲苯，它们在高温处理过程中的检出量极微。

胭脂树红也含精油，其产率非常低（约0.25%），但具有独特香气。已有报道指出精油中存在100多种化合物，其中近半已经确定。胭脂树叶油中54%为一种称为苎四烷的四环倍半萜碳氢化合物。这种精油尚未作为香料用于食品。

测试方法

遗憾的是，官方分析化学家协会（AOAC）尚未给出有关胭脂树红的任何测试方法。一种较早由 Mckeown 和 Mark 提出测定方法为：用氯仿萃取胭脂树种子，随后分别在500nm处（A500）和404nm（A404）处测定萃取液的吸光度，按下式计算总色素：

$$总色素 = \frac{A500 + A404 - 0.256（A500）}{286.6} \times \frac{V}{1000} \times \frac{100}{m}$$

式中　V——最终体积；

　　　m——样品种子的质量。

提取物制造商使用的一种测量方法是在487nm处测量冷丙酮提取物的吸光度，与任何专门化学品供应商提供的标准胭脂素读数比较。测定降胭脂素含量时，丙酮提取物用0.33KOH溶液处理，然后在480nm处读取吸光度。现代测定方法中，分光光度法最常用。

用途

在中美洲和南美洲，胭脂树种子作为天然色素广泛用于食品。它是已知最早的安全食品色素，因此被用于肉、鱼和谷物类食品制备。它也被作为风味剂添加应用，因此被认为是一种香料。

胭脂树提取物也作为天然食品色素用于乳制品。根据许多国家的食品法规，只有天然色素，尤其是那些类胡萝卜素性质色素，允许用于黄油和其他乳制品。这使得胭脂素及降胭脂素成为能在黄油、人造黄油、乳酪等产品中使用的唯一色素。胭脂树提取物也广泛用于甜味或咸味制造食品，包括沙拉酱、果汁、焙烤制品、谷物、熏鱼和香肠。

识别编号

	FEMA 编号	CAS	US/CFR	E – 编号
胭脂树红，胭脂素，降胭脂素 2104	2104	—	—	160b
胭脂树红提取物	2103	8015 – 67 – 6	—	160b

参考文献

Passos, M. L.; Oliveira, L. S.; Franca, A. S.; and Massarani, G. 1998. Bixin powder production in conical spouted. *Drying Technol.* 16（9 and 10），1855 – 1879.

Preston, H. D.; and Rickard, M. D. 1980. Extraction and chemistry of annatto. *Food Chem.* 5，47 – 56.

Satyanarayana, A.; Prabhakara, Rao P. G.; and Rao, D. G. 2003. Chemistry, processing and toxicology of annatto（*Bixa orellana* L）. *J. Food Sci. Technol.* （India）40（2），131 – 141.

18 阿魏

拉丁学名：*Ferula assafoetida* **L** （伞形科）

引言

阿魏是一种具有强烈气味的黏性树脂，深受印度和一些邻近亚洲国家喜爱，有人甚至将其称之为"神赐食物"。但英国人和欧洲人都不喜欢它，而将其称之为"魔鬼的粪便"和"臭胶"。需要注意的是，某些风味物质在高浓度时会令人不愉快，但经适当稀释并与其他材料组合后，可具有相当大吸引力。

阿魏在历史上常见于地中海地区，它起源于波斯，在该地区流行过一段时间。亚历山大大帝的远征将阿魏带到了欧洲。早在公元 1 世纪，迪奥斯科里季斯就称赞过阿魏的风味和疗效。但 16 世纪罗马帝国消亡以后，阿魏在欧洲消费者中失去了吸引力。现在，阿魏在欧洲几乎是一种被遗忘的香料。然而，随着印度美食的流行，阿魏有望再次出现在欧洲主菜中。

植物材料

阿魏是一些阿魏物种根茎或主根渗出液的干制物。克什米尔和印度生产三种阿魏。其他重要产区有阿富汗、伊朗和巴基斯坦。

阿魏植物的大型主根（根茎）具有胡萝卜形状，完全成长期在 4~5 年间，此时的植物冠径在 12~15cm 之间。阿魏植物临近夏季开花，在靠近植株冠茎秆处切开使根茎暴露，乳液状汁液会从切口渗出。几天后，可刮去干胶。这种切割和收集渗出液的过程持续大约 3 个月。高产植物每株可产多达 1kg 胶质。

这种香料具有辛辣和苦涩滋味。由于存在含硫化合物，这种香料具有浓郁葱蒜气味。典型刺激性香气由仲丁基丙基二硫醚和其他硫化物引起。为了调节风味，这种香料往往与淀粉或谷物复合。因此，现有的少量分析数据没什么一致性。一般分析得到的树脂含量在 40%~64%，并含有 25% 杂胶质。但香气主要来源于挥发性油。树脂部分主要由 asaresinotennol 构成，有时与阿魏酸结合在一起（Pruthi，1976）。也有以结合状态存在的伞形花内酯。挥发性油的主要成分是二硫化合物、聚硫化物、单萜烯、α-和 β-蒎烯、一些游离酸，以及微量香兰素（Leung 和 Foster，1996）。

提取物

虽然印度是重要阿魏市场，但市场上没有精油或溶剂萃取的油树脂出售。这种香料本身就是一种油树脂，具有强烈的香气和风味。精油或溶剂提取物太浓，调节起来不方便。一般来说，这种香料采用复配方式稀释。然而，风味提取物制造商协会（FEMA）给出了识别编号，这表明存在供风味剂制造商使用的精油和提取物。

阿魏的精油含量范围在 3% ~ 20%。一项检测显示，阿魏的旋光度为 −9°0′ ~ 9°18′，20℃时的折射率范围为 1.493 ~ 1.518，相对密度范围为 0.906 ~ 0.973，硫含量范围为 15.3% ~ 29.0%（Pruthi，1976）。

为了在印度市场推广溶剂提取的油树脂，作者实验室进行过阿魏油树脂提取。利用市售复合材料，用己烷萃取，得到的油树脂产率为 11%。该产品含 60% 挥发性油。用葵花籽油及甘油单油酸酯进行稀释。己烷萃取后，残余物用乙酸乙酯萃取，进一步得到 25% 提取物，但几乎不含挥发油。很有可能由于使用的是不同形式的复合材料，因此得到的溶剂萃取产品并不太好。

用途

阿魏在印度作为风味剂，被广泛用于咖喱蔬菜、酱料和泡菜之类咸味制备物。酸豆汤是一种在南印度特别流行的加汁蔬菜制品，其中有明显的阿魏味。

阿魏也用于流行的西式调味料和制备物，有时以油或液体提取物形式使用。阿魏滋味一般受到欢迎。

在阿育吠陀疗法中，阿魏被用于治疗慢性支气管炎和百日咳。在中国，它被用于延长血液凝固时间，阿魏酸和阿魏酸钠可抑制血小板凝集。胃部外用阿魏，可刺激消化系统。阿魏也用于兽药。

识别编号

	FEMA 编号	CAS	US/CFR	E - 编号
阿魏油	2108	9000 - 04 - 8	182.20	—
阿魏流体抽取物	2106	9000 - 04 - 8	182.20	—
阿魏胶	2107	9000 - 04 - 8	182.20	—

参考文献

Leung, Albert Y.; and Foster, Steven. 1996. *Encyclopedia of Common Natural Ingredients*. New York: John Wiley and Sons, pp. 44 –45.

Pruthi, J. S. 1976. *Spices and Condiments*. New Delhi: National Book Trust, pp. 22 –27.

19 罗勒

拉丁学名：*Ocimum Basilicum*（唇形科）

引言

罗勒也称为甜罗勒，是一种世界各地使用的烹饪香草。罗勒有许多品种和亚种，这些品种的流行性因地区不同而异。罗勒可能起源于印度和伊朗，但已在地球上生长了5000多年。许多罗勒品种具有药用功能。圣罗勒（图尔西）在印度教中被视为神圣象征。包括葬礼在内的许多仪式，都将罗勒视为神圣之物。

罗勒被认为有许多医疗功能，其中有些基于神话传说。甚至连罗勒的气味也被认为有疗效作用。罗勒在意大利是一种爱的象征，而在罗马尼亚罗勒代表男青年接受年轻女子的信物。

新鲜罗勒在许多制备食品中具有诱人风味。不同地区的罗勒因具有不同主导化学成分而具有独特风味。但是，用作提取物原料的罗勒是干草。不同品种罗勒干草在特征风味方面表现出一定差异。

植物材料

罗勒属于薄荷家族一年生灌木。该植物的生长高度为50～120cm。这种植物具有平均长7～8cm和宽3～4cm的成对相向暗绿色绒叶。沿穗状花序排列着白色或浅色小花朵。叶子具有存储精油用的点状油腺。该植物散发清香味。新鲜罗勒具有令人愉悦的薄荷味。它具有轻度刺激性苦涩辛辣味。

罗勒是一种对寒冷敏感的植物，喜欢温暖、干燥气候。因此，在寒冷地区种植罗勒，需要谨慎选择区域和季节。

干罗勒草约含14%蛋白质、61%碳水化合物、4%脂肪和18%纤维。罗勒含有各种矿物质和维生素，尤其是维生素C和维生素A。但罗勒最主要的成分是挥发油。

精油

罗勒精油产率一般低于1%。有报道提到，地上部分精油产率范围在0.1%～0.25%，但花顶部精油单独产率为0.4%。这表明，虽然花顶部含精油最高，但仅此一项得到的罗勒草精油量不高。最近埃及一项研究报道提到用水蒸馏得到茎、叶和花序挥发油（Islam和Salama，2007）。在所有以上三部位挥发油中，已经确定了30多种成分。这些成分中，70%为含氧化合物，主要有芳樟醇、草蒿脑、卡迪酚、乙酸冰片酯、罗勒烯及1，8-桉树脑。一项中国研究报道了用气相色谱-质谱法（GC-MS）在水蒸气蒸馏油中检测出了54种化合物，其中主要组成部分为：（＋）-表-双环倍半水芹烯、茴香醚、对-丙烯苯甲醚及其它化合物（Lu和Li，2006）。在伊朗的绿色和紫色罗勒品种精油中，注意到了不同化学成分（Sajjadi，2006）。Hussain等人（2008）对四个不同季节罗勒精油的组成变化进行了研究，罗勒油产率在0.5%~0.8%之间变化，其中冬季的产率最大。各种成分比例因季节性不同也有某些差异。

虽然同样被标为罗勒油，但由于存在地区、季节、品种和成熟度阶段方面差异，因此各种罗勒油也会出现显著差异。这些因素在对作风味剂用的罗勒油进行标准化时必须仔细考虑。

欧洲型罗勒油由罗勒花顶或整个地上部分水蒸气蒸馏得到。这种罗勒油为淡黄色流动液体，带有花香风味，可溶于脂肪油。科摩罗型罗勒油具有较明显樟脑风味。

根据食品化学法典，科摩罗型罗勒油为浅黄色液体，有辛辣气味。它在樟脑气味和理化常数方面与其他类型罗勒油（如欧洲型罗勒油）之间可能有明显区别。

罗勒油溶于脂肪油，可溶于矿物油形成混浊溶液。虽然它不溶于甘油，但可在丙二醇溶液中产生一定浑浊度。

根据食品化学法典，欧洲罗勒油为淡黄色液体，带有花香风味。欧洲罗勒油与其他类型罗勒油（如科摩罗或留尼旺罗勒油）的区别在于它具有较强花香风味，在物理化学常数方面也有差异。它可溶于大多数固定油，在矿物油中呈现浑浊状。20mL丙二醇可溶解1mL欧洲罗勒油，略呈浑浊状，这种油不溶于甘油。

食品化学法典定义的罗勒油物理特性如下：

	科摩罗型	欧洲型
旋光	-2°~+2°	-5°~-15°
折射率（20℃）	1.512~1.520	1.483~1.493
相对密度	0.952~0.973	0.900~0.920
溶解度	4mL 80%乙醇中溶解在1mL	

油树脂

有关罗勒油树脂的参考文献很少。用丙酮和己烷（70:30）混合物对罗勒草进行商业规模提取，可得到产率范围为3%~3.5%的油树脂，其中挥发性油含量范围为2%~6%。用己烷萃取的油树脂产率范围为1.5%~2%，挥发油含量自然较高，范围为10%~15%。

用途

罗勒叶可作为风味物用于各种菜肴，特别适用于素食菜肴，不过也可用于肉类、海鲜、奶酪和汤类。用于加工食品时，使用罗勒油或油树脂比较方便，因为可使风味物均匀分布。罗勒提取物已被用于酱料、沙拉、面包丁、布丁、调味品、利口酒及含酒精饮料。由于具有独特香气，罗勒也被当作香水成分利用。

识别编号

	FEMA 编号	CAS	US/CFR
罗勒油	2119	8015 – 73 – 4	182. 20
		84775 – 71 – 3	
罗勒提取物	2120	8015 – 73 – 4	182. 10
		84775 – 71 – 3	

参考文献

Hussain, A. I. ; Amar, F. ; Hussain, S. ; Syed, T. ; and Przybylski, R. 2008. Chemical composition, antioxidant and antimicrobial activities of basil (*Ocimum basilicum*) essential oils depends on seasonal variations. *Food Chem.* 108 (3), 986 – 995.

Islam, W. T. ; and Salama, M. M. 2007. Chemical composition and bioactivity of volatile oils from *Ocimum basilicum* L var. minimum cultivated in Egypt. *Egypt. J. Biomed. Sci.* 24, 218 – 231 (*Chem. Abstr.* 149: 285124).

Lu, R. ; and Li, Y. 2006. Analysis of the chemical constituents of essential oil in *Ocimum basilicum* from Guangxi. *Guangxi Zhiwu* 26 (4), 456 – 458 (Chinese) (*Chem. Abstr.* 149: 315033).

Sajjadi, S. E. 2006. Analysis of essential oils of 2 cultivated basil (*Ocimum basilicum* L) from Iran. *J. Fac. Pharm. Tehran Univ. Med. Sci.* 14 (3), 128 – 130 (*Chem. Abstr.* 147: 272745).

20 月桂叶

拉丁学名：*Laurusnobilis*（樟科）

引言

月桂叶为一种常绿植物的叶子。这种植物在古罗马具有非常特殊地位，因为当时战车比赛和其他比赛优胜者会戴上月桂花圈。甚至一些国王加冕也用月桂叶。古代医生，如迪奥斯科里斯（Dioscorides）认为月桂有纾缓疼痛作用。

月桂叶可能起源于土耳其，然后传到地中海国家。该植物不能生长在极为寒冷的北欧地区。月桂叶作为香料在欧洲和北美都非常受欢迎。

植物材料

月桂生长国家有：地中海国家，如希腊、西班牙、葡萄牙、塞浦路斯、意大利和南斯拉夫；小亚细亚的土耳其，及中美洲的墨西哥和危地马拉。该植物是常绿小乔木，它看起来像灌木。正常月桂叶为干叶。有时"野月桂"（*Pimentaracemosa* M）或其他树叶也被误当作月桂叶使用。

月桂树种子发芽率低，并且发芽需要很长时间。因此，月桂一般通过压条或扦插形成新植株。籽苗植株可长成 10 ~ 13m 高的大树。如经适当修剪，这种植物可长成灌木。花盆栽种也会限制该植物大小。

月桂叶长 6 ~ 7cm，宽 2 ~ 3cm。顶面呈绿色，而底面呈淡黄绿色。粉碎的月桂叶气味温和，但略带柑橘和酚醛风味，具有带苦味的芳香滋味。月桂叶风味常用于法国烹饪。

月桂叶提取物使用干叶作原料提取。月桂叶只有缓慢干燥才能形成完整的香气。干月桂叶含7%蛋白质、9%脂肪、50%碳水化合物和25%粗纤维，此外，还含有多种矿物质、B 族维生素及抗坏血酸。精油是月桂叶最重要的成分。

精油

干月桂叶利用水蒸气蒸馏可得到 1% ~ 3% 精油。这种精油是一种淡黄色流动液体，具有特有的芳香性辛辣香气。由于含桉叶素，因此月桂精油具有类似桉树的气味。Lawrence（1980）发现，月桂叶油的产率可高达 3%。产于土耳其不同地区的月桂叶油中的 1，8 - 桉树脑、桧烯和 α - 萜品酯含量均比较高。其中一个样品的桉树脑含量高达60%。月桂叶油还含少量 α - 蒎烯、α - 水芹烯和反式 - β - 欧斯蒙（Sangun 等，2007）。Kilic 等（2005）对与糖苷结合的挥发性化合物进行过调查。发现的糖苷配基有苄醇、芳樟醇二醇、1，8 - 桉树脑及其衍生物、索布瑞醇和薄荷二烯 - 8 - 醇。

Prakash（1990）对以往的调查研究做过完整综述。报告的月桂叶主要成分有 δ - 松油烯、异松油烯、桉树脑、松油醇、香叶醇及其醋酸酯。Lawrence（2007）根据有关野月桂的最新发表的资料作过详细综述。其中提到各种月桂叶样品的主要成分为1，8 - 桉树脑、萜品烯 - 4 - 醇、甲基丁香酚、百里酚和甲基佳味醇。Lawrence（2008）也编辑过有关月桂叶油研究结果的文献。

根据食品化学法典，月桂（*Laurusnobilis*）叶油为淡黄色液体，具有刺激性芳香气味，溶于大多数固定油，可溶于矿物油和丙二醇并形成浑浊体。月桂叶油不溶于甘油。食品化学法典定义的月桂叶油物理特性如下：

旋光度	$-10° \sim -19°$
折射率（20℃）	$1.465 \sim 1.470$
相对密度	$0.905 \sim 0.929$
溶解度	1mL 80% 酒精溶解 1mL，稀释至 10mL 可得到稳定溶液

油树脂

粉碎的干燥月桂叶用己烷萃取得到的油树脂产率范围在 3% ~4% 之间。其中挥发油含量范围在 15% ~20%（v/m）。这种油树脂通常根据规定的挥发油含量进行稀释，以便处理。这种油树脂是一种深绿色黏稠液体，具有以桉叶油为主的浓郁香气，具有轻度辛辣风味。

用途

月桂叶在欧洲和北美被用于各式肉类、海鲜和蔬菜美食菜肴。它也是法国精致菜肴和印度布尔尼菜肴的配料。精油和油树脂类提取物很适合用于加工食品，以便供标准风味。月桂浸出物可用于汤料、调料和酱汁。月桂叶油可用于饮料、化妆品、香蜡烛，也可作为风味剂用于药物制备。

识别编号

	FEMA 编号	CAS	US/CFR	E - 编号
月桂				
月桂叶油	2125	8007 - 48 - 5	182. 20	—
		84603 - 73 - 6		

续表

	FEMA 编号	CAS	US/CFR	E - 编号
月桂叶油树脂	2613	84603 - 73 - 6	182. 20	—
野月桂				
月桂叶油	2122	91721 - 75 - 4	—	—
月桂叶松脂	2123	91721 - 75 - 4	—	—

参考文献

Kilic, Ayben; Kollmannsberger, Hubert; and Nitz, Siegfried. 2005. Glysidically bound volatiles and flavour precursors in *Laurus noblis* L. *J. Agric. Food Chem.* 53 (6), 2231 - 2235.

Lawrence, Brian M. 1980. Laurel leaf oil. *Perfumer Flavorist* 5, 33 - 34.

Lawrence, Brian M. 2007. Progress in essential oils. *Perfumer Flavorist* 32 (7), 46 - 55.

Lawrence, Brian M. 2008. Progress in essential oils. *Perfumer Flavorist* 33 (9), 66 - 73.

Prakash, V. 1990. *Leafy Spices.* Boston: CRC Press, pp. 13 - 16.

Sangun, Mustafa Kamal; Aydin, Ebru; Timur, Mahir; Karadeniz, Hatice; Caliskan, Mahmut; and Oz-kan, Aydin. 2007. Comparison of chemical composition of the essential oil of *Laurus noblis* L leaves and fruits from different regions of Hatay, Turkey. *J. Environ. Biol.* 28 (4), 731 - 733.

21　甜菜根

拉丁学名：*Bata vulgaris*（苋科）

引言

甜菜属于一个具有众多变异栽培品种的家族。甜菜最重要的部分是红色块茎，称为甜菜根或根甜菜，可用作蔬菜。西班牙甜菜被当作香草使用。甜菜叶子也可消费。糖甜菜被用作制糖原料。但作为天然着色剂用的是深色的甜菜根。

生长在地中海的海甜菜被认为是现代甜菜的祖先。公元前 8 世纪，Mesopotamina 在其著作中已经提到甜菜。古希腊泰奥弗拉斯托斯用萝卜来比拟海甜菜，亚里士多德著作引用过这种描述。罗马和犹太文献也表明公元前 1 世纪的驯化甜菜（尤其是西班牙甜菜）已经在地中海盆地使用。从中世纪后期的英国和德国文献可以看出，当时欧洲已经使用甜菜。

甜菜根自罗马时代起就被看成是一种春药。主要是因为其含有丰富的硼元素，这种元素在性激素中起着重要作用。深色品种的甜菜根是令人感兴趣的食物。因此，甜菜根酒有一定流行性。据报道，食用甜菜根可使部分人群尿液呈粉红茶色。可能由于甜菜根颜色与血液颜色相似的缘故，因此，一般认为消费这种有色蔬菜对健康有好处，尤其是有益于心血管健康。

植物材料

该植物是二年生草本植物，其叶茎高度在 1 ~ 2m。甜菜具有心形大叶片，长度范围在 5 ~ 20cm。一般来说，野生品种甜菜叶较栽培品种的大。花朵出现在紧密穗状花序上。直径 3 ~ 5cm 的小花有五个花瓣，呈绿色，但有时偏红。甜菜花以风为媒结籽，甜菜籽长于成束硬壳籽荚中。但作为蔬菜使用的是其块茎，甜菜块茎是提取天然着色剂的原料。甜菜根为扁球状，叶子由其顶端长出，主根底部变细。甜菜根因内含色素而具有鲜艳颜色。

以鲜重计，甜菜根含 9.6% 碳水化合物，其中 6.8% 为糖和其他纤维。它含有 17% 脂肪和 1.6% 蛋白质。甜菜根富含 B 族维生素和矿物质。甜菜渣可作为健康饲料，用于喂养训练期间马匹。甜菜根在民间医药中被用于治疗许多疾病，因此甜菜是现代科学家研究的主题之一。

化学组成

甜菜根的着色成分是一组称为甜菜色素的化合物。它们一般由 β 花青苷和甜菜黄素构成。前者为红色，而后者为黄色。甜菜苷（图 21.1）是最重要并且含量丰富的甜菜色素。甜菜苷是一种配糖体，其糖苷配基为甜菜苷配基。甜菜中还存在少量异甜菜苷。甜菜中存在的其他微量组分有甜菜苷前体、新甜菜苷、梨果仙人掌黄质和仙人掌黄质。

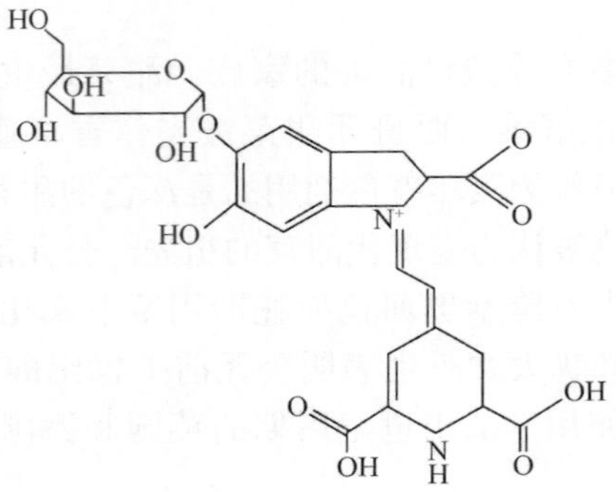

图 21.1　甜菜苷

提取物

天然色素提取物一般用压榨得到的甜菜汁制备。为了提取甜菜中的天然色素，要在酸性 pH 条件下对洗涤过的甜菜根进行压榨，以使色素稳定（Emerton，2008）。为避免受热，要用超滤方式对甜菜汁进行浓缩。浓缩物要经巴氏杀菌，以防微生物作用。甜菜汁浓缩物也可与麦芽糊精或阿拉伯胶混合后进行喷雾干燥，得到水溶性粉末状微胶囊。

浓缩物中的甜菜色素含量通常在 1% 以下，最多在 1% ~ 2% 之间。因此，尽管甜菜色素色彩强度相当高，但作为着色剂使用时，要求的剂量仍然很高。

Wiley 和 Lee（1978）利用一种连续逆流扩散技术，对甜菜色素各馏分进行过研究。两人进一步利用连续固 – 液萃取体系，对不同品种甜菜根开展研究（Lee 和 Wiley，1981）。这种利用沸腾乙醇然后用 –25℃冷却的对色素各馏分进行分离的研究，催生了主成分快速分离方法（Bilyk，1979）。

甜菜红色素也存在于许多苋科植物。这类植物的生物产量高，可认为是一种潜在色素源（Yi – Zhong 等，2005）。

用途

　　甜菜根可作为食品色素用于冰淇淋、饮料，以及某些水果产品等。由于甜菜色素对热敏感，因此，这种色素较适合于冷藏或冷冻产品。甜菜色素相当于树莓或樱桃中的色素。

　　甜菜根汁有利于降低血压。甜菜红色素被认为对心血管健康有好处。动物研究表明，甜菜色素可能有助于预防肝脏疾病，对过度饮酒高脂肪积累者、糖尿病患者，以及蛋白质缺乏者效果特别明显。

分析方法

　　有一种估计方法，该法对 pH4. 5 ~ 5 溶液的分光光度进行测量。

识别编号

	FEMA 编号	CAS	US/CFR	E – 编号
甜菜红	—	—	—	E162

参考文献

Bilyk，Alexander. 1979. Extractive fractionation of betalains. *J. Food Sci.* 44，1249 – 1251.

Emerton，Victoria, ed. 2008. *Food Colors.* Oxford，UK：Leatherhead Publishing and Blackwell，pp. 31 – 33.

Lee，Y. N.；and Wiley，R. C. 1981. Betalaine from a continuous solid – liquid extraction system as influenced by raw products，post-harvest and processing variable. *J. Food Sci.* 46，421 – 424.

Wiley，Robert C.；and Lee，Ya – Nien. 1978. Recovery of betalaines from red beets by a diffusion-extraction procedure. *J. Food Sci.* 43，1056 – 1058.

Yi-Zhong，Cai；Mei，Sun；and Corke，Harold. 2005. Characterization and application of betalain pigments from plants of the *Amaranthaceae. Trends Food Sci. Technol.* 16，370 – 376.

22 香柠檬薄荷

拉丁学名: *Mentha citrate* Ehrh（唇形科）

引言

香柠檬薄荷（英文名称 Bergamot mint），也被称为沼泽薄荷、柠檬薄荷，在印度也称为"vilayati pudina"。从成熟果实得到的香柠檬薄荷油可用于洗浴用品。其叶子可作香草使用。叶子和花可用于冰镇饮料、茶、点心、肉类和鱼类调味。鲜艳的花朵对蜜蜂、蝴蝶和飞蛾非常具有吸引力，也可以用来点缀花园。

植物材料

香柠檬植物能适应各种农业气候条件。该植物带分枝，高度 30~90cm。其生长一定程度上受土壤类型、光照和气候影响。潮润和排水良好的土壤最适合该植物生长。该植物有一定耐遮阴性。即使在温和天气，该植物也可具有较高产量。施肥可促进产量增加。叶子为具有叶柄的光滑薄叶，其形状介于宽卵形至椭圆形之间，前端纯，叶长范围在 1.25~5cm，颜色为铜绿色（Aktar 等，1988）。其开紫色花出现在上部叶腋的短穗状花序上。花萼无毛，带钻形齿。

分根法为最佳繁殖方法。花瓣可用来装饰色拉和其他可制备食品。叶子在开花时节采收。

精油

香柠檬薄荷的地上部分用水蒸气蒸馏可得到精油。Fathy（2007）用水蒸馏法对香柠檬薄荷挥发油进行过气相色谱 – 质谱分析。该油总组分中 98.66% 化合物得到鉴别，其中 84.52% 为含氧衍生物。主要成分是芳樟醇（24.69%）、乙酸芳樟酯（12.69%）、α – 松油醇（8.51%）和 1, 8 – 桉树脑（8.39%）。萜烃占所确定化合物的 14.14%。

Fathy（2007）利用体外细胞进行毒性试验，发现香柠檬薄荷精油对人类脑部和结肠部位肿瘤细胞有一定作用，但对肺、乳腺、肝或宫颈部位的肿瘤细胞没有影响。用维生素 E 作为标准，香柠檬薄荷油对四氧嘧啶诱导的糖尿病大鼠体内抗氧化活性有抑制作用。

香柠檬薄荷具有平和柑橘类水果香气。

用途

　　香柠檬薄荷油具有药草特征风味。其叶子和花可用于特殊甜酒和各种饮料调味。利用香柠檬薄荷油可使这类应用产生的风味更为一致。香柠檬薄荷油也可用于甜食和需加香柠檬薄荷叶的肉类加工食品。

　　香柠檬薄荷是人们喜爱的香水和化妆品风味。例如，可用于肥皂、浴用香水和古龙香水。它可用于配制药物，治疗胸部感染、消化系统疾病、痤疮、湿疹，甚至牛皮癣。香柠檬薄荷油能舒缓疲劳和紧张。因此，香柠檬薄荷颇受芳香疗法专家欢迎。

识别编号

	FEMA 编号	CAS	US/CFR	E – 编号
香柠檬薄荷油	—	68917 – 15 – 7	—	—

参考文献

Aktar, Husain; Virmani, O. P. ; Sharma, Askok; Kumar, Anup; and Mishra, L. N. 1988. *Major Essential Oil-Bearing Plants of India*. Lucknow, India: Central Institute of Medicinal and Aromatic Plants, pp. 167 – 181.

Fathy, Fify I. 2007. Chemical and biological study of the essential oil of *Mentha citrata* Ehrh. cultivated in Egypt. *Bull. Fac. Pharm. Cairo Univ.* 45 (1), 61 – 67 (English).

23 黑孜然

拉丁学名：*Nigella sativa* **L**（伞形科）

引言

黑孜然也被称为黑籽、黑种籽草和茴香花。有时黑孜然也被误认为是黑芝麻，但它们之间有很大差别。

一本古老印度医书认为这种香料对许多疾病具有疗效作用。也有一份报道提到一些古埃及遗迹（包括图特安哈门墓）中发现有黑孜然种子。圣经中也提到黑孜然。根据古代穆斯林著作，黑孜然是包治百病的药。

植物材料

黑孜然籽是一种草本植物的种子，这种植物的生长高度在 30～60cm 之间。黑孜然叶为复合型，有两至三个羽状全裂线状或线状披针形叶片（Warrier，1995）。黑孜然具有带长花梗的淡蓝色孤花，但无总苞。种子为黑色，具有三棱，并呈多节结核状。带辛辣苦涩味的种子具有许多药用性能。

黑孜然被认为起源于地中海东部地区。在印度，既有栽培的，也有杂草性黑孜然。黑孜然籽和精油均有一定出口价值。黑孜然籽含 35%～40% 非挥发性乙醚提取物。它的挥发油含量范围在 0.5%～1.6%。用溶剂提取的固定油是一种红褐色半干油。对突尼斯和伊朗黑孜然种子分析结果表明，两者的蛋白质含量分别为 26.7% 和 22.6%，脂肪含量分别为 28.5% 和 40.4%，总碳水化合物含量分别为 40.0% 和 32.7%，灰分含量分别为 4.9% 和 4.4%（Cheikh – Rouhou 等，2007）。

精油

水蒸气蒸馏得到的黑孜然挥发油产率约为 1%。由于含刺激性成分，因此具有一股难闻气味。

黑孜然籽精油的物理特性如下（Pruthi，1976）：

旋光度	+1.43°～+2.86°
折射率（20℃）	1.4836～1.4844
相对密度	0.875～0.886

除一般萜类化合物外，精油还含 nigellone，它具有缓解豚鼠支气管痉挛性能。精油

提取物含百里醌，据认为可防止癌细胞生长。除 nigellone 和百里醌以外，还含有许多生理活性成分，例如，nigellicine，nigellidine，dithymoquinone 和 thymohydroquinone（Randhawa，2008）。这些成分赋予该香料很多药性，包括抗癌和免疫刺激作用。由撒哈拉大沙漠地区得到的两个样品经水蒸气蒸馏分析分别得到伞花烃 8.9% 和 7.2%、4 - 松油醇 0.6% 和 8.9%、瑞香醌 6.1% 和 12.2%、百里醌 1.6% 和 21.8%、香芹酚 12.9% 和 12.9%、香芹 4.4% 和 0.3%，以及麝香草酚 1.5% 和 0.7%（Benkaci-Ali 等，2007）。阿尔及利亚南部地区产的黑孜然油，这些成分大多数比例有所不同。此外，还含有桧烯、反式桧烯、水合物、γ - 萜品烯、长叶烯和 α - 长叶蒎烯（Benkaci-Ali 等，2005）。

用途

由于具有刺激性苦味和气味，黑孜然及其油被用于糖果和利口酒。黑孜然在药制剂方面具有很大应用潜力。事实上，黑孜然油和种子作为食品风味剂的用量少得惊奇。也许，人们对其好处有了更多了解以后，使用量会上升。

识别编号

	FEMA 编号	CAS	US/CFR	E - 编号
黑孜然籽油	2337	90064 - 32 - 7	182. 10	–

参考文献

Benkaci-Ali, F; Baaliouamer, A; and Meklati, B. Y. 2005. Comparative study of the chemical composition of *Nigella sativa* L from the Media region extracted by hydrodistillation and microwave. *Rivista Italiana Eppos* 40, 15 – 24（French）（*Chem. Abstr.* 145：33598）.

Benkaci-Ali, F; Baaliouamer, A.; Meklati, B. Y.; and Chemat, Farid. 2007. Chemical composition of seed essential oils from Algerian *Nigella sativa* extracted by microwave and hydrodistillation. *Flavour Fragrance J.* 22（2），148 – 153.

Cheikh-Rouhou, Salma; Besbes, Souhail; Hentati, Basma; Blecker, Christophe; Deroanne, Claude; and Attia, Hamadi. 2007. *Nigella sativa* L. Chemical composition and physiochemical characteristics of lipid fraction. *Food Chem* 101（2），673 – 681.

Pruthi, J. S. 1976. *Spices and Condiments.* Delhi：National Book Trust, pp. 106 – 108.

Randhawa, Mohammed Akram. 2008. Black seed, *Nigella sativa*, deserves more attention（Editorial）. *J. Ayub Med. Coll. Abbottabad* 20（2），1 – 2.

Warder, P. K. 1995. *Indian Medicinal Plants Orient.* Madras：Longman, vol. 4, pp. 139 – 141.

24 黑胡椒

拉丁学名：*Piper nigrum* **L**（胡椒科）

引言

在西方人心目中，各种香料总与异国情调联系在一起。黑胡椒在香料中最引人注目。亚历山大大帝对埃及和印度的征服，使得胡椒等东方香料在基督之前就闻名于地中海国家。公元 1 世纪，欧洲与当时成为胡椒集散中心的埃及之间建立了直接海上航线。胡椒等东方香料的诱惑是如此之大，以至于到 15 世纪末，许多大胆的海上探险活动，主要是为了建立起印度和东印度这类香料产地与欧洲之间的直接海上航线。这些活动包括哥伦布和伽马的探险。欧洲列强对东方的殖民化使得黑胡椒很容易流入欧洲。据认为，当时黑胡椒既被用于冬季肉类保藏，也被用于掩蔽因长期贮藏而引起的异味。

植物材料

黑胡椒由一种多年生木质茎攀缘植物所产生。这种植物需要支承物，以供其关节不定根附着。它具有深绿色卵形厚叶。这种攀缘植物可高达 5～8m。这种植物开小花。长在中央茎秆的果实使其成为细长穗。深绿色果实呈球形，平均直径 4mm。这种植物的果实一般被认为是浆果，但在植物学上它却属于核果，干燥后成为黑胡椒。成熟过程中，这种浆果变成黄色和红色。照片 3 所示分别为胡椒藤、白胡椒和黑胡椒。

胡椒喜在潮湿、温暖的气候条件下生长，如在赤道附近地区生长。需要 1500mm 以上的降雨量。温度低于 10℃不利于胡椒植物生长。胡椒通过扦插无性繁殖。幼小植物一般在苗圃培育 3～4 个月，再移植到所需地方。

印度、印度尼西亚、巴西和马来西亚是胡椒的主要传统种植区。最近引入胡椒生产的越南已经成为最大出口国。与印度不同的是，越南的内部市场不大。斯里兰卡是萃取级胡椒生产国，这种胡椒含有高水平辣味的胡椒碱。柬埔寨和马达加斯加也产黑胡椒。不完全成熟阶段收获的胡椒，胡椒碱含量较高。在斯里兰卡，俗称"光浆果"的萃取级未成熟胡椒含较高胡椒碱，含量范围在 9%～11%间。其他光浆果主要生产国所产胡椒的胡椒碱含量为 8%～9%（印度）和 7%～8%（印尼和越南）。

照片3　（A）胡椒浆果的胡椒藤蔓（B）白胡椒（C）干黑胡椒（参见彩色插图）

化学组成

胡椒碱是干黑胡椒的最重要组成部分，含量范围在 4% ~ 6%（图 24.1）。在未成熟阶段，胡椒碱含量可高达 10%。胡椒碱与其它同分异构体一起提供辣味。胡椒碱有两种顺－反异构体。胡椒碱为反式－反式结构，最具刺激性。其它具有刺激性的是胡椒脂碱（顺式－顺式）、异胡椒碱（顺式－反式）和异胡椒脂碱（反式－顺式）（Govindarajan，1977）。

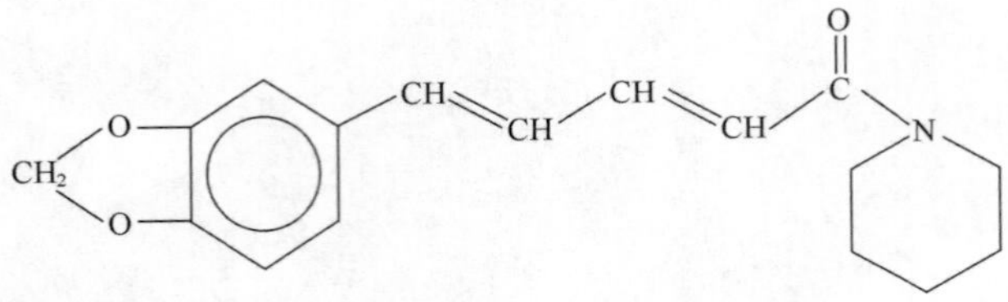

图 24.1　胡椒碱

淀粉是胡椒的主要组分，在黑胡椒和白胡椒中，淀粉含量分别占 40% 和 50% 以上。淀粉主要存在于核心，而表皮为粗纤维。蛋白质含量尚未得到调查，可能是它含量不高，特别是因为胡椒的消费量又非常低。胡椒中大部分氮以胡椒碱形式存在。干胡椒的挥发油含量约为 4%。胡椒碱和挥发油含量随着接近成熟期而降低，主要原因是淀粉和粗纤维的快速形成起到了含量稀释作用（表 24.1）（Sumathykutty 等，1979）。

表 24.1　　　　　　　　　　不同成熟阶段胡椒的化学组成变化

成熟阶段	水分含量 /%（湿）	平均粒重 /mg	（干基）含量/%			
			挥发油 v/m	胡椒素 v/m	粗纤维 v/m	淀粉 v/m
针头大小	82.5	4	2.0	0.4	18.0	15.3
介于针头于未成熟间	77.5	15	2.0	1.9	14.7	18.5
未熟（轻浆果）	75.0	25	4.8	6.8	13.0	38.4
待熟	65.0	53	4.4	6.2	11.8	38.4
成熟	60.0	62	3.7	4.2	10.5	40.9
完熟	40.5	78	2.2	4.0	8.7	46.2

外皮内层含精油。外皮也含茶多酚，这种物质在酚酶诱导下会氧化转换成深色化合物，这是成熟绿色胡椒（因存在叶绿素）在干燥时变为黑色的原因。内核富含淀粉和胡椒碱。

切片经特殊染色后可显微观察到许多重要成分分布。针头阶段的胡椒浆果测不出胡椒碱。然而，估计仍然存在一些胡椒碱。但从未成熟阶段开始，就可在果皮发现胡椒碱细胞。这种细胞的数量逐渐增加，在成熟阶段，胡椒碱细胞数量有相当大增加。胡椒碱细胞的大小在 $60 \sim 65\mu m$ 之间。组织化学方法也表明表皮不存在胡椒碱；然而，估计显示，表皮含总胡椒碱 7% ~ 8%，而 90% 胡椒碱存在于内核（Mangalakumari 等，1983）。图 24.2 所示为胡椒浆果剖面。

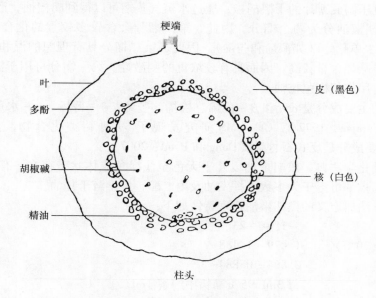

图 24.2　胡椒的剖面

扫描电镜观察表明，挥发油存在于个体较大的薄壁细胞，这种细胞尺寸范围在 $50 \sim 55\mu m$。精油细胞主要位于表皮内层。胡椒的尖端（即柱头）主要分布于内核，是存在胚芽的部位。

利用酚试剂的组织化学研究表明，茶多酚存在于外果皮和中果皮。干燥过程中，胡椒变黑的模式，与多酚类物质分布相吻合。底物被确定为 3，4 - 二羟基 - 6 - （N - 乙基氨基）苯甲酰胺（Bandyopadhyay 等，1990）。这是一种由酚酶引起的褐变，酚酸来自油茶炭疽病真菌孢子，这种真菌始终伴随胡椒浆果出现（Mangalakumari 等，1983）。

白胡椒和绿胡椒

如果通过沤泡和磨搓，将胡椒浆果（尤其是成熟或过熟的胡椒）纤维状表皮除去，便可得到硬核白胡椒。除辣味以外，白胡椒有一种典型腐烂气味。对青胡椒或黑胡椒进行蒸煮，然后再用机械打浆机进行高效磨皮，是一种推荐的快速制取白胡椒的方法。然而，这种快速方法的不足之处是缺乏通过沤泡得到的典型轻微腐烂味。

在未成熟阶段，胡椒有一种特殊的"青"味，通过抑制酶的作用，可以在生产诸如盐水青胡椒、脱水青胡椒及青胡椒罐头之类产品中保留这种青味。使酚酶失活可使胡椒绿色得以保留。在制造脱水青胡椒和青胡椒罐头时，利用加热灭酶活使青色保留。

在盐水胡椒制造中，酸化盐水浸泡使酚酶失活。

精油

用辊磨机压制成薄片的干黑胡椒，通过水蒸气蒸馏可以得到胡椒油，产率为 2% ~ 4%。通常将胡椒油分为两个馏分，因此，第二馏分会含较多较重的化合物（如石竹烯），并含较少单萜烃（如蒎烯和芐烯）。因此，第二馏分具有理想的温和香气，而第一馏分由于单萜烃含量较高，因而具有较浓重的刺激性。第一馏分可用于混合油树脂，而第二馏分可用作胡椒色拉油。

胡椒油的主要成分是 α - 和 β - 蒎烯、桧烯、芐烯、δ - 蒈烯、α - 水芹烯、β - 石竹烯（Govindarajan，1977）。GC - MS 研究发现了 39 种萜类化合物，占挥发油的 99.51%。主要成分是反式石竹烯（Dong 和 Pand，2007）。

根据食品化学法典，黑胡椒油以几乎无色至浅绿色液体状态存在，有特征性黑胡椒气味。黑胡椒油可溶于大多数不挥发油及丙二醇，但难溶于甘油。

食品化学法典定义的黑胡椒油物理特性如下：

旋光度　　　　　　　　　　 - 1° ~ - 23°
折射率（20℃）　　　　1.479 ~ 1.488
相对密度　　　　　　　0.864 ~ 0.884
溶解度　　　　　　　　每 3mL 95% 酒精中溶解 1mL

油树脂

黑胡椒压片后用二氯乙烷、丙酮和己烷混合物或乙酸乙酯类溶剂萃取；混合油中含有香气和刺激物馏分。除去溶剂，便可得到油树脂。近年来，常用两段式操作生产油树脂。如前所述，第一步蒸馏除去油分。脱油胡椒脱水后用溶剂萃取。脱溶剂后得到富含胡椒碱的油树脂。这种树脂再与胡椒油（通常为第一级馏分）混合，这样，具有醇厚风味的第二级馏分可作为高品质胡椒油出售。

大多数国际化质量标准规定溶剂残留量必须低于 30mg/kg。这一水平的溶剂残留，可通过充分搅拌的敞开蒸煮和真空蒸发实现。

黑胡椒油树脂通常的市售指标为 40:20，即含 40% 胡椒碱和 20% 挥发油。销售的油树脂中，这两种成分含量也可低于或高于上述指标。以碳作为吸附剂制备的脱色油树脂可用于浅色产品。可由白胡椒和青胡椒制备特殊口味的油和油树脂。最近出现的一种新产品中，结晶形式胡椒碱的含量在 95% 以上。由脱油胡椒制备的富含胡椒碱的树脂，经反复结晶得到这种产品。胡椒碱可作为生物活性物质使用，因为它有助于更好地吸收与其一起摄入的其他药物。油树脂的主要辛辣成分是胡椒碱。

测试方法

胡椒碱可通过 342 ~ 345nm 范围的紫外分光光度法测定（ASTA，AOAC）。Sigma -

Aldrich 化学公司可提供纯胡椒碱标准品。

用途

黑胡椒是世界上最受人们喜欢的香料之一。所有咸鲜制品都可应用黑胡椒。黑胡椒用于肉类、海鲜、蔬菜制品、小吃、汤、酱和色拉调料。胡椒粉可洒在鸡蛋制备物、沙拉和奶酪上面。

胡椒油可作为风味物用于需要香气而不需要辣味的食品。少量胡椒油可作为芬芳物质使用，特别是用于男士化妆品。胡椒油被认为可使香水呈现东方韵味。

使用黑胡椒油树脂可同时获得香气和滋味效果。这种油树脂被广泛用于肉类制品、海鲜、蔬菜、小吃和汤料。纯度 95% 胡椒碱晶体可作为生物活性剂，用于协助人体吸收其他药物。

识别编号

	FEMA 编号	CAS	US/CFR	E - 编号
黑胡椒油	2845	8006 – 82 – 4	182. 20	—
		84929 – 41 – 9		—
白胡椒油	2851	8006 – 82 – 4	182. 20	—
黑胡椒油树脂	2846	84929 – 41 – 9	182. 20	—
白胡椒油树脂	2852	84929 – 41 – 9	182. 20	—

参考文献

Bandyopadhyay, Chiranjib; Narayan, Vaduvatha S.; and Variyar, Prasad S. 1990. Phenolics in green pepper berries (*Piper nigrum* L). *J. Agric. Food Chem.* 38, 1696 – 1699.

Dong, Dong; and Pan, Shengli. 2007. Analysis of chemical constituents of volatile oils from *Piper laetispicum* and *Piper nigrum* by GC-MS. *Zhongguo Zhongyao Zazhi* 32 (7), 647 – 650 (Chinese) (*Chem. Abstr.* 149: 252615).

Govindarajan, V. S. 1977. Pepper-chemistry, technology and quality evaluation. *CRC Crit. Rev. Food Sci. Nutr.* 9, 115 – 225.

Mangalakumari, C. K.; Sreedharan, V. P.; and Mathew, A. G. 1983. Studies on blackening of pepper (*Piper nigrum* L), during dehydration. *J. Food Sci.* (*IFT*) 48 (2), 604 – 606.

Sumathykutty, M. A.; Rajaraman, K.; Sankarikutty, B.; and Mathew, A. G. 1979. Chemical composition of pepper grades and products. *J. Food Sci. Technol.* 16, 249 – 252.

25 辣椒

拉丁学名：*Capsicum annuum* **L**；*C. futescens* **L**（茄科）

引言

辣椒的英文名为 capsicum 或 chili，有时也称为 cayennepepper 或 redpepper。辣椒具有非常辣的滋味。通常亚洲人（特别是印度人）喜欢这种辣味，他们的食品含有相当量这种香料。但是，大约在 500 年前，旧世界尚未有辣椒。因此，辣椒与烟草、木薯、人心果，橡胶和腰果一样，是来自新世界的礼物。

西班牙探险家在中南美洲和加勒比海群岛发现了辣椒。这种植物随后被移植到了天气寒冷的欧洲，当地栽种较多的是辣味较小的品种。印度辣椒由葡萄牙人引入，流行栽种的是具有辣味的品种，并成为人们最喜爱的食物调味品。

辣椒可能最早起源于墨西哥，再从那里传播到其他拉丁美洲地区。墨西哥人利用这种辣味香料的记录早于公元前 7000 年。有史料记载了阿兹台克人使用这种香料的证据。在加勒比群岛，辣椒既用作食用香料，也作为药物使用。哥伦布探险队的随行专家对这种植物及其在食品和药品中的用途进行了重点观察。

由于农业气候条件差异和自然杂交作用，辣椒在大小、形状、颜色和辣味强度方面存在差异。红辣椒是颜色最丰富的香料之一。制备菜肴中干红辣椒和色拉中的新鲜青辣椒最具展示价值（照片 4）。

植物材料

辣椒为一年生植物，高达 0.5～1.4m，带有支干。辣椒花为白色，其所结出的单果即为辣椒。成熟前的辣椒为绿色，但成熟时变为红色。辣椒的辣味和颜色因品种不同而有差异。其他品种辣椒的颜色有白色、黄色、紫色和橙色，但它们不作为提取物原料使用（Govindarajan，1985）。

红辣椒具有商业价值。辣椒内有成列与鞘状隔膜相连的种子（图 25.1）。虽然种子没有辣味，但隔膜富含辣椒素，辣椒素是产生辣味的化学成分。分离到的种子通常含小片隔膜，从而给人一种辣椒籽具有辣味的印象。辣椒荚含有大部分色素和辣椒素。辣椒不同部位活性成分的百分含量分布如表 25.1 所示。

照片4 （A）收获成熟辣椒 （B）干*Byadege*椒 （C）新鲜青辣椒（参见彩色插图）

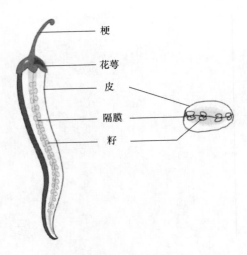

图 25.1　辣椒分段及其构成物分布

表 25.1 干辣椒不同部位活性成分分布　　　　　　　　单位:%

		整个辣椒	皮	籽	梗
总干重量	占整个辣椒	100	40.0	54.0	6.0
辣椒素	分布	100	94.6	4.9	微量
色素（以 β - 胡萝卜素计）	分布	100	94.6	4.9	0.5

　　辣椒隔膜应视为辣椒皮的一部分，它们约占辣椒荚总量的2%。充分分离的辣椒隔膜所含的辣椒素约为总辣椒皮的四倍，但色价只有后者的三分之一。要成功提取辣椒素，关键在于保留隔膜，在只用分离辣椒籽后的果皮进行提取时，尤其应注意这一点。

　　干辣椒皮是提取用的原料。除部分产于美国和中国外，几乎所有富含辣椒素的油树脂提取活动均在印度进行。最初所用的提取原料是塞纳姆（Sanam）椒，也用少量芒杜（Mundu）椒。大约20年前，引入了具有强烈辣味的贾拉（Jwala）椒。最近，迪贾（Teja）和内姆达利（Namdhari）椒成为主要原料，因为它们具有良好的颜色和辣味。

　　印度东北部曼尼普尔邦（Manipur）出产的刺激性非常强的辣椒，也称为那加兰邦（Nagaland）椒。最近，Naidu 等人（2007）对用二氯化乙烯萃取的油树脂辣味和色素进行了分析（表 25.2）。

表 25.2　　　　　　　　　　　一些印度辣椒油树脂的色素和辣味水平

品种	色价（EOA 单位）		总辣椒素含量/%（质量分数）	
	全辣椒树脂油	辣椒皮树脂油	全辣椒树脂油	辣椒皮树脂油
塞纳姆椒	17700 ± 260	40550 ± 350	1.83 ± 0.06	3.46 ± 0.15
芒杜椒	11660 ± 400	32500 ± 400	1.70 ± 0.10	4.10 ± 0.12
内姆达利椒	23060 ± 585	51350 ± 200	3.30 ± 0.25	6.73 ± 0.10

续表

品种	色价（EOA 单位）		总辣椒素含量/%（质量分数）	
	全辣椒树脂油	辣椒皮树脂油	全辣椒树脂油	辣椒皮树脂油
迪贾椒	13100 ± 200	22700 ± 200	4.26 ± 0.15	7.33 ± 0.21
巴安德奇椒	49600 ± 250	115,000 ± 480	0.76 ± 0.05	1.30 ± 0.10
曼尼普尔邦椒	10900 ± 200	16400 ± 100	22.20 ± 0.72	29.26 ± 0.15

可以看出，迪贾椒油树脂辣椒素含量特别高，内姆达利椒油树脂的辣椒素含量略低一些。曼尼普尔邦椒辣味高，但尚未成为商业作物。巴安德奇椒的色价最高。这种辣椒去热处理后，成为目前印度辣椒油树脂原料。

鸟眼（Bird's eye）辣椒体积非常小，但热量高，属于 *C. frutescens* 种辣椒。它们主要种植于菜园，商业化种植很少。

在印度，也对用中等辣味强度辣椒制备辣椒油树脂过程产生的辣椒素加以回收。一般来说，这种制备无辣味辣椒油树脂过程回收得到的辣椒素馏分在油脂中的溶解度有限。因此，制备正常辣椒油树脂通常加入少量这种辣椒素馏分。

有时由于阴雨天气原因，有少部分干辣椒不能完全呈现红色。这种被称为"白辣椒"的辣椒一般都比较便宜。如果不强调颜色，则可作为廉价原料利用，但要注意避免由霉菌毒素引起的各种问题。因此，顶级提取公司不使用白辣椒原料。

在美洲，专门种植辣味温和的辣椒，如墨西哥（Jalapeño）辣椒。也种植非常辣的辣椒，用于提取。由于它们具有高含量辣椒素，因此利于用作提取原料。辣椒主要在温暖的南方国家种植。虽然中国基本上属于寒冷国家，但也有部分南方省份种植辣味辣椒。中国的主要辣椒品种是宜都（Yidu）椒。辣椒红色素是中国的主要产品，而辣椒油树脂大多从印度进口。

化学组成

辣椒中含有约 12% 蛋白质、17% 脂肪、57% 碳水化合物和 25% 粗纤维。它富含维生素 A，并含有水溶性维生素和矿物质。脂肪主要来自辣椒籽。辣椒无精油。

辣椒的价值主要体现在其辣味化学成分，尤其是辣椒素和相关化合物。69% 的辣椒素为 N - 香兰基 - 8 - 甲基 - 6 - 壬烯酰胺（图 25.2）。其它化合物有二氢辣椒碱（22%）、降二氢辣椒碱（7%）、高二氢辣椒碱（1%）和高辣椒碱（1%）。还有一些类似产物含量非常低。活性辛辣成分为辣椒素和两种异构体化合物，二氢辣椒碱和降二氢辣椒碱，后者侧链上的双键被两个氢原子饱和。所有这些化合物统称为总辣椒素。

在中国，一项利用 GC - MS 技术进行的研究表明，辣椒中最突出的化合物是辣椒素，其次是亚麻酸乙酯、棕榈酸、二氢辣椒素、邻苯二甲酸二（2 - 乙基己基）酯，及硬脂酸（Zhu 等，2003）。

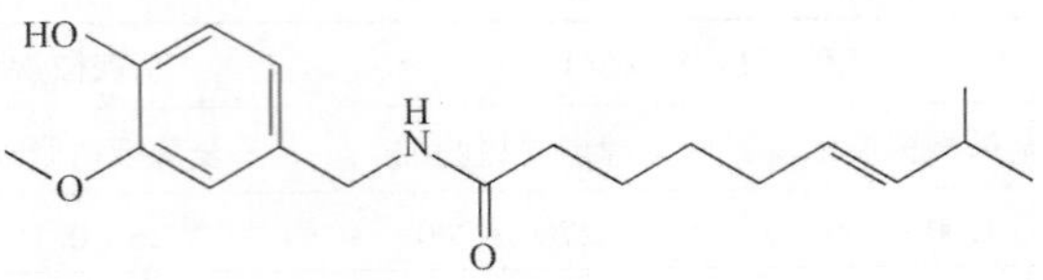

图 25.2　辣椒素

油树脂

辣椒素油树脂是一种重要天然风味物。由于它没有精油，可利用干粉碎材料进行溶剂萃取。为了实现高效萃取，必须注意原料准备。

辣椒籽和梗既不含有辣椒素，也不含色素。通过一系列操作，包括切割、筛分和空气分级，可以将它们除去。辣椒籽在磨粉行业有良好市场，因此，必须将它有效地回收，并注意不使辣椒皮细粉中的辣味和色素成分损失。

粉碎粒度小有利于提高活性成分提取率。但间歇式操作时，细粉不利于溶剂通过萃取床层。为了避免这类问题，要将粉末制成粒料。

辣椒皮粉粒投入渗滤器，用二氯化乙烯或己烷和丙酮混合物进行萃取。除去混合油中的溶剂便可得到油树脂。

辣椒所含的一种胶黏性物质必须加以去除。用甲醇或乙醇萃取时，油树脂会成为黏稠物，辣椒素含量一般不超过5%。早期的辣椒油树脂用乙醇提取物制备。辣椒油树脂的稠度因胶状物质所致，这种物质略呈憎油性。

目前流行使用的是不含沉淀物的自由流动油树脂。这种产品使用起来比较方便。此外，为了提高辣椒素浓度并进行脱色，油树脂必须具有自由流动性。用丙酮或乙酸乙酯提取辣椒素时，得到的油树脂含有大量胶状沉积物。为了避免这种情况，可使用极性较小的溶剂，如二氯乙烷，或用己烷含量大于50%的丙酮－己烷混合物。

利用无水乙酸乙酯有可能产生无黏性沉淀物油树脂，但在随后的再生过程中，乙酸乙酯吸收的水分会增加溶剂体系的极性，从而导致油树脂带有胶状沉淀物。

用含水乙醇或甲醇（醇∶水＝70∶30）提取可得到辣椒素含量较高的辣椒油树脂。先用含水醇提取辣椒素馏分，余下辣椒素含量较低和色价较高的部分。使用含水20%醇提取，可使油树脂的辣椒素含量从约5%浓缩到10%～20%之间，而利用含水30%醇提取，可使辣椒素含量浓缩到30%以上。油树脂色价将随辣椒素含量提高而出现相应降低。事实上，如果使用含水70%甲醇或乙醇与己烷构成双液分配体系，则含水甲醇馏分中油树脂辣椒素含量可达到50%以上。如果用含水甲醇或乙醇以洗涤方式不断除去辣椒素，则己烷馏分可产生高色价油树脂。

如果用庚烷替换以上含水甲醇（或乙醇）与己烷液－液分配体系中的己烷，则可产生更好的辣椒素富集效果。两种醇相比较，甲醇（70%）更有效。但是，使用甲醇会受到残留量的限制。同样，使用庚烷也有残留量限制。

辣椒油树脂是一种红色至红棕色油状液体，具有很高的辛辣特性。辣椒油树脂中的刺激性化合物与人体疼痛受体接触会使人感受到辣性。如考虑到其他感观因素，则最佳水平辣椒素在口中可产生受欢迎的风味效果。一般来说，辣椒素含量较高时，油树脂颜色偏棕色。利用上述方法，可将辣椒素含量从 1% 调整到 40%。药用辣椒油树脂可能要求辣椒素含量范围在 60% ~ 65%，因此，需要用双液分配体系进行提取。

辣椒油树脂的色价指标也可在 1000 ~ 20000CV 变化，但正常色价范围在 4000 ~ 8000CV。脱色辣椒油树脂用于无色或白色制品。加工商利用苄基过氧化物将油树脂色价降低到 1000CV 以下。利用苄基过氧化氢过度处理可能产生苯甲酸残留，一些国家对这种化学物有限制。这一残留物中可能含有过氧化氢。

如果要将辣椒油树脂的色价降低到 100CV 左右，则唯一可行的方法是碳吸收。辣椒粉用溶剂渗滤之前与优级活性炭混合，可获得浅色混合油。除去溶剂后可得到低色价辣椒油树脂。

分析方法

辣椒素可用 ASTA 或 AOAC 描述的高效液相色谱（HPLC）法进行测定。方法是用提取物样品的峰面积与纯辣椒素标准样品的峰面积进行比较，Sigma 公司可提供纯辣椒素标样。HPLC 采用的是 C_{18} 柱子，流动相为乙腈（40%）和 1% 乙酸溶液（60%）。在280nm 处检测。不过，工业界仍然使用（美国）精油协会（EOA）方法测量辣椒素的色价。

辣味曾经用斯科维尔热量单位（SHU）描述。但由于这种测试方法存在主观性，因此，AOAC 方法利用高效液相色谱结果与斯科维尔热量方法进行比较。

辣椒的颜色来自叶黄素。红色色素由辣椒红素和辣椒玉红素构成。有关辣椒色价估计和色素结构的详细情形，详见第 82 章红辣椒。

用途

辣椒广泛用于各种辣味食品。一般来说，东方人喜欢辣味食物。但近年来，西方人也开始接受辣味食物，而非平淡食物。然而，食用过量辣椒可能会对胃造成刺激。

加工食品可用辣椒油树脂替代辣椒。在中国，辣椒油树脂用于肉类和面条。印度咖喱利用辣椒油树脂确保均匀风味。即使是西方菜肴，也用辣椒油树脂调制出无辣味感觉但受人欢迎的风味效果。辣椒油树脂可取代辣椒粉用于肉类、海鲜、蔬菜咖喱、汤料、酱料和咸味小吃。

辣椒能刺激分泌唾液消化激素，能增加肠道蠕动，并有助于缩短粪便在直肠中停留时间。

油树脂作为抑刺激剂，可用于止痛膏、搽剂、基础化妆品、痱子粉，以及特殊膏药。由于辣椒素具有高度刺激性，因此，警察和其他人员采用含辣椒素的喷雾剂防身。有研究表明，辣椒素能延缓不同类型癌症发展，并减少术后疼痛（Pushpakumari 和 Pramod，2009）。

识别编号

	FEMA 编号	CAS	US/CFR	E – 编号
辣椒提取物	2233	8023 – 77 – 6	182.20	—
辣椒油树脂	2234	8023 – 77 – 6	182.20	—
		84603 – 55 – 4		
辣椒素	3404	404 – 86 – 4	—	—

参考文献

Govindarajan, V. S. 1985. Capsicum—production, technology, chemistry and quality. *CRC Crit. Rev. Food Sci. Nutr.* 22 (2), 109 – 176.

Naidu, Madhava M.; Sowbhagya, H. B.; Sulochanamma, G.; and Sampathu, S. R. 2007. Comparative study of chilli constituents in six commercially grown varieties of *Capsicum annuum* L. *J. Plant. Crops* 35 (3), 181 – 187.

Pushpakumari, K. N.; and Pramod, S. 2009. Health benefits of spices. *Spice India* (Indian Spices Board, Cochin) 22 (12), 13 – 19.

Zhu, Xiaolan; Liu, Baizhan; Zong, Ruowen; and Gao, Yun. 2003. Analysis of chemical constituents of capsicum by GC-MS. *Fenxi Ceshi Xuebao* 22 (1), 67 – 70 (*Chem. Abstr.* 139: 275875).

26 焦糖

引言

任何类型的糖经加热到颜色介于棕色和近黑色之间时便成为焦糖。焦糖在食品色素中占有重要地位。焦糖产品是一种无定形褐色固体或黏稠液体。焦糖化还可形成某些风味，包括苦味。烧糖得到的焦糖，浇在蛋奶布丁上面可得到著名的焦糖蛋奶布丁。焦糖作为色素，广泛用于酒精饮料、可乐软饮料，以及褐变着色不足的烘焙产品。许多利用焦糖调味和着色的糖果，包括牛奶主料糖果和巧克力，称为焦糖糖果。

生产方面

焦糖通过对食品级碳水化合物加热到190℃左右产生。葡萄糖、转化糖、乳糖、麦芽糖浆、糖蜜、蔗糖和淀粉水解产物及其馏分，均可用于制作焦糖（Reineccius，1994）。大量商业焦糖利用玉米糖浆或葡萄糖浆生产。通过调整生产条件，可以生产许多不同用途不同等级的焦糖。印度以蔗糖为原料生产焦糖。

为了促进焦糖化和提高色素强度，可以添加食品级酸、碱盐、亚硫酸盐和氨，但要确保不违反优良制造规范及食品法规。硫酸铵是经常使用的一种催化剂。

焦糖化化学反应复杂。焦糖化过程发生两种反应，一种是由糖燃烧引起的纯炭化反应，另一种是美拉德反应。不含任何添加剂的碳水化合物（如糖）受到加热时，会发生变化产生焦糖或烧糖。如此获得的产物，可用做食品配料，而不属于色素添加剂（Emerton，2008）。添加其他物质时，糖的醛基和酮基会自发地与含氮化合物发生反应。这些变化，开始由美拉德反应引起，一般会形成吡嗪类、内酯和其他杂环化合物，这有助于形成除焦糖苦味以外的其他风味。然而，不同于正常美拉德反应，焦糖制作并不总由胺催化反应过程，这种过程也需要高温。为了产生完整的焦糖化反应，需要将糖加热至150℃以上。在高pH条件下，焦糖化反应会进行得更快。因此，制造焦糖风味剂需要用碱。

焦糖色素不能与水完全混溶。除可溶性材料以外，还存在胶体聚集物，这类物质决定了焦糖色素的质量和食品特性。因生产方法不同，焦糖可带正电荷或负电荷。焦糖的等电点确定了使用焦糖食品的类别。等电点以上的pH值会使焦糖带负电荷，等电点以下的pH会使焦糖带正电。Reineccius（1994）提出焦糖可分为耐酸型、耐碱型和耐酒型三类，相应的等电点分别为$pI = 2$和$pI = 4$左右，以及$pI = 1$以下。

焦糖的另一重要品质是其色素强度，可以使用色度计测定。焦糖通常以黏稠液体的形式销售，有足够高的可溶性固形物含量，以防止微生物作用。这种浓稠料液使用前需要稀释，最好随用随稀释，因为稀释后的物料容易发酵和发生腐败微生物作用。

由于焦糖携带电荷，因此只能用于不存在带相反电荷粒子的场合。肉制品、酱料、肉汁中含盐含量高，因此，适用于使用带正电荷的焦糖产品。焦糖对热和光均稳定。

分类

焦糖有若干类型。

Ⅰ类。加或不加酸或碱条件下加热生成的普通焦糖。不可使用铵盐或亚硫酸盐化合物。

Ⅱ类。加或不加酸或碱条件下加热生成的苛性亚硫酸盐焦糖。不可使用铵盐化合物，但可以有亚硫酸化合物存在。

Ⅲ类。加或不加酸或碱条件下加热生成的氨法焦糖。不使用亚硫酸盐化合物，但可以有铵化合物存在。

Ⅳ级。加或不加酸或碱条件下加热生成的亚硫酸氨焦糖。亚硫酸盐和铵化合物均可以存在。

食品化学法典对焦糖的特点和试验方法有详细描述。Smith 和 Hong – Shum（2003）对焦糖性质作过详细介绍。

用途

焦糖被广泛用于各种食品，如焙烤食品、谷物制品、乳制品和肉制品。焦糖是糖果常用色素。焦糖的最广泛用途是软饮料和含酒精饮料。威士忌、白兰地、朗姆酒，有时甚至是啤酒均常用普通焦糖产生深色调，这种焦糖称为酒用焦糖。一般，氨焦糖称为啤酒焦糖，亚硫酸盐焦糖称为白兰地焦糖，亚硫酸氨焦糖称为软饮料焦糖。

普通焦糖在酒精中具有高度稳定性。啤酒带正电荷蛋白质，而软饮料则因加酸而带负电荷。有时可用焦糖强化可可食品（如冰淇淋、蛋糕、糕点和糖霜）颜色。

识别编号

	FEMA 编号	CAS	US/CFR	E – 编号
焦糖色素	2235	8028 – 89 – 5	182. 1235	E150
普通焦糖（Ⅰ类）	—	—	—	E150a
苛性亚硫酸盐焦糖（Ⅱ类）	—	—	—	E150b
铵盐焦糖（Ⅲ类）	—	—	—	E150c
亚硫酸铵焦糖（Ⅳ类）	—	—	—	E150d（1）

参考文献

Emerton, Victoria, ed. 2008. *Food Colours*. Oxford, UK: Leatherhead Publishing and Blackwell Publishing, pp. 39 – 41.

Reineccius, Gary, ed. 1994. *Source Book of Flavours*, 2nd ed. New York: Chapman and Hall; New Delhi: CBS Publishers and Distributors, pp. 807 – 808.

Smith, Jim; and Hong-Shum, Lily. 2003. *Food Additives Data Book*. Oxford, UK: Blackwell Science, pp. 168 – 182.

27 葛缕子
拉丁学名：*carum carvi* **L**（伞形科）

引言

欧洲自古代起就已使用葛缕子种子。葛缕子可能起源于中东或近东，因为该名称被认为源于小亚细亚的卡里亚地区。欧洲种植葛缕子可能始于中世纪。瑞士湖泊废墟发现有葛缕子种子，从而可认为开始使用这种香料的时间可能早于许多其他香料。

葛缕子种子被普遍用来掩盖口臭，特别是酒精呼吸。古人发现葛缕子种子有许多用处，包括控制气体形成，抗贫血，作为解毒剂用于医治蛇兽咬伤，甚至具有巫术保护作用。

植物材料

葛缕子种子是一种二年生草本植物的干籽，属于欧芹家族。这种植物类似于胡萝卜植物，高度在 40 ~ 60cm 的花杆上长有细叶。种子小而细长，略带弧形，长度在 2 ~ 5mm 之间。外壳长轴方向带有五到六个隆脊。

葛缕子籽具有精油发出的刺鼻药物香气。荷兰是世界上主要的葛缕子生产国，但德国、俄罗斯、摩洛哥、斯堪的纳维亚国家、加拿大和美国也生产葛缕子。

化学组成

葛缕子的主要成分是表现出立体异构化的香芹酮。它有两个镜像对映体：$S-$（$+$）$-$香芹酮和 $R-$（$-$）香芹酮（图 27.1）。葛缕子的典型气味由前者引起，后者产生的香气类似于薄荷。香芹酮对映体的特殊之处在于人类嗅觉系统可将它们区分开来。并非所有类似的非对称异构体都可被人类区分。S 和 R 形式是描述同分异构的现代方式，但较早书籍中，（S）和（R）分别用右旋 - 或 $d-$，及左旋 - 或 $l-$ 形式描述。d 和 l 仅仅基于偏振读数，而 S 和 R 形式基于活性炭上分布的残基顺序。

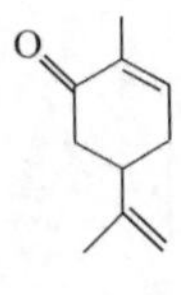

图 27.1 香芹酮

精油

生产葛缕子籽精油过程中的关键步骤是种子的干燥和粉碎。干香料用水蒸气蒸馏法可产生 7% ~8% 挥发油。

S – （ + ） – 香芹酮在葛缕子油中占 50% ~70% 。除香芹酮以外，葛缕子油还含有一定量的柠檬烯。Sedlakova 等（2001）从效率、重现性和准确度方面对用超临界流体（SCF）萃取法和水蒸气蒸馏法得到的葛缕子籽精油组成进行过比较。

来自奥地利的葛缕子籽油主要成分为香芹酮和柠檬烯（Bailer 等，2001）。Iacobel-lis 等（2005）注意到了类似的香芹酮趋势，但还发现有一定量二氢香芹醇、β – 石竹烯、大根香叶烯和柠檬烯。

根据食品化学法典，葛缕子油为无色至淡黄色液体，具有葛缕子特有的气味和味道。

食品化学法典定义的葛缕子物理特性如下：

旋光度	$+70° ~ +80°$
折射率（20℃）	1. 484 ~1. 488
相对密度	0. 900 ~0. 910
溶解度	在 8mL 80% 乙醇中溶解 1mL

很少用葛缕子籽制备油树脂。葛缕子籽或葛缕子油都可用作风味剂。

用途

葛缕子籽可用于焙烤制品（特别是黑麦面包）增香。香肠、奶酪、汤料和酸菜也可用葛缕子调味。葛缕子可用于肉、海鲜、蘸料和烘焙产品。在需要用葛缕子调味的类似加工食品中，可用葛缕子油替代葛缕子。葛缕子油可用于利口酒、口香糖牙膏和漱口水。

香芹酮油可用作房间空气清新剂，也可用于芳香疗法。由于香芹酮的酚醛性质，葛缕子油被用于肥皂、洗液，甚至用于香水。

有一种葛缕子籽输液被用于治疗腹痛和消化紊乱，也可用于对付蠕虫。

识别编号

	FEMA 编号	CAS	US/CFR	E – 编号
葛缕子籽油	2238 –	8000 – 42 – 8	182. 20	—
		85940 – 31 – 4		
葛缕子籽提取物	—	8000 – 42 – 8		—
		85940 – 31 – 4		

参考文献

Bailer, J.; Aichinger, T.; Hackl, G.; de Huber, K.; and Dachler, M. 2001. Essential oil contents and composition of commercially available dill cultivars in comparison with caraway. *Ind. Crops Prod.* 14, 229 – 239.

Cf. Lawrence, B. M. Progress in essential oils. *Perfumer Flavorists* 31 (1), 54 – 57.

Iacobellis, N. S.; Lo Cantore, P.; Capasso, F.; and Senatore, F. 2005. Antibacterial activity of *Cuminum cyminum* L and *Carum carvi* L essential oils. *J. Agric. Food Chem.* 53, 57 – 61.

Sedlakova, Jitka; Kocourkova, Blanka; and Kuban, Vlastimil. 2001. Determination of essential oil content and composition in caraway (*Carum carvi*). *Czech J. Food Sci.* 19 (1), 31 – 36 (English).

28 豆蔻

拉丁学名：*Elettaria cardamom* M（姜科）

引言

早期历史记载有大小两类豆蔻。公元前的古希腊文献就已提及豆蔻，但尚不清楚指的是属于小豆蔻家族的小豆蔻，还是属于大豆蔻家族的大豆蔻。然而，从一份亚历山大罗马海关提交的亚洲香料征税清单中可以看出，自公元 2 世纪起，欧洲已经对这两类豆蔻有明显区分。来自东方的不同香料中，一些香料的鉴定存在混淆。然而，到了 16 世纪，随着海上航线的建立，马拉巴尔小豆蔻与尼泊尔大豆蔻已有明显区分。

历史文献中，有关烹饪中使用豆蔻记载得比较混乱。公元 1 世纪，早期阿育吠陀大师查拉卡（Charaka）和莎斯鲁塔（Sasruta）在一本医学文献中提到过 Ela（印度语豆蔻名为 elachi），即豆蔻。

据认为，大约 2000 年前，古希腊人和古罗马人已在食品、芬芳制备物和药品中使用豆蔻。事实上，大约在公元前 700 年，巴比伦人已在其花园栽培小豆蔻。1000 年以前，维京人就开始与君士坦丁堡开展贸易，因此，豆蔻无疑已成为丹麦糕点和瑞典蛋糕的特殊配料。因日晒干燥和长时储存，一直到最近，斯堪的纳维亚国家还在使用漂白豆蔻。

阿拉伯人促进了绿色小豆蔻的使用，因为他们喜欢新鲜绿色。为获得最大绿色，培育了特别品种，并在炉中进行干燥，以防止日晒造成的叶绿素损失。普遍认为，小豆蔻是继藏红花和香草之后，排列第三的昂贵香料。

植物材料

姜科植物遍布世界各地的热带森林。生产小豆蔻的植物最初通过天然异花授粉发展而来；如今，可以见到许多大小形状各异的栽培品种。直到最近，还培育出了两个品种，迈索尔（Mysore）和马拉巴（Malabar）。奇怪的是，在喀拉拉邦栽培的一个品种称为迈索尔豆蔻，而在卡纳塔克邦（直到最近才称为迈索尔邦）栽培的品种则称为马拉巴豆蔻。

在喀拉拉邦及邻近西高止山脉斜坡种植的迈索尔豆蔻，具有长形蒴果和较深绿色。其他品种的蒴果较圆润，且绿色较浅。这种圆形品种被用于制备漂白级豆蔻。由于国际贸易中干绿色蒴果较受欢迎，大部分栽培活动趋于培育较深绿色的细长形品种（迈索尔）。这种体制终止了使用含氯化学物质或二氧化硫脱色的习惯。也有报道称，有些地方为了获得均匀漂白颜色而使用酸性黄溶液。

小豆蔻植物是一种高 1.5 ~ 4m 的多年生草本植物。豆蔻的地下根茎会长出一些直立绿叶芽。交替出现的叶子呈椭圆形。花朵长在距营养枝基部一米长高度的花穗上。绿色果实为三室蒴果，呈梭形或椭圆形。蒴果内含 15 ~ 20 粒由黏液膜包裹的棕色硬种子。照片 5 所示为豆蔻植物及其干燥后的绿色豆蔻蒴果。

豆蔻植物可在肥沃壤土中旺盛生长。它们喜阴并需要一定的降雨量。可以采用分根法进行无性培植，也可专门选种子进行发芽培植。

豆蔻植物的成熟期在 3 年左右。一株豆蔻植物的寿命在 10 ~ 15 年之间。一处维护良好的种植园，最佳条件下可产 110 ~ 170kg 干豆蔻。一般情形下，令人满意的产量在 50 ~ 75kg 之间。

豆蔻蒴果利用人工烘箱干燥。设计良好的错流或顺流电热干燥器可得到满意的干燥效果。如果无电力供应，可用镀锌铁皮管加热的干燥室进行干燥，管内热流由室外柴炉提供。为了获得满意的干燥效果，烘房需要定期系统通风，并对处于不同加热区的果盘进行交换。

一般，温度高于 60℃ 的高湿度条件可破坏豆蔻蒴果外部分叶绿素。除印度外，危地马拉是最重要的豆蔻生产国。当地一些小规模种植园位于富含腐殖质土壤的北部地区，该地区有均匀分布的较大降雨量。然而，这些种植园缺乏遮阴树。南部地区有大型种植园，因此有可能进行科学规划种植。所用的品种是迈索尔豆蔻，使用吸盘根茎无性繁殖，再植期一般为 10 年。

斯里兰卡也种植一些豆蔻，其所用的品种是 *Elettaria cardamomum* L Maton var major Thwaites，但已经为印度迈索尔品种所取代。

化学组成

干豆蔻蒴果含有约 10% 粗蛋白、42% 碳水化合物，以及 20% 粗纤维，含有维生素 B、抗坏血酸和矿物质。由于豆蔻主要用于增加风味，因此最重要的组分是其精油。因地区和档次不同，豆蔻精油的含量范围在 5% ~ 11% 之间。

豆蔻挥发油的主要成分是 1，8 – 桉叶素（图 28.1）。该组分的特征是具有樟脑和清凉气味。芳樟醇和萜品醇之类的醇类以游离和醋酸酯的形式存在。

图 28.1　1，8 – 桉叶素

照片 5 （A）田中生长的带蒴果豆蔻植株
（B）干绿蒴果（参见彩色插图）

精油

　　豆蔻油是一种高价值香料油。早期豆蔻精油由西方使用国家用水蒸气蒸馏法提取。最近，豆蔻油蒸馏大多在生产国完成。

　　以干基计，豆蔻蒴果种子约占65%，果壳占35%。因区域和档次不同，这种比例会有变化。几乎所有的豆蔻精油都存在于种子。如果粉碎后的蒴果进行蒸馏，则全部精油可以在2~4h内提完。由于果壳和脱油种子可用于磨粉，因此，大型制造商最近采用了不同步骤进行蒸馏。

　　第一步使蒴果通过一个台调节板磨将其破碎。果壳开裂便于分离时不使种子受到损伤。此后，种子用组合振动筛进行分离，如果需要，可人工风选分离。

　　收集的种子送入不锈钢蒸馏装置。使调节到常压的蒸汽缓慢流动。连续蒸馏数小时，蒸馏时间可长达48~64h。还要注意种子的完整性。精油按两级或更多馏分收集。前面的馏分含较多萜烃类物质，因此被认为较便宜。后面的馏分含较多食品调味所需的柔和香气。

　　脱油后的整个种子可用于混合咖喱粉。尽管大多数挥发物已经除去，但对整体风味仍然有贡献。即使是果壳也具有溶剂萃取的价值。

　　一些研究人员用气相色谱对精油化学组成进行过分析。印度小豆蔻油总组成如表28.1所示。可以看出，含量范围在32%~35%之间的1,8-桉树脑和含量范围在38%~40%之间的乙酸萜品酯是精油的主要成分。然而，用部分蒸汽蒸馏操作时，第二部分馏分中乙酸萜品酯含量较高，范围在40%~43%之间，而1,8-桉树脑含量相应地降为28%~33%。Lawrence和Shu（1993）的报道中，1,8-桉树脑和α-乙酸萜品酯含量较高，并含有芳樟醇、乙酸芳樟酯和香叶醇。

　　醇类和酯类含量高的精油具有较大的食品风味价值。桉叶素太多会产生不良樟脑气。马拉巴种豆蔻精油香气圆润，绿色较浅，桉树脑含量较高。这是认为这种豆蔻档次较低的另一个原因，另外绿色也不足。可以注意到，一定程度上可通过分级水蒸气蒸馏提高精油质量。

表28.1　　　　　　　　　　　　　　　总豆蔻油组成（GC面积百分比）

组分	含量/%
A-蒎烯	1.0~3.0
B-蒎烯	3.0~5.0
月桂烯	2.0~3.0
苎烯	3.0~4.0
1,8-桉叶素	32.0~35.0
芳樟醇	0.5~1.5
乙酸芳樟酯	1.0~2.0
香叶醇	0.5~1.5
乙酸松油酯	38.0~40.0

有关豆蔻及其加工的更多详情，参见由 Govindaajan 等（1982）、Krishnamurthy 和 Sampathu（2002）的详细综述。

根据食品化学法典，豆蔻油为无色或极浅黄色液体，具有小豆蔻芳香及某种樟脑性气味，并有刺激性芳香味道。它受光影响，并可与醇混溶。

食品化学法典定义的豆蔻精油物理特性如下：

旋光度　　　　　　　　+22°～+44°
折射率（20℃）　　　　1.462～1.466
相对密度　　　　　　　1.917～0.947
溶解度　　　　　　　　5mL 70% 酒精中溶解 1mL。溶液可为透明，也可浑浊。

油树脂

豆蔻的价值主要体现在其香气，而这种品质来自于豆蔻油。含油树脂同样有需求，尤其是可在水中分散的油树脂。油树脂可提供更为圆润的真实豆蔻风味。此外，树脂部分还可起到优良固定剂的作用。

豆蔻的树脂来自于果壳。果壳可用二氯乙烷、乙酸乙酯，或丙酮–己烷混合物作溶剂进行冷萃取，树脂材料的产率范围在 2%～3%。通常，加油以前，这种提取物要与聚山梨醇酯和丙二醇混合。油树脂中的挥发油含量范围可在 5%～80%，具体含量取决于客户需求。这种油树脂可分散在水样食品混合物中。典型油树脂为暗绿色液体，具有豆蔻香料特有的温和宜人风味。

用途

豆蔻油是一种高档食品风味剂。它可与烘焙食品、乳制品、冰淇淋、甜味制品、糖果以及各种食品很好混合。制作豆蔻风味的茶和咖啡非常方便。如果涉及加热，应注意精油须在处理临近结束时添加，否则精油有可能蒸发。因此，对于奶油饼干，精油要与奶油部分混合在一起，因为这部分材料不经过烘烤。对于袋装茶，最好使用微胶囊豆蔻油。

对于冰淇淋、糖果和某些甜食，使用油树脂较为方便，这类制品要求添加物具有水中分散性。应记住，如果油树脂用量较大，会使制品颜色略偏深。

识别编号

	FEMA 编号	CAS	US/CFR	E–编号
豆蔻油	2240	85940–32–5	182.10	—
豆蔻油树脂/提取物（豆蔻种子油的 FEMA 编号已定为 2241）	—	8000–86–6	182.20	—

参考文献

Govindarajan, V. S.; Narasimhan, S.; Raghuveer, K. G.; and Lewis, Y. S. 1982. Cardamom—production, technology, chemistry and quality. *CRC Crit. Rev. Food Sci. Technol.* 17, 229 – 326.

Krishnamurthy, N.; and Sampathu, S. R. 2002. *Industrial Processing and Products of Cardamom. Cardamom: Genus Elettaria.* London and New York: Taylor and Francis, pp. 223 – 244.

Lawrence, Brian M.; and Shu, C. K. 1993. Essential oils as components of mixtures, analysis and differentiation. In C. T. Ho and C. H. Manley, eds., *Flavor Measurement*, 267 – 325. (See Lawrence, Brian M., Progress in essential oils. *Perfumer Flavorist* 2007, 328, 32 – 45.)

29 角豆荚

拉丁学名：*Ceratonia seliqua* **L**（豆科或蝶形花科）

引言

角豆荚长在一种树上。成熟豆荚有甜味。据认为，身处旷野的圣约翰以食用这种豆荚为生，因此它又称为"圣约翰面包"。

钻石重量单位"克拉（karat）"来自希腊词"角质（keratin）"。这反映了"克拉"标准化为 0.2g 之前，古代用角豆树种子衡量黄金和宝石重量的做法。在罗马时代，一枚纯金币重达 24 克拉的种子。角豆植物种名由此而来。角豆果实的种子称为角豆种子。

角豆树具有适应恶劣气候和干旱条件生存的能力，因此，角豆具有不景气年份最后食物的声誉。圣路加提到，落难的回头浪子梦见自己在用喂猪的豆荚充饥。

古埃及人通常食用角豆荚的肉质部分。人们在斋月期间有食用角豆汁饮料的传统。干角豆荚曾是犹太节日的传统食物。在蔗糖和甜菜糖普遍使用以前，成熟角豆荚是重要的甜味食品配料。

农民依靠角豆荚渡过饥荒年份。角豆荚也是牲畜饲料。19 世纪西班牙传教士将角豆引入墨西哥和加利福尼亚。20 世纪初，美国试图推动角豆发展，作为西部干旱土地开发的一部分，同时也作为天然健康食品推广。

植物材料

角豆树高 10～15m，生长寿命超过 15 年，树干下部直径有 25cm。树冠宽并呈半球形。角豆树具有坚实的树枝和棕色粗糙树皮。树叶常绿，为羽状复叶，有 6～10 对小叶。深绿色的椭圆形叶子耐霜，有一定柔性。树叶长 3～6cm。

角豆树为雌雄异株植物，雄性和雌性树株可同树，也可单独成树。角豆树有无数红色微小花朵。这些小花沿花序轴螺旋排列。雄花产生一种特征性精液气味。依靠风和昆虫授花粉。长而扁平的角豆荚为直条或弯曲状，并呈浅深不等棕色。角豆荚成熟期为一年。未成熟豆荚呈绿色，但成熟过程颜色变为棕色。角豆荚有 10～12 粒扁平硬实种子。由于完全成熟时，种子在其荚内较松，因此摇动时会发出卡嗒卡嗒响声。未成熟阶段的角豆荚内多水分，且有涩味，但成熟时变为类似于椰枣的水果甜味。角豆树为豆科植物，根瘤带有固氮菌。

目前，角豆生产国有西班牙和葡萄牙。角豆在当地海岸附近的温暖地区生长良好。

角豆树生长在塞浦路斯、克里特岛、西西里岛、撒丁岛和马略卡岛。意大利角豆出口到俄罗斯和中亚国家。虽然人们为获取角豆荚和种子而栽植角豆树，但许多角豆树仍然是野生的，特别是地中海地区。

角豆荚含有丰富的糖类，含量范围在40%～50%。蔗糖和果糖的含量分别为26%和13%（Leung和Foster，1996）。此外，角豆还含其他糖，如木糖、麦芽糖和葡萄糖。还原糖的存在可以防止蔗糖结晶。分析表明，角豆荚含碳水化合物（45%），一定量蛋白质（3%）和少量脂肪（0.6%）（Plessi等，1997）。角豆荚含有茶多酚，及由缩合和可水解单宁构成的原花青素。角豆荚肉有蛋白质、脂肪、淀粉，以及一些游离氨基酸、没食子酸及脱落酸，脱落酸是一种植物生长抑制剂。

角豆树的种子通常被称为刺槐豆，可用于生产优良亲水胶体，市场上有刺槐豆胶出售。刺槐豆胶是一种中性半乳甘露聚糖，甘露糖通过1，4-糖苷键与半乳糖侧链连接，并且链中每隔四到五个单元，由一个1，6-糖苷键连接。这种胶在冷水中的溶解度有限，但在80℃下，可充分水化。浓度达3%时，可形成稠厚凝胶，具有一定的浊度。刺槐胶具有假塑性，其表观黏度随剪切速率增加而减小。

提取出物

搓碎的干角豆荚经提取并轻度烘烤后可成为有价值的工业产品，在许多食品和烟草产品中作为风味剂使用。以下对这一工艺作一般介绍。

搓碎的角豆荚干燥至低水分含量，用50%乙醇水溶液作溶剂提取。约100kg的角豆用200L溶剂在40℃温度下提取约3h，将提取液倒出。这部分提取过的角豆碎片，再在40℃条件下重复提取三到四次。将提取物混合，在确保不超过70℃的较低温条件下除去乙醇。乙醇和部分水分蒸发后会使提取物体积减小，得到的浓缩提取物再进行加热处理，形成所需风味。此阶段用阿巴斯折光仪测定的总可溶性固形在70～75°Bx。加热温度范围在57～60℃之间，加热时间为3～4h。必须注意避免产生过热风味。必须根据所需风味，确定最佳热处理条件。未经热处理的提取物也可作为风味剂使用。

用途

角豆荚可用于制粉和制糖浆；经过热处理的提取物可用于许多产品，由于含有果香甜味，角豆荚也可作为咀嚼品使用。角豆荚有时被加工成类可可粉，作为巧克力替代品，用于各种准备物和乳饮料。在中欧，人们将焙炒过的角豆种子作为咖啡替代品使用。刺槐豆胶可作为稳定剂用于冰淇淋、奶酪、调味酱、沙拉酱、宠物罐头，及某些乳制品。

带种子的角豆荚研磨后可作牛饲料使用。由于多酚含量高并具有鞣性，这种饲料的使用水平通常限制10%以内。角豆粉可加入到狗饼干配方中。角豆因单宁含量高，可成为减肥配方主要配料。

烘烤或未经烘焙角豆的提取物，主要用于烟草风味调整。根据用户规格要求，这类提取物通常可提供不同强度的烤香和水果甜味。这种提取物可用于糖果、巧克力替代品，及某些饮料。

Santos 等（2005）探索过以角豆荚为原料利用微生物生产葡聚糖和果糖的技术。这项技术有待改进以实现工业化应用。

识别编码

	FEMA 编号	CAS	US/CFR	E - 编号
角豆提取物	2243	9000 - 40 - 2	182. 20 -	
		84961 - 45 - 5		—

参考文献

Leung，Albert Y.；and Foster，Steven. 1996. *Encyclopedia of Common Natural Ingredients.* New York：John Wiley and Sons，pp. 123 - 124.

Plessi，M.；Baraldi，M.；and Monzani，A. 1997. Determination of chemical composition of carob（*Ceratonia siliqua*）. *J. Food Compos. Anal.* 10（2），166 - 172.

Santos，Mariana；Rodrigues，Alirio；and Tiexeira，Jose. 2005. Production of dextran and fructose from carab pods. *Biochem. Eng. J.* 25（1），1 - 6.

30　胡萝卜

拉丁学名：*Daucus carota* **L**（伞形科）

引言

胡萝卜主要作为蔬菜种植。然而，胡萝卜代表了胡萝卜素，尤其是具有食用色素价值的 β–胡萝卜素。β–胡萝卜素也是一种维生素 A 源。胡萝卜素也有其他来源，如绿叶、鱼肝油，最近还从油棕榈果提取到了胡萝卜素。尽管如此，胡萝卜素仍以其最初主要来源的胡萝卜命名。

野生胡萝卜可能起源于阿富汗。几个世纪的选育，使得野生胡萝卜的苦味降低，甜味增加，而且几乎消除了木质核心。早期人们种植胡萝卜是为了获取其芳香的叶子和种子。一些与胡萝卜家族类似的植物，如香菜、小茴香、茴香及莳萝，也出于同样的目的而种植。胡萝卜进入欧洲的年代也许在 8～10 世纪之间。12 世纪的阿拉伯学者已经描述过红色和黄色胡萝卜。17 世纪荷兰出现了橙色胡萝卜，并大约在同一时期，英国开始种植这种蔬菜。

胡萝卜进入二战前线，主要是因为视力不良（尤其是夜盲）与缺乏维生素 A 相关。据说英国军队和皇家空军飞行员当时食用胡萝卜主要是为了提高战斗时的视力。德国人也曾有过类似的消费胡萝卜以改善视力的想法。

美国加利福尼亚州霍尔特维尔市（Holtville）自诩为世界胡萝卜之都，并且每年举行胡萝卜节。一些基于胡萝卜的著名菜肴包括，胡萝卜丝、胡萝卜糕、胡萝卜布丁以及印度甜菜胡萝卜酥糖。

植物材料

胡萝卜为二年生植物。胡萝卜主根是富含胡萝卜素的可食部分。花茎高 1m 左右。胡萝卜植物具有莲座状叶子。它具有白色伞形产果花序，这种花序在植物学上称为分果爿。胡萝卜花通过蜜蜂授粉。现在种植的是用野生胡萝卜培育成的品种，在作为蔬菜使用的滋味和质地方面，人们作了很大努力进行改进。正常胡萝卜呈细长圆锥形，由于存在胡萝卜素，因此呈现亮橙色。

虽然胡萝卜可较早收获以提供较小嫩胡萝卜，但也有各种小胡萝卜品种。超市也常将大胡萝卜切成片状或削成细小均匀胡萝卜块，以作为烹调和色拉蔬菜供应。

虽然紫色、粉红色、黄色和白色等也是常见的胡萝卜颜色，但正常胡萝卜颜色被认为应该是橙色。这种橙色除了代表可提供大量具有保健性的类胡萝卜素外，也是荷兰争取独立斗争的代表性颜色。由中亚引入荷兰的东方胡萝卜品种是各种紫色或黄色品种。17 世纪，橙色成为相当流行的蔬菜颜色。而东方胡萝卜因含花青素而呈紫色。

化学组成

胡萝卜的主要色素是 β – 胡萝卜素。胡萝卜还含有 α – 胡萝卜素和 γ – 胡萝卜素。β – 胡萝卜素是一种对眼睛健康非常重要的维生素 A 原。虽然诺贝尔经济学奖得主保罗·卡勒是在匈牙利的辣椒粉中发现的胡萝卜素，但胡萝卜仍然是胡萝卜素的象征。胡萝卜素属于烃类，含氧的胡萝卜素称为叶黄素。胡萝卜素的含氧衍生物通常具有较强颜色（结构参见第 82 章红辣椒）。

不同胡萝卜品种的 β – 胡萝卜素含量介于 46 ~ 103μg/g 之间，α – 胡萝卜素含量介于 22 ~ 49μg/g 之间（Heinonen，1990）。对不同品种胡萝卜的分析表明，有些不含顺式异构体，有些含 9 – 顺式异构体，另一些含 1，3 – 顺式异构体。有些红薯品种含有较高维生素 A 原，一些水果也含一定量 β – 胡萝卜素。近年来，油棕果和粗棕榈油已经成为重要的 β – 胡萝卜素来源。

提取物

β – 胡萝卜素和其他胡萝卜素为高度油溶性物质，所以油提取物可作为色素方便地用于油基食品。使用的提取溶剂有乙醇和丙醇等。先使胡萝卜冻结，再在 60℃ 温度下提取 2 ~ 4h，可得到很好的提取物（Fikselova 等，2008）。作者获得类似产品的经验表明，碎解的胡萝卜经过一定程度的晾干，再在室温下用丙酮和正己烷混合溶剂进行重力渗滤提取，可产生良好的混合油。这种提取物，在严格控温真空条件下去除溶剂，可得到油性胡萝卜素悬浮液。

冷冻干燥胡萝卜用超临界二氧化碳萃取，可以得到令人满意的提取物（Barth 等，1995）。Marsilit 和 Callahan（1993）对超临界二氧化碳萃取与乙醇 – 戊烷液相萃取进行过比较，结果表明前者的 β – 胡萝卜素较后者高出了 23%，提取时间也大大缩短。

胡萝卜素属于烃类，因此它们具有高度油溶性，而不溶于水。这种提取物非常容易分散在油基食品，提供适当的颜色。用于水基产品的胡萝卜提取物，必须使用适当乳化剂，如聚山梨醇酯、单甘油酯或双甘油酯、卵磷脂，甚至可添加某些固体胶体，如淀粉衍生物或明胶。

欧盟委员会已为 β – 胡萝卜素分配 E – 编号，但规定只有胡萝卜素含量达到要求才能使用该编号。

根据食品化学法典，β – 胡萝卜素为红色结晶。它微溶于乙醚、己烷和植物油，几乎不溶于甲醇和乙醇。其熔点介于 176 ~ 182℃ 之间，熔化时会发生分解。

胡萝卜籽油

粉碎的胡萝卜籽用水蒸气蒸馏，可得到一种浅黄至红棕色的流动精油。它具有宜人的香气，有时可作为风味剂使用。

用途

胡萝卜的胡萝卜素提取物可作为橙色色素用于脂肪食物。许多国家在黄油和其他乳制品中只允许使用类胡萝卜素天然彩色素。虽然胭脂树提取物可提供较强的色素，但胡萝卜提取物能提供带有维生素 A 活性的有效色素。

胡萝卜的胡萝卜素提取物引入水分散性后，可广泛用于糖果、饮料、冰淇淋，甚至是水果制品。由于具有热稳定性，这种胡萝卜素提取物可作为天然色素用于烘焙产品。

这种天然色素具有很高的保健食品价值。它是维生素 A 原，也是一种有效的抗氧化剂。因此，它是自由基清除剂和针对心血管疾病和癌症相关疾病的保护剂。

分析方法

食品化学法典有一种用环己烷溶液在 445nm 处测定原子吸收分光光度的方法。ZaraikYariwake（2008）开发了一种测定胡萝卜提取物中 β – 胡萝卜素的简单快速方法，该法用分光光度计在 436nm 处测量石油醚提取物的吸光度。

识别编号

	FEMA 编号	CAS	US/CFR	E – 编号
胡萝卜提取物	—	8015 – 88 – 1	—	
		84929 – 61 – 3		—
胡萝卜籽油	2244	8015 – 88 – 1	182. 20	—
		84929 – 61 – 3		—
胡萝卜素	—	—		160a
β – 胡萝卜素（合成）				160a（i）
天然提取物				160a（ii）

参考文献

Barth, M. Margret; Zhou, Cen; Kute, Kellie M.; and Rosenthal, A. 1995. Determination of optimum conditions for supercritical fluid extraction of carotenoids from carrot (*Daucus carota* L) tissue. *J. Agric. Food Chem.* 43 (11), 2876 – 2878.

Fikselova, Martina; Silhar, Stanislav; Marecek, Jan; and Francakova, Helena. 2008. Extraction of carrot (*Daucus carota* L) carotenes under different conditions. *Czech J. Food Sci.* 26 (4), 268 – 274.

Heinonen, M. I. 1990. Carotenoids and provitamin activity of carrot (*Daucus carota* L.) cultivars. *J. Food Chem.* 38, 609 – 612.

Marsili, R. ; and Callahan, D. 1993. Comparison of a liquid solvent extraction technique and supercritical fluid extraction for the determination of alpha- and beta-carotene in vegetable. *J. Chromatogr. Sci.* 31 (10), 422 – 428.

Zaraik, Mafia Luiza; and Yariwake, Jenete Harumi. 2008. Extraction of β – carotene from carrots. A proposal for experimental courses in chemistry. *Quimica Nova* 31 (5), 1259 – 1262.

31 肉桂

拉丁学名：*Cinnamomum aromaticum* 或 *C. cassia Blume*（樟科）

引言

据报道，早在公元前 2000 年肉桂就已为古埃及人所熟知。当时人们可能用肉桂防腐。古代中国将肉桂当作"天堂树"崇拜。有人相信肉桂树果实可让人永享幸福，甚至不朽。

过去，肉桂容易与正宗月桂混淆，因为两者都主要生长在斯里兰卡，许多历史资料将这两种香料都称为肉桂。在美国和加拿大，肉桂被称为月桂，或许因为正宗肉桂未在北美广泛使用。最好将这种香料称为肉桂，以将它与世界其他地区使用的正宗月桂加以区别。

植物材料

肉桂是一种常绿树的干树皮。它来自较厚的粗糙外皮。多数情况下，这种树为野生树，没有经过系统农业栽培。它们生长在中国、印度尼西亚和越南，老挝和柬埔寨也有这种树。印度尼西亚的科仑特（*Kurintji*）级肉桂具有很高的商业价值。照片 6 所示为干肉桂皮。

照片 6　肉桂（参见彩色插图）

肉桂树皮每两年剥一次。中国肉桂树皮较厚，但较脆。虽然有些肉桂为整筒级或中国卷级，也有些称为广东卷的碎片级，但大量交易的是肉桂碎片。印度尼西亚和越南的肉桂加工虽然有些差异，但基本类似。破碎肉桂用于提取。

印度和美国是两个主要肉桂进口国。在印度，肉桂主要用于咸味产品，如肉类、蔬菜咖喱及比亚尼（*biryani*）制备。在美国，肉桂用于甜面包卷、小圆面包、糕点、蛋糕及甜甜圈等产品。

在印度，有一种相关的香料，称为柴桂皮（*Cinnamomum tamala* Ness），是一种高8m、干围1.4m的常绿乔木厚树皮。最近的一项研究报道了柴桂皮含有高水平芳樟醇和 α - 松油醇（Baruah，2010）。

化学组成

肉桂的组成因品种不同而异。平均而言，肉桂皮含7%～32%碳水化合物、3%～3.5%蛋白质、约2%固定油、12%～28%粗纤维和0.5%～5%精油。

挥发油是构成肉桂香气和风味的最重要组分。肉桂的主要成分是肉桂醛（图31.1）。Dumas 和 Peligot 两人1834年首次分离出了肉桂醛。天然存在的肉桂醛为反式异构体。

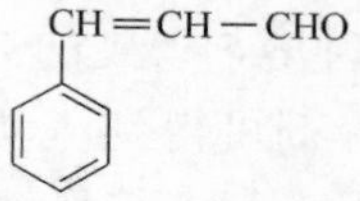

$$CH=CH-CHO$$

图31.1　肉桂醛

精油

粉碎的肉桂经长时间水蒸气蒸馏可产生肉桂油。肉桂油由高沸点馏分（如肉桂醛）构成，其相对密度大于1.0。

为便于进行水蒸气蒸馏，最好在蒸馏塔装料区上方侧面引管与水冷凝器连接，而不要在蒸馏塔顶部用鹅颈管连接。收集的精油容易扩散，使其难于从水中分离出来。加盐可能没有帮助，因为油比水重，所以会下沉。分离过程要求溶液静置一段时间。商业化提取的精油得率约为2%。蒸馏物中肉桂醛含量约为75%。蒸馏物其它化合物中有1.2% α - 蒎烯、2%柠檬烯、2.5%香豆素、苯甲醛、肉桂酸、乙酸和佳味醇。

肉桂油非常难产生。肉桂叶油被作为肉桂精油使用。

根据食品化学法典，肉桂叶油为黄色至棕色液体，具有肉桂特有的气味。陈旧或暴露于空气的肉桂叶油会变暗、变稠。它可溶于冰醋酸和醇。

由食品化学法典定义的肉桂精油物理特性如下：

旋光度　　　　　　　　 -1°～ +1°

折射率（20℃）　　　1.602～1.614
相对密度　　　　　　1.045～1.063
溶解度　　　　　　　在 2mL 70% 酒精中溶解 1mL

肉桂皮的肉桂醛含量相当高。剥去外皮后的皮质部分肉桂醛含量最高（He 等，2005）。根据主要组分和香豆素标样，科学家可将正宗肉桂与伪品区分开来。在另一项研究中，有人利用 1H-NMR 谱确定了反式肉桂醛。用乙酸乙酯提取得到的提取物肉桂醛量最高，用氯仿和正己烷提取的含量依次要低一些（Song 等，2005）。在 12MPa 压力下用超临界二氧化碳萃取得到的肉桂油得率达 3.75%（Cai 等，2008）。从嫩肉桂树干鉴定到的化合物包括 2-甲氧基肉桂酸、1，4-二苯基丁二酮、麦角固醇-5a-、8a-过氧化氢、2-甲氧基苯甲酸，以及以前没有报道过的丁香醛（Liu 等，2002）。

油树脂

由于经过长时间蒸馏，并且为了分离油，肉桂皮一般直接提取制备油树脂。为此，原料要用锤式粉碎机进行粗粉碎，然后通过辊磨机。再用二氯化乙烯或丙酮-己烷混合物之类溶剂提取。

采用二氯化乙烯作溶剂得到的油树脂产率约为 5%，挥发油含量范围在 60%～70%（v/m）。如果用丙酮-己烷混合物作溶剂，油树脂产率略低，约为 4.8%，挥发油含量范围在 60%～70%（v/m）。用这两种溶剂得到的油树脂为红棕色稠厚液体，具有强烈药材气味及辛辣滋味。结合适当稀释剂可得到流动性较好的产品。一般来说，用丙酮作溶剂提取得到的是红色产品，而用二氯乙烷作溶剂提取得到的是褐色产品。这一规律可从用丙酮-己烷混合物作溶剂的提取过程中反映出来。

用途

肉桂是通常产生强烈"肉桂味"的香料。斯里兰卡肉桂（*Cinnamomum verum*）一般被认为是树肉桂，但它非常柔和。在美国，肉桂是一种用于肉类、蔬菜和面包产品的流行风味剂。著名的肉桂卷用肉桂皮调味。对于这类加工食品，油树脂使用起来非常方便。肉桂油很少使用。肉桂叶油用于洗液和其他廉价洗浴用品，油中的酚类成分起温和抗菌剂作用。

识别编号

	FEMA 编号	CAS	US/CFR	E-编号
肉桂油	2258	8007-80-5	182.20	—
		84961-46-6		
肉桂油树脂/提取物	2257	84961-46-6-	—	

续表

	FEMA 编号	CAS	US/CFR	E – 编号
纯肉桂 (*Acacia farnesiana*)	2260	8023 – 82 – 3	172. 510	—
		89958 – 31 – 6		

参考文献

Baruah, Akhil. 2010. Essential oils of *Cinnamomum tamala* Nees and Eberm from Northeast India—an overview. *Indian Perfumer* 54 (1), 54 – 55.

Cai, Ding – jian; Zhou, Yu – qin; and Mao, Lin – chun. 2008. GC-MS analysis on the composition of the essential oil from Chinese cinnamon by supercritical fluid CO_2 extraction. *Zhongguo Shipin Tianjiaji* (6), 91 – 98 (Chinese) (*Chem. Abstr.* 151: 376132).

He, Zhen-Dan; Qiao, Chun-Feng; Han, Quan-Bin; Cheng, Chuen-Lung; Xe, Hong-xi; Jiang, Renwang; But, Paul Pui-Hay; and Shaw, Pang-Chui. 2005. Authentication and quantitative analysis on the chemical profile of cassia bark (Cortex cinnamon) by high pressure liquid chromatography. *J. Agric. Food Chem.* 53 (7), 2424 – 2428.

Liu, Jiangyun; Yang, Xuedong; Xu, Lizhen; and Yang, Shilin. 2002. Studies on chemical constituents in the dried tender stem of *Cinnamomum cassia*. *Zhongcaoyao* 33 (8), 681 – 683 (Chinese) (*Chem. Abstr.* 139: 162049).

Song, Myoung-Chong; Yoo, Jong-Su; and Back, Nam – in. 2005. Quantitative analysis of *t*-cinnamaldehyde of *Cinnamomum cassia* by 1H NMR spectrometry. 2005. *Han'guk Eungyong Sangmyong Hwahakhoeji* 48 (3), 267 – 272 (Korean) (*Chem. Abstr.* 144: 398470).

32 芹菜籽

拉丁学名：*Apium graveolens* **L**（伞形科）

引言

芹菜植物自古以来就为世人所熟悉。公元前 9 世纪的考古报告中提到了芹菜。荷马的"奥德赛"中提及野芹菜，并在"伊利亚特"中描述过特洛伊城区沼泽马匹吃食野芹菜的情形。埃及法老图特安哈门墓发现的花环，部分是由芹菜叶和芹菜花构成。

芹菜植物与香菜和胡萝卜密切相关。在欧洲和美洲寒冷气候地区，芹菜叶茎和肉质直根被用作蔬菜。然而，在温带地区，人们种植芹菜为的是收获种子来生产用于调味的宝贵提取物。一般来说，那些温带地区用于生产种子精油和油树脂的品种，其叶柄和主根并非最适合于作为蔬菜栽培，同样，作为蔬菜栽培的品种也并不一定适合用于生产精油和油树脂。

植物材料

芹菜籽是一种多年生草本植物的种子，植株高度为 0.5 ~ 1.5m。芹菜植物有众多肉质根。芹菜梗分枝，有三种类型菜叶，分别为根部派生叶、羽状复叶和大叶。芹菜开白色小花。芹菜花结出直径 1mm 长 1.5mm 的小果实，干燥后成为很小的褐色种子，具有苦涩味道（照片 7）。

照片 7 干芹菜籽（参见彩色插图）

有许多国家种植芹菜，包括法国、荷兰、匈牙利、中国和美国。但在印度，最流行的是种植生产菜籽的芹菜品种，尤其是在旁遮普邦的阿姆利则附近地区。在当地较冷和丘陵气候条件下，该植物为二年生，仅在第二年生产种子；在平原地区，芹菜为一年生，第一年就生产种子。一些平原地区大量种植芹菜，在9月开始播种，来年1月份移植，并在5月和6月间收获。由于芹菜籽有苦味，主要用于治疗目的。芹菜籽有各种药用性能，如降压、缓解关节疼痛、尿道消炎、利尿作用及促进月经来临。但芹菜籽的主要用途是用来生产风味提取物。

化学组成

分析表明，芹菜籽含约23%脂肪、41%碳水化合物和18%蛋白质。芹菜籽含有丰富的矿物质和水溶性维生素。然而，由于芹菜籽主要用于提取油和油树脂，其营养质量并不重要。芹菜籽所含的1.5%～2%精油，需要长时间水蒸气蒸馏才能得到。虽然其主要成分是柠檬烯，但芹菜籽油的价值则取决于两种环倍半萜烃异构体（α-蛇床烯和β-蛇床烯）（图32.1）。芹菜籽油树脂的苦味由苯酞类化合物引起，其中瑟丹内酯最突出（图32.2）。这是一种瑟丹酸内酯。另一种苯酞是瑟丹酸酐或称为四氢-N-丁二烯苯酞。

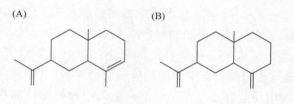

图32.1　芹菜籽油中的芹子烯
（A）α-芹子烯　（B）β-芹子烯

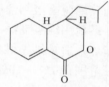

图32.2　瑟丹内酯

精油

为了将精油释放出来，建议用水处理芹菜籽。为此，可用机械螺旋混合器使干芹菜籽与约40%水混合均匀。然后送入不锈钢蒸馏装置，从蒸馏器底部引入常压蒸汽。芹菜籽的水蒸气蒸馏是一个缓慢的过程。芹菜籽精油的价值主要取决于其倍半萜烯组成。整个精馏过程需要40h，产率为1.8%～2.2%。

芹菜籽油的主要成分是D-柠檬烯和瑟林烯。前者（1-甲基-4-异丙烯基-1-环-己烯）的含量范围在69%～75%。环倍半萜烯是环状芹子烯，含量水平在10%～15%。高沸点瑟林烯实际上是α-和β-异构体的混合物。β-异构体比α-异构体更丰富。

芹菜籽油是一种黄棕色流动液体，具有类似于咖喱的宜人香气。根据食品化学法典，芹菜籽油为黄色至绿棕色液体，具有令人愉快的芳香气味。芹菜籽油溶于大多数固定油时会形成絮状沉淀物，而溶于矿物油时会发生浑浊。它特别易溶于丙二醇，但不溶于甘油。

食品化学法典定义的芹籽油物理特性如下：

旋光度　　　　　　　　　未给出
折射率（20℃）　　　　　1.480～1.490
相对密度　　　　　　　　0.870～0.910
溶解度　　　　　　　　　在 8mL 90% 酒精中溶解 1mL，通常带有浑浊

（作者测定到的旋光度数据范围在 +48°～+78°）

油树脂

为了取得良好的产率，最好用脱油残余物进行提取，并将提取到的树脂与精油混合。为此，水蒸气蒸馏后的脱油材料要进行干燥。为了尽量提取非挥发性组分（主要是甘油三酯和其他脂质），要用榨油机将干燥材料压碎，使细胞破裂。如果这种粉碎物过分干燥，可能需要加入相当于萃取脱油材料 5%（干基）重的水。如果完全干燥，物料通过压榨机时会产生热量。这一过程实际上不会出油，其目的是为了打破细胞。如果在压榨时渗出油脂，则应将渗出的油脂与粉碎脱油材料一起投入渗滤器。

溶剂萃取采用间歇逆流法。通常，处理量常不足以采用连续方式提取。含量丰富的混合油蒸馏脱去溶剂便成为树脂部分。从蒸馏器出来的低浓度混合物再进入下一个渗滤器。最后用纯溶剂洗涤。以干基原料计，树脂馏分产率为 17%～18%。

树脂加入适量早先得到的精油，便成为所需规格的油树脂。商业油树脂产品的挥发油含量范围在 7%～10%。水蒸气蒸馏时只有少量油从树脂馏分流失。因此，只需加入少量精油。这样可留下一些色拉用芹菜籽油。芹菜籽油树脂是一种绿棕色油状液体，具有典型浓郁的香气和苦味。

油树脂的苦味由苯酞引起，其含量范围为 2.5%～3%。虽然瑟丹内酯最重要，但含量只有 0.5% 的瑟丹酸酐和四氢–N–丁二烯苯酞对苦味也有贡献。

苯酞大多存在于非挥发性己烷提取物馏分中。但最近研究表明，少量苯酞也出现在高沸点挥发油馏分。

瑟丹内酯可作为草药用于治疗炎症性疾病，如痛风和风湿病。它对培养细胞基本无毒性，但抵抗过氧化氢和叔丁基过氧化氢诱导毒性的效果没有统计学意义（Woods 等，2004）。由于甲醇或乙醇具有一定极性，因此可用于将瑟丹内酯从树脂上洗涤下来。或者采用甲醇或乙醇萃取脱油材料，以得到浓缩苯酞馏分。除去溶剂后，再用己烷洗涤该树脂，可除去非极性脂质成分。固体材料边的残留物具有强烈苦味，可用做特殊风味剂和药用。

用正己烷直接单级萃取提取物产率较低。压榨机破碎细胞过程会损失一些精油。双级萃取过程第一级用水蒸气蒸馏分离精油，然后用溶剂萃取得到非挥发性树脂（再经适当混合），因此效果较好。

Rao 等（2000）对印度芹菜籽油进行过气相色谱–质谱研究。结果表明它含有 44

种成分，其中含量最突出的有柠檬烯（50.90%）、β - 瑟林烯（19.53%）、3 - 正丁基苯酞（6.92%）、橙花叔醇（2.29%）和 α - 瑟林烯（1.63%）。水蒸气蒸馏时，芹菜籽挥发油释放出一些萜烃类和含氧衍生物，包括柠檬烯、β - 瑟林烯、丁基苯酞（Chowdhury 和 Kapoor，2000）。对中国芹菜籽油的研究表明，主要化合物为萜类化合物、酚类化合物和一些苯酞类化合物（Liu 和 Liao，2004）。

用途

芹菜籽精油可用于食品调味，赋予一系列产品（如汤料、饮料、糖果和焙烤食品）宜人香气。带有苦味的油树脂可用于各种肉类和蔬菜制备。

富含苯酞的固体提取物可用于一些需要苦味的特殊食品，也可供药用。

识别编号

	FEMA 编号	CAS	US/CFR	E - 编号
芹菜籽油	2271	8015 - 90 - 5	182. 20	—
芹菜籽提取物（包括 CO2 萃取物）	2270	89997 - 35 - 3	182. 20	—
芹菜籽提取物固形物	2269	89997 - 35 - 3	182. 20	

参考文献

Chowdhury, A. R. ; and Kapoor, V. P. 2000. Essential oil from the fruit of *Apium graveolens*. *J. Med. Aromat. Plant Sci.* 22 (1B), 621 - 623.

Liu, Li; and Liao, Lixin. 2004. Study on chemical constituents in essential oil from celery seed. *Tianran Chanwu Yanjiu Yu Kaifa* 16 (1), 36 - 37 (Chinese) (*Chem. Abstr.* 143: 474910).

Rao, L. ; Jagan, Mohan; Nagalakshmi, S. ; Puranaik, J. ; and Shankaracharya, N. B. 2000. Studies on chemical and technological aspects of celery (*Apium graveolens* L) seed. *J. Food Sci. Technol.* 37 (6), 631 - 635.

Woods, J. A. ; Jewell, C. ; and O'Brien, N. M. 2004. Sedanolide, a natural phthalide from celery seed oil: effect on hydrogen peroxide and tert - butyl hydroperoxide-induced toxicity in HepG2 and CaCo-2 human cell lines. *In Vitr. Mol. Toxicol.* 14 (3), 233 - 240.

33 菊苣

拉丁学名：*Chichorium intylus* **L**（菊科）

引言

菊苣是一种人们熟知的咖啡替代品。菊苣也称为"蓝色水手"或"咖啡杂草"。人们也用菊苣叶做成色拉菜生吃。但菊苣根是主要被利用部分，它经过烘烤和研磨可成为咖啡替代品或添加剂。

法国将菊苣作为调味香草栽培有着悠久的历史。拿破仑时代，菊苣是重要的咖啡掺假物或替代品。美国、英国和印度通常也用菊苣作为咖啡替代品。在英语国家，含50%以上菊苣粉的咖啡被称为"法国咖啡"。在罗马厨艺中，油炸菊苣根与大蒜和辣椒结合，为肉类菜肴提供深受欢迎的苦香风味。

植物材料

菊苣是一种浓密的多年生草本植物，通常生长在欧洲、美国和澳大利亚路边。该植物开花的植株高达 30～100cm。叶子长在叶柄上，呈披针形，无裂口。菊苣花通常呈亮蓝色，少数也呈白色，花头直径范围在 2～4cm。菊苣有两行总苞片，内侧较长且呈直立状，外侧较短呈蔓延状。菊苣的纺锤形主根是风味原料。

菊苣根含有一种多糖，称为菊糖，这种多糖类似于淀粉。菊糖是一种存储性碳水化合物，因品种不同含量范围为20%～50%。水解时，菊糖主要产生果糖和一些葡萄糖。食品工业中有时将菊糖用作温和甜味剂，作为益生元用于酸奶。菊糖也正成为流行的可溶性膳食纤维源。

菊苣根具有芳香馏分，由吡嗪、苯并噻唑、羰基化合物、呋喃酚及有机酸构成（Leung 和 Foster，1996）。菊苣根也含苦味成分、少量吲哚生物碱、酚醛树脂、果胶和一些固定油。Beak 和 cadwallader（1997）采用顶空分析法对利用水蒸气蒸馏法和溶剂萃取法分离得到的烘烤菊苣挥发性成分进行过气相色谱－质谱分析。检测到的成分包括一些吡嗪和 N－糠基吡咯，以及微量香气化学物质。VanBeek 等（1990）报道了新鲜菊苣根的五种已知（及一种未知）倍半萜内酯。这些苦味物质的阈值已被确定。

提取物

烘焙菊苣根可用60℃热水提取。提取物浓缩后成为风味剂。类似于茶，菊苣提取物也可制成50%的乙醇水溶液，从而使提取物含有更多有机分子，包括苦味物质。

用途

烘焙菊苣可作为添加剂用于焙炒咖啡。菊苣提取物也被添加到速溶咖啡。菊苣通常可提高煎煮咖啡的质感，但会降低其香气。使用菊苣自然会降低咖啡中咖啡因含量，这被认为是一种优点。菊苣可用作可溶性纤维和益生元。

菊苣提取物可用于改善烘焙食品、冷冻乳制品甜点及酒精饮料的苦味；也可作为凉茶使用。菊苣提取物具有一定药用特性，可用于消化和利尿药剂制备。

识别编号

	FEMA 编号	CAS	US/CFR	E - 编号
菊苣提取物	2280	68650 - 43 - 1	182. 20	—

参考文献

Baek, H. H. ; and Cadwallader, K. R. 1997. Roasted chicory aroma evaluation by gas chromatography/mass spectrometry/olfactometry *J. Food Sci.* 63 (2), 234 - 237.

Leung, Albert Y. ; and Foster, Steven. 1996. *Encyclopedia of Common Natural Ingredients*, 2nd edition. New York: John Wiley and Sons, pp. 161 - 163.

Van Beek, Teris A. ; Maas, Paul; King, Bonnie M. ; Leclercq, Edith; Voragen, Alphons G. J. ; and De Groot, Aede. 1990. Bitter sesquiterpene lactone from chicory roots. *J. Agric. Food Chem.* 38 (4), 1035 - 1038.

34 月桂

拉丁学名：*Cinnamomum verum* Presl；*C. Zeylanicum* Nees （樟科）

引言

月桂可用于防腐，在埃及也用于宗教仪式。古代文献有可能将正宗月桂与中国肉桂混淆。旧约圣经提到摩西受吩咐使用月桂；所罗门歌曲描述过月桂的价值；希罗多德和其他古典著作也提到过月桂。月桂对古罗马普通葬礼来说被认为太贵，但据认为尼禄要求在其妻子葬礼上使用大量月桂随葬品。

阿拉伯商人曾用这种昂贵香料与欧洲人做交易。后来，欧洲军队在锡兰（斯里兰卡）登陆，锡兰先后被葡萄牙人、荷兰人和英国人所控制。慢慢地，这种植物植扩散到了其他热带殖民地。虽然近代早期文献中出现过肉桂与月桂混淆的现象，但正宗月桂皮被认为是另一种树的内层树皮，表面光滑。希腊单词"*kinnamon*"意为管道，被用来形容管状干树皮卷。

植物材料

月桂是一种浓密常绿乔木，高度为 10~15m。树干被棕色厚树皮包裹，而年轻树枝则为绿色树皮包裹。虽然嫩叶为红色，但光滑的老树叶则呈深绿色。直径数约 3mm 的浅黄色花朵开在辅助穗上。

月桂生长在多雨潮湿的海拔高度。通过扦插、压条或旧根茎进行无性繁殖。早期每公顷年收获量约 50kg 树皮。但树长到完全成熟时，干树皮收获量可提高到 $200kg/hm^2$ 左右。

斯里兰卡是主要月桂生产国；月桂也在印度西南部地区、苏门答腊、婆罗洲、爪哇、马达加斯加、塞舌尔和巴西种植。

从砍下的月桂树枝上剥下的粗糙外皮便是商业月桂。去除树皮内层后便成为可识别的不同级别月桂。1m 长的内层树皮卷档次最高，被称为"qills"。由于加工过程出现断裂，会产生一些小块，此类月桂皮卷被称为"quillings"。虽然这种月桂皮质量好，但由于它们为碎片，这类月桂主要用于磨粉。其他较低档次的月桂有不能得到笔直皮褶"羽化"月桂，及由粗树枝得到的"碎片"月桂。照片 8 所示为月桂卷筒。

照片 8　月桂卷筒（参见彩色插图）

化学组成

月桂含 16% ~23% 碳水化合物、3% ~5% 蛋白质、低于 2% 固定油、25% ~30% 粗纤维和 1.5% ~2.5% 挥发油。月桂含各种维生素，但由于月桂的主要用作风味料，因此并不强调它们的重要性。

月桂最重要的成分是月桂油。月桂油的主要成分是月桂醛（结构详见第 31 章肉桂）。月桂醛由 Dumas 和 Peligot 于 1834 年分离得到。天然存在的月桂醛是反式月桂醛。

精油

低档月桂粉可用于水蒸气蒸馏。由于精油较重，密度比水大，因此需要长时间蒸馏。为了便于蒸汽流动，一般在蒸馏塔香料填充区上方侧面接冷凝器，而不在塔顶装鹅颈管。收集到的油有扩散倾向，因此需要长时间才能从水中分离出来。由于油比水重，因此加盐对分离不起作用。少部分较轻馏分收集在顶部。一般，商业化提取月桂油产率约为 1%。

月桂油含 65% ~75% 月桂醛，但也有高于此含量的报道。其他组分包括：1 - 里哪醇、糠醛、甲基戊基酮、一些醛类、萜烯、倍半萜类烃。历史上，斯里兰卡产的月桂被视为正宗月桂。现在根据分析（特别是对香豆素的分析），可以将正宗月桂与包括肉桂在内的其他产品区分开（Lungarini 等，2008）。

对于意大利市场销售的斯里兰卡桂月样品分析显示，其月桂酸含量为 32.7%，丁香酚含量为 46.5%（Chericoni 等，2005）。印度班加罗尔和迈索尔地区收集的两个样本的月桂醛含量分别为 59.30% 和 60.49%（Mallaverappu 和 Rajeswara，2007）。班加罗尔样品含 13.78% 芳樟醇、4.71% 对 - 甲基异丙基苯、1.54% β - 石竹烯及 1.51% 苯甲酸苄酯。迈索尔样品含 13.58% 乙酸月桂酯，但 β - 石竹烯含量为 5.56%。一份斯里兰卡样品用超临界二氧化碳萃取得到的萃取物中，月桂醛含量占 72.6% ~79.0%，β - 石竹含量占 5.1% ~7.6%（Marongiu 等，2007）。

月桂皮油是一种棕黄色液体，具有甜而辛辣香气。具有月桂皮特有的甜而略灼烧滋味。

食品化学法典定义的月桂精油物理特性如下：

旋光度	$-2° \sim 0°$
折射率（20℃）	$1.573 \sim 1.591$
相对密度	$1.010 \sim 1.030$
溶解度	在3mL 70% 酒精中溶解1mL

用途

月桂广泛应用于烘焙食品、糖果、肉类和其他食品。月桂提取物可为加工食品提供微妙风味。少量月桂精油用于化妆品。

识别编号

	FEMA 编号	CAS	US/CFR	E - 编号
月桂皮油	2291	8015 - 91 - 6	182. 20	—
		84649 - 98 - 9		
月桂皮油树脂	2290	8015 - 91 - 6	182. 20	—
		84961 - 46 - 6		

参考文献

Chericoni, S.; Prieto, J. M.; Iacopini, P.; Cioni, P.; and Morelli, I. 2005. *In vitro* activity of the essential oil of *Cinnamomum zeylanicum* and eugenol in peroxynitrite-induced oxidative process. *J. Agric. Food Chem.* 53, 4762 - 4765.

Lungarini, S.; Aureli, F.; and Coni, E. 2008. Coumarin and cinnamaldehyde in cinnamon marketed in Italy. A natural chemical hazard? *Food Addit. Contam. Part A Anal. Control Exposure Risk Assess.* 25 (11), 1297 - 1305.

Mallaverappu, G. R.; and Rajeswara Rao, B. R. 2007. Chemical constituents and uses of *Cinnamomum zylanicum* Blume. In I. Jirovetz, N. X. Dung, and V. K. Varshney, eds., *Aromatic Plants from Asia: Their Chemistry and Application in Food Therapy.* Dehra Dun, India: H. K. Bhalla and Sons, pp. 49 - 75.

Marongiu, B.; Piras, A.; Porcedda, S.; Tuveri, E.; Sanjust, E.; Meli, M.; Sollai, F.; Zucca, P.; and Rescigno, A. 2007. Supercritical CO_2 extract of *Cinnamomum zeylanicum*. Chemical characterization and antityrosinase activity. *J. Agric. Food Chem.* 55, 10022 - 10027.

35 月桂叶

拉丁学名：*Cinnamomum verum* **Presl.** *C. zeylanicum* **Nees**（樟科）

引言

月桂树除产桂皮以外，其叶也可通过水蒸气蒸馏生产精油。有关月桂历史已经在第 34 章介绍。月桂叶精油的风味品质和用途类似于丁香花油。

植物材料

月桂树具有闪亮绿色成熟树叶。不成熟月桂叶颜色偏红。一般不用未成熟的月桂叶蒸馏产精油。通常收集落在地上的干月桂叶进行水蒸气蒸馏。

精油

干树叶经水蒸气蒸馏，可产 1.5% ~2% 月桂叶油。月桂叶油的主要成分是丁香酚，它与丁香酚醋酸酯一起含量高达 90%。几个斯里兰卡和印度月桂叶油样品的成分分析如表 35.1 所示。

表 35.1	斯里兰卡和印度月桂叶油分析	单位:%
化学成分	斯里兰卡	印度
α - 蒎烯	0.7 ~1.3	0.1 ~0.5
β - 蒎烯	0.2 ~0.5	0.1 ~0.3
δ - 3 - 蒈	1.0 ~1.5	0.4 ~0.8
柠檬烯	0.2 ~0.5	0.1 ~0.3
黄樟素	0.8 ~1.2	0.2 ~0.5
肉桂醛	1.0 ~2.0	0.2 ~0.6
β - 石竹烯	3.0 ~4.0	2.0 ~3.0
丁香酚	75.0 ~79.0	85.0 ~89.0
丁香酚酯	1.5 ~2.5	2.0 ~3.0
苯甲酸苄酯	2.5 ~3.5	0.5 ~1.5

可以看出，印度月桂叶油的丁香酚及其醋酸酯含量较高。可以料到，斯里兰卡月桂叶油中其他成分含量水平较高。斯里兰卡月桂叶油的成分分析显示含74.9%丁香酚。其他含量突出的化合物有 α - 蒎烯、月桂醇、月桂醛、黄樟素，β - 石竹烯、醋酸肉桂、α - 法呢烯、丁香酚酯和苯甲酸苄酯（Schmidt 等，2006）。来自海得拉巴地区的调查显示，印度月桂叶含79% ~ 91%丁香酚。其他成分为 α - 蒎烯、柠檬烯、乙酸丁香酚酯、苯甲酸苄酯、乙酸月桂酯及月桂醛（Rajeswara 等，2006）。斐济月桂叶油含86%丁香酚，上述大多数组分含量水平低，但 β - 石竹烯含量为5.7%，芳樟醇含量为2.3%（Patel 等，2007）。

水分含量为47%的印度鲜月桂叶，经水蒸气蒸馏得到的月桂叶油得率仅为0.25%（干基）。高沸点精油成分需要很长蒸馏时间。这一结果并不令人意外，因为从上述鲜叶得到的精油相对密度仅为0.9223（Shintre 和 Rao，1932）。

收集落地的晒干树叶费用很高。因此，通常在当地用简单蒸馏器进行预蒸馏。然后将得到的蒸馏物并在一起。用铁质蒸馏器进行蒸馏得到的是黑色的精油，因为酚醛丁香酚会与铁相互作用。

根据食品化学法典，月桂叶油为浅至深棕色液体，具有辛辣月桂 - 丁香气味和滋味。月桂叶油溶于大多数固定油和丙二醇。它溶于矿物油并成浑浊状，但不溶于甘油。

食品化学法典定义的斯里兰卡和塞舌尔月桂叶油的物理特性如下：

	斯里兰卡型	塞舌尔型
旋光度	$-2° \sim +1°$	$-2° \sim 0°$
折射率（20℃）	$1.529 \sim 1.537$	$1.533 \sim 1.540$
相对密度	$1.030 \sim 1.050$	$1.040 \sim 1.060$
溶解度	1.5mL 70% 酒精	1.5mL 70% 酒精
	溶解 1mL	溶解 1mL

至今为止，未见有商业月桂叶油树脂出现。

一项对实验室操作得到的月桂叶油和油树脂分析发现，丁香酚占总挥发物87%。Singh 等（2007）发现，月桂叶挥发性物具有针对大多数真菌的抗菌作用。

用途

月桂叶油的主要价值在于其丁香酚含量高，从而具有防腐性。因此，月桂叶油被用于牙膏、漱口水和其他牙科制剂。由于月桂叶油成本低于丁香油，因此经常添加到丁香油类似制备物中。

月桂叶油较便宜，可以取代丁香油用于加工食品。月桂叶油也可用于化妆品和盥洗用品。

识别编号

	FEMA 编号	CAS	US/CFR	E – 编号
月桂叶油	2292	8007 – 80 – 5	182. 20	—
		8015 – 91 – 6		
月桂醛	2286	104 – 55 – 2	182. 60	—

参考文献

Patel, K. ; Ali, S. ; Sotheeswarn, S. ; and Dufor, J. P. 2007. Composition of the leaf essential oil of *Cinnamomum verum* (*Lauraceae*) from Fiji islands. *J. Essent. Oil-Bearing Plants* 10, 374 – 377.

Rajeswara, Rao; Rajput, D. K. ; Sastry, K. P. ; Kothari, S. K. ; and Bhattacharya, A. K. 2006. Leaf essential oil profiles of *Cinnamomum zeylanicum* Blume. *Indian Perfumer* 50 (4), 44 – 46.

Schmidt, E. ; Jerovetz, I. ; Buchbauer, G. ; Eller, G. A. ; Stoilova, I; Karstanov, A. ; Stoyanova, A. ; and Geissler, M. 2006. Composition and antioxidant activities of the essential oil of cinnamon (*Cinnamomum zeylanicum* Blume) leaves from Sri Lanka. *J. Essent. Oil-Bearing Plants* 9, 170 – 182.

Shintre, V. P. ; and Rao, Sanjeva, B. 1932. Essential oil from leaves of *Cinnamomum zylanicum* Breyn. *J. Indian Institute Sci.* 15*a*, 84 – 87.

Singh, Gurdip; Maurya, Sumitra; de Lampasona, M. P. ; and Catalan, Cesar A. R. 2007. A comparison of chemical, antioxidant and antimicrobial studies of cinnamon leaf and bark volatile oils, oleoresins and their constituents. *Food Chem. Toxicol.* 45 (9), 1650 – 1661.

36 丁香

拉丁学名：*Syzygium aromaticum* **L**（桃金娘科）

引言

自古以来，丁香一直是一种重要香料。据报道，公元前约 200 年的中国汉代，丁香已经成为口腔清新剂，用于与皇帝之类重要人物对话场合。同样，丁香在古罗马和中世纪英格兰也有重要地位。

除黑胡椒和辣椒粉以外，丁香可能是全球交易量最大的香料。丁香原产于现属印度尼西亚的摩鹿加群岛，现属坦桑尼亚的桑给巴尔曾经是主要的丁香花蕾产地。膨霸岛被人称为"丁香岛"。但如今，印度尼西亚、斯里兰卡和马达加斯加是全球丁香供应国。印度虽然也种植丁香，但主要靠进口满足其巨大需求量。

植物材料

丁香是一种高 10～15m 常青树木的未开花蕾。丁香树引人注目，有两到三个直立分枝，分枝有更小的分枝，小分枝带有简单绿叶。丁香花序为终端式三分圆锥伞状花序，从基部分枝并有短花序梗。花朵数量范围在 3～50 之间，某些情况下甚至更多。

这种植物要求生长在年降雨量范围 150～300cm 的热带地区，如印度尼西亚、桑给巴尔、马达加斯加、斯里兰卡和印度西南地区。丁香树喜欢高腐殖质壤土。这种植物依靠完熟果实种子传播。4～5 年的丁香树可开始收获丁香。采收的是花瓣完好的粉红色花蕾。摘下的花蕾要分开晒干。丁香采收由手工完成。每棵树干花蕾平均年产量范围在 3.5～7kg。照片 9 所示为（A）长在树上的丁香及（B）干丁香和丁香油。

化学组成

丁香的主要成分是丁香酚（如图 36.1 所示）；由于属于酚类，因此这种香料及其萃取物带有药味。丁香具有良好的防腐性能。丁香还含有丁香酚醋酸酯、β-石竹烯、芳樟醇和 α-蒎烯。鉴定到的丁香成分还包括以下倍半萜：α-毕澄茄烯、α-咕巴烯、β-石竹烯、α-葎草烯和杜松萜烯。

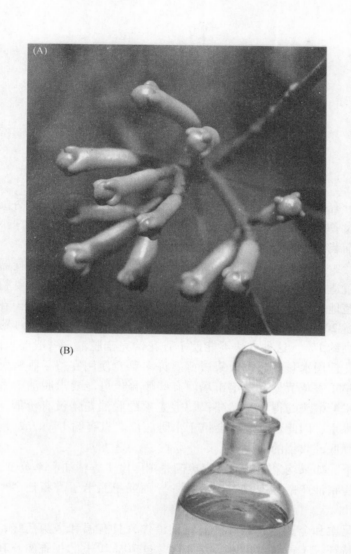

照片9　（A）长在树上的丁香　　（B）干丁香和丁香油（参见彩色插图）

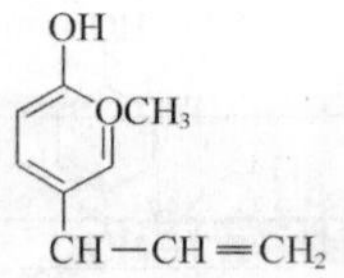

图 36.1 丁香酚

精油

丁香油馏分有的比水轻，有的比水重。丁香油富含酚类成分丁香酚。因此，不宜采用普通钢铁设备提取丁香油，因为丁香酚与铁结合会使其颜色加深。早年在英国使用的是玻璃蒸馏装置。如今使用的是不锈钢装置。

工业化生产中，用于水蒸气蒸馏的不锈钢蒸馏装置与水冷却冷凝器和佛罗伦萨瓶连接，这种配置适用于比水重的油蒸馏。一般来说，丁香花蕾不需要粉碎。显微镜组织化学研究清楚地表明，油细胞分布于花蕾外周，花头含油量略高于花梗。未经粉碎的印度丁香经过 20~24h 蒸馏，可得产率 15%~16% 的挥发油。经过粉碎后蒸馏的丁香油得率可提高约 1%。这种方法不能使丁香花蕾完全脱油。一般要求的是脱油花蕾，因此，完整的花蕾用水蒸气蒸馏效果较好。许多菜肴使用完整丁香视觉效果较好，因此，脱油的完整丁香花蕾具有一定市场。有些场合也可能要求脱油丁香花蕾与正常丁香花蕾混合。水蒸馏法的得率虽然略高，但煮熟的脱油花蕾没有价值。蒸馏过程产生的油几乎均比水重，因此，收集后会位于水阱底部。只有约 1% 的成分位于水的上方，这部分油要加到底部收集的油中。

一般情况下，如果均采用外部蒸汽蒸馏，则印度丁香精油产率范围在 15%~16%，马达加斯加丁香精油产率范围在 14%~15%，而斯里兰卡丁香精油产率范围稍高，为 15%~17%。

丁香花油呈柔和金黄色，是一种易流动液体，具有温和辛辣药味，并具有丁香花蕾特有的风味特征。丁香的主要化学成分是含量 70% 以上的丁香酚。其他主要成分有 β – 石竹烯和丁香酚醋酸酯（表 36.1）。众多其他萜烯类、倍半萜类及其氧化衍生物的含量均较低。

表 36.1 （斯里兰卡）丁香花蕾油的主要成分

成分	含量/%
丁香酚	72~80
丁香酚醋酸酯	7~9
β – 石竹烯	8~12

近年来，人们对不同方法得到的丁香花挥发油进行过分析研究。超临界二氧化碳萃取物主要含丁香酚（70.91%），其余成分有 β – 石竹烯（11.92%）、醋酸丁香酚酯

（10.92%）、甲基戊基酮、水杨酸甲酯、葎草烯和其他组分（Liu 等，2003）。通常用作烟草风味剂的丁香挥发油也含有丁香酚、石竹烯和石竹烯氧化物（Dong 等，2004）。Jung 等（2006）采用顶空悬滴液相微萃取法进行气相色谱－质谱联用检测，结果表明丁香花蕾含丁香酚、β－石竹烯、丁香酚醋酸酯。丁香果实和花蕾精油具有高含量丁香酚和石竹烯，但最近也有报道指出，丁香存在 2，3，4－三甲氧基苯乙酮和 2－甲氧基－4－（2－丙烯基）苯酚乙酸酯（Zhao 等，2006）。土耳其丁香含 87.0% 丁香酚、8.01% 丁香酚醋酸酯和 3.56% β－石竹烯（Alma 等，2007）。

根据食品化学法典，丁香油为无色至淡黄色液体，具有强烈辛辣气味和味道。丁香油在空气中暴露颜色会变暗，并变稠。

食品化学法典定义的丁香油物理特性如下：

旋光度　　　　　　　　$-1.5° \sim 0°$

折射率（20℃）　　　　$1.527 \sim 1.535$

相对密度　　　　　　　$1.038 \sim 1.060$

溶解度　　　　　　　　在 2mL 70% 酒精中溶解 1mL

油树脂

脱油干丁香花蕾用辊磨机粉碎。粉碎物装入不锈钢渗滤容器，用适当溶剂萃取非挥发性部分。丙酮和己烷混合物兼有极性和非极性特性，是提取丁香花树脂的良好溶剂。除去溶剂后的提取物产率约为 15%。这种提取物可按照客户要求与丁香油混合。一般，可加入丙二醇和大豆卵磷脂之类食品添加剂，以取得适当的均一性、清晰度和流动性。

典型丁香花油树脂为深褐色黏稠液体，带有温和辛辣药味，具有丁香特有的风味。由于存在固定油和丁香树脂，丁香油树脂呈现较醇厚圆润的丁香花风味。根据客户要求，挥发油水平可在 10% ~75% 之间调整。

丁香完全提取物是醇提取物，含有能够溶于酒精的各种馏分。用乙醇提取丁香油树脂也可得到丁香完全提取物。

用途

丁香是许多甜味和咸味食品的高级配料。丁香风味在许多亚洲美食中具有重要地位。这种类型的加工食品，可用丁香提取物替代丁香花蕾。丁香油树脂比丁香油风味更醇厚，因此较适合用于加工食品。丁香完全提取物可用于昂贵香料制备，也可用于某些香烟。

由于存在丁香酚，丁香花蕾油可用于许多牙科制剂和口腔清新剂，如牙膏、洁牙剂、漱口水，及口腔防腐剂。丁香花蕾油也可用于治疗哮喘、关节炎、风湿病、扭伤和牙痛的医药制剂。

识别编号

	FEMA 编号	CAS	US/CFR	E - 编号
丁香花蕾油	2323	8000 - 34 - 8	184. 1257	—
丁香花蕾提取物	2322	84961 - 50 - 2	184. 1257	—
丁香花蕾油树脂	2324	84961 - 50 - 2	184. 1257	—
丁香花蕾完全提取物	—	8000 - 34 - 8 -		

参考文献

Alma, M. Hakki; Ertas, Murat; Nitz, Siegfrie; and Kollmansberger, Hubert. 2007. Chemical composition and content of essential oil from the bud of cultivated clove (*Syzygium aromaticum* L). *Bioresources* 2 (2), 265 - 269.

Dong, Li; Zhu, Shu-kui; Su, Xue-li; Xing, Jun; and Wu, Cai-ying. 2004. Analysis of volatile compounds of clove oil by GC-MS. *Fenxi Kexue Xuebao* 20 (4), 394 - 396 (Chinese) (*Chem. Abstr.* 143: 83160).

Jung, Mi-Jin; Shin, Yeon-Jae; Oh, Se-Yeon; Kim, Nam-Sun; Kim, Kun; and Lee, Dong-Sun. 2006. Headspace hanging drop liquid phase microextraction and gas chromatography-mass spectrometry for the analysis of flavours from clove buds. *Bull. Korean Chem. Soc.* 27 (2), 231 - 236 (English).

Liu, Bo; Chen, Kaixun; Chen, Weiping; and Chang, Qing. 2003. Study of extraction of clove bud by supercritical carbon dioxide and its GC - MS analysis. *Xiangliao Xiangjing Huazhuangpin* (3), 3 - 4, 26 (Chinese) (*Chem. Abstr.* 141: 137005).

Zhao, Chenxi; Liang, Yizeng; and Li, Xiaoning. 2006. Chemical constituents and antimicrobial activity of the essential oils from clove. *Tianran Chanwu Yanjiu Yu Kaifa* 18 (3), 381 - 385 (Chinese) (*Chem. Abstr.* 147: 230706).

37 丁香叶

拉丁学名：*Syzygium aromaticum* **L** （桃金娘科）

引言

落在地上的干丁香叶可用于产生精油，这种精油在许多方面具有丁香花蕾油特征。丁香叶通常被用作丁香花蕾廉价替代品。

植物材料

丁香叶与丁香花蕾来源于同一种树。丁香叶为单叶对生，具有革质，无托叶，无毛。丁香叶的香气与丁香花蕾的类似。

收集落地干丁香叶进行水蒸气蒸馏，可得到丁香叶精油。由于收集和运输成本高，因此，一般在当地采用水蒸馏法进行粗蒸馏。然后将不同来源的粗油混合。由于受到铁污染，这种油通常颜色较暗。但如用不锈钢或玻璃装置蒸馏，则可得到金黄色，并具有温和辛辣药味的油，这种油具有丁香花蕾油香气和风味特性。曾有人建议用柠檬酸来处理螯合铁，但未知这是否实用。

丁香叶油的主要组分是丁香酚，其含量水平超过80%（结构详见第36章）。丁香叶油中 β - 石竹烯占10%左右。一般来说，印度尼西亚丁香叶油比印度丁香叶油含较少丁香酚和较多 β - 石竹烯（表37.1）。斯里兰卡丁香叶油的组成与印度丁香叶油的接近。

表 37.1	丁香叶油的气相色谱分析	单位:%
	印度尼西亚	印度
α - 蒎烯	<0.1	<0.1
β - 蒎烯	<0.1	<0.1
β - 石竹烯	11 ~ 15	10 ~ 13
丁香酚	80 ~ 85	85 ~ 88
丁香酚醋酸酯	0.5 ~ 1	0.1 ~ 0.5

Jirovetz 等（2006）最近对丁香叶油的分析发现，其化合物包括丁香酚（76.8%）、β - 石竹烯（17.4%）、α - 葎草烯（2.1%）和丁香酚酯（1.2%）。

根据食品化学法典，丁香叶油是一种淡黄色液体，具有尖锐辛辣气味和味道。它易溶于丙二醇，在大多数固定油中出现轻微乳光，在甘油和矿物油中的溶解性较弱。

食品化学法典定义的丁香叶油物理特性如下：

旋光度　　　　　　　　　$-2° \sim 0°$

折射率（20℃）　　　1.531 ~ 1.535

相对密度　　　　　　　1.036 ~ 1.046

溶解度　　　　　　　　在 2mL 70% 酒精中溶解 1mL

（添加过多溶剂时，可能会出现轻微的浑浊）

用途

丁香叶油可作为丁香花蕾油替代品使用。某些牙科制剂可使用单独或与丁香油混合的丁香叶油。丁香叶油也可用于按摩油、洗液、室内空气清新剂和香熏产品。

识别编号

	FEMA 编号	CAS	US/CFR	E - 编号
丁香叶油	2325	8000 - 34 - 8	184. 1257	—
		8015 - 97 - 2		

参考文献

Jirovetz, Leopold; Buchbauer, Gerhard; Stoilova, Ivanka; Stoyanova, Albena; Krastanova, Albert; and Schmidt, Erich. 2006. Chemical composition and antioxidant properties of clove leaf essential oil. *J. Agric. Food Chem.* 54 (17), 6303 - 6307.

38 古柯叶

拉丁学名：*Erythroxylum coca* Lam（古柯科）

引言

古柯是一种植物，其叶子可作为兴奋剂使用。古柯在安第斯山脉地区文化中起着重要作用。南美木乃伊考古证据表明，公元前 6 世纪该区就已经使用古柯。印加王朝时期，古柯植物成为咀嚼物，但仅限于贵族和社会上层人群使用。随着印加王朝失去控制，古柯叶也变得较容易获得。

古柯叶可作为治疗胃肠道疾病和晕车药使用，也可用作抗抑郁药替代品（Well，1978）。古柯叶是一种咖啡替代兴奋剂，也是减肥和体能计划的辅助品。Well（1978）宣称，全古柯叶效果与其提取物截然不同，因而，古柯叶被认为可安全地用于口香糖等产品。然而，许多国家的食品和药品法规并不接受这种观点。古柯类似于可卡因，是美国联邦缉毒机构的控制对象。玻利维亚政府则认为，古柯叶的国际贸易应该合法化。

植物材料

古柯是一种常绿灌木，类似于黑刺灌木，高度为 3～5m。一般而言，生长于高海拔地区的古柯植物均小于生长在低海拔地区的古柯植物。古柯叶薄且具有革质，呈两端变细的椭圆形。这种植物具有短柄小花簇。每朵花有五片淡黄色花瓣，一个心形花药，雌蕊由三个心皮组成，形成三腔子房。果实为红色浆果。通过种子繁殖。

古柯叶是该植物的重要有用部分。鲜叶经细心干燥后，顶端呈绿色，而较低部位表面呈灰绿色。古柯叶咀嚼时会在口中产生愉快麻木感，具有宜人的刺激滋味。

古柯叶的主要成分是一种称为可卡因的生物碱。可卡因有许多衍生物，也有一些含量较少的相关生物碱。生物碱浓度因植物区域和树龄等因素而异。玻利维亚古柯叶中可卡因含量范围在 70%～80%，而秘鲁古柯叶中的含量只有 50%（Leung 和 Foster，1996）。古柯叶含碳水化合物、蛋白质、少量挥发油和黄酮类化合物。

提取物

由于古柯叶的兴奋剂作用，其提取物曾用于早期可乐软饮料配方。今天，这类配方使用的是除去可卡因的古柯叶提取物。不同公司有各自的保密方法，很少有关于确定条件的萃取方法的信息公布。

用途

古柯叶是一种南美洲人普遍使用的提神咀嚼品。可卡因可作为局部麻醉剂，用于面部及其器官微小手术。

许多软饮料大量使用无可卡因的古柯叶提取物。这种提取物也可以用于某些含酒精饮料和糖果产品。许多人觉得，虽然富含可卡因的古柯叶提取物可能有害，但古柯叶本身是安全的。目前，种植古柯植物的当地政府认为，古柯叶的国际贸易应当合法化，并应从联合国非法药物名单中除名。最近，荷兰推出了一种含古柯叶提取物的白酒。

识别编号

	FEMA 编号	CAS	US/CFR	E－编号
古柯叶提取物（未脱可卡因）	2329	84775－48－4	182.20	—

参考文献

Leung，Albert Y.；and Foster，Steven. 1996. *Encyclopedia of Common Natural Ingredients*，2nd edition. New York：John Wiley and Sons，pp. 179 – 180.

Well，A. T. 1978. Coca leaf as a therapeutic agent. *Am. J. Drug Alcohol Abuse* 5（1），75 – 86.

39 胭脂虫

拉丁学名：*Dactylopins coccus* Costa （蚧总科）

引言

胭脂虫产生名为胭脂红的深红色色素。胭脂虫是一种仙人掌植物的寄生虫。这种虫属于胸喙类亚类成员。胭脂虫与其他属于 *Dactylopins* 的昆虫非常相似，后者也会生产类似的色素。因此，这类昆虫被称为胭脂虫。虽然大部分可能属于球形胭脂虫，但也可能存在其他成员。

胭脂虫颜料曾为美洲早期历史上的阿兹特克人和玛雅人所使用。胭脂红曾被视为高贵之物，是各社区每年献给皇帝的贡品。前往美洲的西班牙人也看到了它的潜力，因为这种颜料比当时欧洲使用的颜色更为明亮。当代合成染料出现以前，这种颜料在欧洲很受欢迎。胭脂红作为有价值商业品曾出现在主要商品交易中心，如伦敦和阿姆斯特丹。最近发现，高档胭脂颜料曾被英国军方用于夹克军服，也被用于罗马红衣主教法衣。

19 世纪，胭脂昆虫被人带到加那利群岛，结束了墨西哥人对胭脂红的垄断。1862年，加那利群岛销售了 2730t 胭脂红，相当于四千多亿只昆虫。

胭脂红主要作为织物染料使用虽然发生在合成染料时代之前，但当时的胭脂红也被用于食品和化妆品。它广泛用于各种水果制品、饮料、糖果和动物产品。化妆品胭脂是一巨大成功，胭脂红仍然流行用于化妆品。

19 世纪中叶，随着茜素基深红色颜料的出现，胭脂红用量急剧下降，进入 20 世纪后使用量几乎为零。随着当前用天然食品添加剂替代合成添加剂趋势的出现，胭脂红又受到了重视。然而，胭脂红生产商曾试图隐瞒其昆虫来源事实。当然，这对于素食者食品来说是不允许的，某些宗教人员不食用通过杀死活虫得到的色素。欧盟委员会已经为这种色素提供 E – 编号。

生物材料

深红色的胭脂色素由扁平椭圆形软体昆虫产生。雌性昆虫是这种色素的主要生产者。雌性虫略大于雄性昆虫，长度为 5mm，但无翅膀。它们将嘴中喙状器官插入宿主仙人掌。它们在吮吸营养物的过程中保持不动状态。经体型略小带有翅膀的雄性昆虫受精后，雌性昆虫体型变大，并生出非常小的若虫。若虫生产胭脂红色素，使其自身内部呈深紫色。若虫分泌白色蜡状物保护自身，以防失水和阳光引起的伤害。因此，尽管这种昆虫内部全是胭脂红色素，但外表仍呈白色或灰色。

具有蜡质层的年轻昆虫会移动觅食。当它们移动到仙人掌边缘，有时会被风带到新的宿主仙人掌。在如此形成的天然色素新场所，雌性胭脂昆虫受精后产生新一代胭脂虫。雄性若虫以仙人掌为食，直至性成熟。然后，它们存活到足以使雌性昆虫卵受精为止。由于体形小，寿命短，因此几乎观察不到雄性昆虫。一般来说，雌性昆虫多于雄性昆虫，这自然增加了染料的生产效率。

胭脂虫原产于南美洲和中美洲，尤其是盛产宿主仙人掌的墨西哥。仙人掌属植物有大约 200 个品种，最适合生产胭脂红的是梨果仙人掌。这种生产胭脂红的仙人掌，已经引入西班牙、加那利群岛、阿尔及尔和澳大利亚。厄立特里亚早已存在适合生产胭脂红的仙人掌品种。连续为昆虫提供养分可削弱甚至完全摧毁宿主仙人掌。但如果同时存在若干仙人掌品种，则问题不大。胭脂虫养殖用仙人掌的传统种植方法是栽植感染胭脂虫的仙人掌垫。改进方法是使未受精雌性昆虫在仙人掌定居，再由雄性昆虫授精。为避免胭脂虫受到捕食昆虫、寒冷和雨水影响，有必要保护胭脂虫。胭脂虫的生长周期约为 90d，在此期间，温度维持在 27℃。昆虫干燥后可提取胭脂红色素，但要确保留下一些昆虫以启动新的生产周期。

秘鲁是干胭脂虫主要供应国。2005 年，秘鲁的干胭脂虫产量约为 400 万 t，约占世界总产量的 85%。其他生产国有墨西哥和加那利群岛。澳大利亚开始生产过胭脂虫，主要是英国当局为了控制胭脂虫生产。然而，进入 20 世纪后，当地的胭脂虫生产和专门为此种植的仙人掌已经濒临消失。

尽管随着人工色素的出现，胭脂红染料失去了往日的重要性，但由于当前天然色素在食品和化妆品方面受到重视，因此人们对胭脂红又重新产生了兴趣。

提取物

胭脂红染料由雌性胭脂虫提取。因提取方法不同，胭脂红色素有不同色调，如朱红色、橙色和红色。图 39.1 所示为引起胭脂红颜色的胭脂红酸。

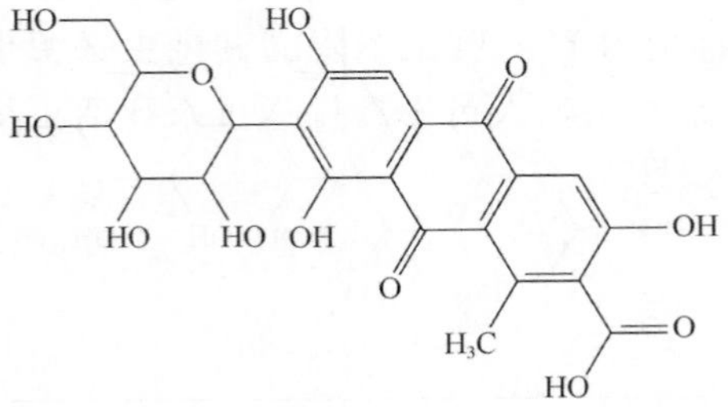

图 39.1 胭脂红酸

对于简单提取，胭脂虫可采取以下途径杀死：浸没于热水中、暴露在阳光下、用水蒸气处理，或用烘干机烘烤。这些不同的方法产生的色调略有差异。因此，商业化生产中，应采用标准化处理，以获得所需的可靠色调。为安全存储，要通过干燥使昆虫重量降低三分之二以上。胭脂红酸含量为干昆虫重量的 19% ~ 22%。制备 1kg 干胭脂需要 15 万只以上的昆虫。

为了产生高纯度胭脂红色素，粉碎的死昆虫要用氨或碳酸钠溶液之类碱进行处理。不溶性物主要来自死虫碎片。碱处理后要加入明矾，以使胭脂红酸以铝盐形式沉淀。为了得到纯净的色素，要避免与铁接触。为获得紫色色调，可与明矾一起加入石灰。为了调节沉淀的形成，可加入氯化亚锡、柠檬酸、硼砂或明胶之类化学物。

胭脂红酸是胭脂的呈色物质。胭脂红是胭脂红酸的含铝/钙胭脂红成品，是用于食品或纺织品着色的商业染料。

胭脂红酸和胭脂红均具有水溶性，对光和热稳定。胭脂红酸在 pH 低于 5 时为橙色，pH 超过 8 时呈蓝红色。有可能出现黄红色到近蓝色的各种色调（Delgado-Varghas 和 Paredes-Lopez，2003）。早期生产这种染料的过程用水提取胭脂红色素，但如今，先用醇提取，再通过蒸馏除去乙醇，可以生产浓度高达 4% 不含不良残留物的浓缩溶液。

一般特点

胭脂红是一种水溶性天然染料，对光、热和氧化比较稳定。由于使用明矾，因此与其中的铝构成了复合物，所以胭脂红可认为是一种"半合成"染料（Dapson，2007）。氨基胭脂红酸可用于酸性食品，有一种溶解性较差的胭脂红钙可用于许多固体食品。

欧盟委员会已经将 E – 120（I）作为 E 编号指定给纯胭脂红，而将 E120（II）编号指定给了采用粉碎昆虫得到的胭脂红染料原料，这种产品的胭脂红酸含量在 20% 左右。美国食品与药物管理局（FDA）颁布的一项从 2011 年 1 月 5 日起执行的新规定，要求所有含胭脂红的食品和化妆品，必须在配料表中声明。

有一种 E124 偶氮染料与胭脂红接近，称为"胭脂虫红色"。但是，这种相似的 E124 色素是合成色素。

根据食品化学法典，胭脂红为鲜红色脆性碎片，或者为深红色粉末。胭脂红以氢氧化铝为基质形成的含铝或含钙铝胭脂红染料。胭脂红酸在水中结晶成为鲜红色晶体，在 130℃ 时变暗，在 250℃ 时分解。胭脂红易溶于水、醇、醚，但不溶于石油醚和氯仿。

用途

传统上，胭脂虫红染料曾用于织物。现在因已经开发出合成染料，这方面的胭脂红用量已急剧下降。

然而，随着天然食品添加剂需求量的增加，胭脂红色素正被用作食用色素。水溶性胭脂红可用于含酒精饮料和水基饮料。胭脂红的钙衍生物可广泛用于肉制品、烘焙食品、糕点装饰配料、甜点、糖霜、水果制品以及一些奶酪和乳制品。

美国食品与药物管理局（FDA）规定，胭脂红应在配料表中声明。少数人对胭脂红过敏，而另一些人会因胭脂红而引起哮喘反应。多动症儿童保护团体认为儿童膳食不应使用这种色素。许多宗教群体（如穆斯林和犹太人）不使用这种产品，因为它来自动物，而且未按照标准宗教习俗处理。胭脂红也不为素食者和严格素食者接受。同样，耆那教徒也不能食用通过杀害昆虫制备得到的产品。

分析方法

食品化学法典描述了酸化后在 494nm 处测定吸光度的测量方法。

识别编号

	FEMA 编号	CAS	US/CFR	E – 编号
胭脂红	2242	1390 – 65 – 4	—	E – 120

参考文献

Dapson, R. W. 2007. The history, chemistry and modes of action of carmine and related dyes. *Biotech. Histochem.* 82 (4 – 5), 173 – 187.

Delgado-Varghas, Francisco; and Paredes-Lopez, Octavio. 2003. *Natural Colorants for Food and Nutraceutical Uses.* Boca Raton, FL: CRC Press, pp. 221 – 255.

40 可可

拉丁学名：*Theabroma cacao* **L**（梧桐科）

引言

可可是可可树的干燥并经过加工的种子。巧克力由可可种子加工得到。像其他许多重要农作物一样，可可也原产于美洲。这种植物的发源地，有可能位于南美洲亚马逊和奥里诺科河盆地的安第斯山脉。早在西班牙人到达美洲以前，具有开拓精神的部落已经将可可树传播到了中美洲。欧洲人抵达之前，这种作物的确切历史比较模糊。然而，很显然，哥伦布时代以前的统治者已经认识到它的美味和价值。

可可和巧克力在 17 世纪中叶由西班牙人引入欧洲，并受到普遍欢迎。欧洲国家试图在其控制的殖民地种植可可树。人们很快了解到，可可只能在赤道南北 15°～20° 的狭窄热带地区生长。西班牙人将可可树引入到了加勒比群岛和菲律宾。英国和法国当局在非洲种植这种作物。全球约 70% 的可可产于西非。近年来，南亚国家正在主动发展可可生产。虽然巧克力工业巨大，并且是可可作物的主要产品，但这里要集中讨论的是这种产品作为风味剂及色素在其他产品中的应用。

植物材料

可可树生长高度 15～20m。通常，英文 "cacao" 指可可树，而 "cocoa" 指可可豆。年轻的可可树喜荫凉，因此，人们利用高大树阴培育可可树苗。受过遮荫保护的可可树木可有近 100 年的树龄。

可可树通常开粉红或白色小花。花朵发展成果实，离不开小苍蝇为可可花授粉。为了促进授粉，地面覆盖了大量落叶和其他农业废物。可可花也可以手工授粉。

可可树生长 3～5 年后开始生产称为豆荚的果实。可可豆荚呈橄榄球形，具有 3cm 厚的粗糙坚韧外皮，内部充满甜味黏性果肉。可可果肉含 30～50 粒杏仁状、称为可可豆的种子，这种豆子有点软，呈粉红或紫棕色。

目前栽种的可可树有三个品种：福拉斯特、克里奥罗和特立尼达。第一个品种栽种最多，因为它的产量高。然而，克里奥罗提供的巧克力品质最好。世界上最大的可可生产国是科特迪瓦，其产量为 130 万 t，其次是加纳，产量为 72 万 t；印度尼西亚，产量为 44 万 t。其他生产国有喀麦隆、尼日利亚、巴西、厄瓜多尔、多米尼加和马来西亚。在 2006 和 2007 两年中，世界可可豆总产量为 350 万 t。

加工

　　收获的可可豆荚已经成熟，但外皮仍然为绿色，收获后颜色变为红色或橙色。可可豆荚打开后，要将果肉和种子码成堆，或放入桶中启动重要的发酵步骤。此过程中，可可荚会往外渗出汁液，经过一系列生化变化后，可进行干燥。经过脚踩和搅动，可将可可荚分开。可采用日晒方式进行干燥，也可用烘箱进行干燥。一般来说，生产国出产的是干可可豆。制备 1kg 巧克力需要 300～600 粒可可豆。

　　接下来的加工步骤是烘焙，再利用风选机脱壳。脱壳后的可可豆称为"可可粒"，可可粒经过粉碎可产生富含脂肪并具有各种风味的产品。这种产品称为"可可块"或"可可浆"。这种可可块可利用液压机分离成巧克力粉和可可脂。巧克力粉含有 10%～12% 脂肪。可可块和巧克力粉均可作为风味剂使用。可可块含约 50% 可可脂，可可脂主要由甘油三酸酯构成。可可脂的脂肪酸分布均匀，可在略低于人体温的很窄温度范围熔化。这一特性，使得可可脂适用于某些专门食品和化妆品。

　　可可粒含有可可碱之类生物碱，含量水平在 1%～1.5%，并含有约 0.7% 咖啡因。可可碱是肝脏中的咖啡因代谢物。可可碱结构类似于咖啡因，但 7 位上不存在 CH_3 基团（详见第 41 章咖啡因结构）。Leung 和 Foster（1996）总结过存在于可可的化合物。可可的香味成分主要是脂肪族酯类、多酚、不饱和芳香羰基化合物、吡嗪、二酮哌嗪，及可可碱。苦味来源于二酮哌嗪，这种化合物在关键性的烘焙过程中可与可可碱反应。

提取物

　　两种类型可可提取物可以用作风味剂，一种由可可粉得到，另一种由可可壳得到。

　　为了对可可粉进行提取，首先要用己烷萃取使可可粉脱脂，得到有价值的可可脂。这一步骤的萃余物再用乙醇或甲醇萃取。萃取混合液除去溶剂后可得到 2.5%～3% 萃取物。一般来说，添加 25% 左右丙二醇，可获得具有均匀水分散性，并能够自由流动的风味提取物。该提取物也可为应用食品提供典型可可色。

　　制备可可粒时脱除的可可壳，具有良好的可可风味物特性，可用甲醇或乙醇提取。经粗粉碎的可可壳首先在 110℃ 下进行烘焙，形成风味物。然后用相当于原料量 1.5～2 倍的甲醇进行渗滤提取。得到的混合油通过蒸馏体积降低到原来的 70%。然后再加入相当于浓缩混合油体积八倍的水。得到的油水混合物再存放于 5℃ 冰箱中，使蜡质与固体分离。经过滤得到的透明液体，再经过煎煮除去甲醇，并进行浓缩，使可溶性固形物含量高于 60°Bx。这种浓缩物加入约 5% 丙二醇，可得到能自由流动的可可壳提取物。这种提取物可作为可可风味剂使用。

用途

　　基于可可的巧克力行业是主要食品行业之一。可可粉可用于许多巧克力品种。它也可用于麦乳精饮料。可可脂具有低于人体温度下的短程熔点范围特点，使其成为适用于巧克力制备的脂肪。可可脂也可用于化妆品和一些洗漱用品。它可作为软膏基质和皮肤柔软剂，用于洗液、唇膏和按摩膏。

可可提取物或可可粉可用于烘焙制品、糖果、麦乳精饮料和奶制品。可可风味物也可为烘焙食品、饮料、冰淇淋和蛋糕糖霜提供所需颜色。可可提取物可用于利口酒和糖果。可可壳提取物可作为可可香味剂使用。

可可和可可脂含有抗氧化剂。可可碱是一种生物碱，具有增加中枢神经系统活动的作用，因此是一种兴奋剂。

识别编号

	FEMA 编号	CAS	US/CFR	E – 编号
可可提取物/完全提取物	—	84649 – 99 – 0	—	—

参考文献

Leung, Albert Y.; and Foster, Steven. 1996. Cocoa. In A. Y. Leung and S. Foster, eds., *Encyclopedia of Common Natural Ingredients*. New York: John Wiley and Sons, pp. 181 – 185.

41 咖啡

拉丁学名：*Coffea Arabica* L；*C. robusta* Lindeu（茜草科）

引言

咖啡的吸引力是如此之大，以至于许多人天一亮就想起新鲜热咖啡的诱人香气。咖啡的味道似乎为所有人接受，世界各地几乎都在消费咖啡。为了促进咖啡生产，出现了多种速溶咖啡类型。近年来，冷咖啡也得到了普及。由于咖啡本身是一种重要食品，因此只有在某些情况下，才将咖啡作为风味剂用于其他食品。本章着重讨论后者。

2004 年，联合国粮农组织（FAO）估计，有 12 个国家的最大农业出口产品是咖啡。2005 年，咖啡出口值在世界农产品出口值中排名第七。咖啡是发展中国家的主要收入来源，有超过一百万人依靠咖啡为生。

英语"coffee"一词被认为源于土耳其语单词"*kahve*"，后者又可能源于阿拉伯语单词"*quahwah*"。此阿拉伯单词有可能来自埃塞俄比亚咖发地区，据认为，该地区是埃塞俄比亚咖啡起源地。人们首次使用英文单词"coffee"的时间在 17 世纪中叶。

据说，首先发现咖啡的是一位埃塞俄比亚牧羊人，但有证据表明，首先认识咖啡刺激作用的是也门人。咖啡由阿拉伯世界传播到意大利，又从意大利再传播到欧洲、印度尼西亚、印度和美洲。根据 2007 年的数据，巴西是世界上最大的咖啡生产国，其咖啡年产量为 225 万 t。其次分别是越南（96.12 万 t）、哥伦比亚（69.7377 万 t）、印度尼西亚和印度。几个南亚和中美洲国家也是主要咖啡生产国。越南是较新生产咖啡的国家，其产量已经超过哥伦比亚，成为世界排名第二的咖啡生产国。美国的咖啡主要从哥伦比亚进口。

植物材料

咖啡树有两个物种，阿拉比卡咖啡树和罗布斯塔咖啡树，后者也称为中粒咖啡树。这些植物的性质有许多相似之处。阿拉比卡咖啡树高约 6m，比树高可达 8m 的罗布斯塔咖啡树矮。据认为，阿拉比卡咖啡树所产咖啡质量较好，以下主要以此品种为基础对咖啡进行介绍。

咖啡植物是一种带分枝的大型光皮灌木（Warrier, 1994）。它具有简单叶子，并在叶柄间有对称托叶。咖啡树叶表面有光泽，呈椭圆渐尖长形，有 6 ~ 10 对主侧茎与边茎相连。咖啡树开白花，花数众多。咖啡果实为肉质呈倒卵形的浆果，完全成熟时呈紫色。咖啡种子是最重要的部分，它具有垂直凹沟槽。照片 10 所示为带果实的咖啡树顶部。

照片 10　树上的咖啡果实（参见彩色插图）

加工

采摘咖啡时，应确保只采摘完全成熟的果实，避免采摘未成熟或烂熟的果实。有两种加工咖啡的工艺：一是湿法工艺，这种工艺生产"种植园"咖啡、"羊皮纸"咖啡，或"水洗咖啡"；二是干法工艺，生产"樱桃"或"非水洗"咖啡。湿法工艺涉及脱皮、自然发酵、洗涤、去除黏液和其他杂物、干燥。种植园咖啡加工需要脱皮，并要用足量水进行洗涤。制备 1t 阿拉比卡咖啡约需 80t 水，但制备 1t 罗布斯塔咖啡，需要 93t 水。樱桃咖啡需要用脱壳机除去咖啡种子外层物质（印度咖啡局）。

咖啡的干燥非常重要。根据工艺、品种和大小，咖啡可分成很多等级，包括"bits"级。一般来说，阿拉比卡咖啡价格比罗布斯塔咖啡贵。同样，通过水洗方法得到的种植园或羊皮纸咖啡的等级，被认为优于樱桃咖啡等级。制备咖啡提取物时，必须考虑这些因素。咖啡豆外观（特别是碎咖啡豆）并不影响咖啡提取物制备。

青咖啡豆没有任何香气。咖啡豆经 220℃ 温度烘焙才形成香气。具体用于烘焙咖啡的温度和时间，取决于咖啡豆的等级、大小、市场需要等因素。

化学组成

咖啡豆含高达 3% 咖啡因（图 41.1）。其他相关化合物有葫芦巴碱和绿原酸。咖啡因可导致中枢神经系统兴奋，进而会影响许多其他功能。咖啡豆含 50% 以上的碳水化合物、10%以上的蛋白质，约 2% 游离氨基酸和多酚类物质。多酚类物质产生涩味。

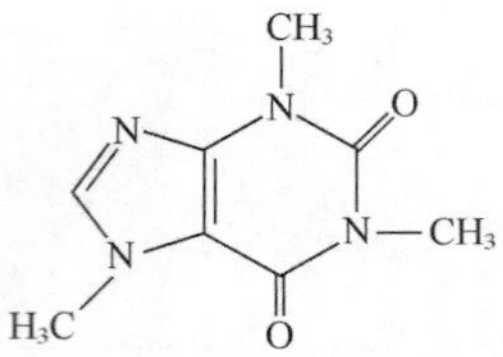

图 41.1　咖啡因

烘焙咖啡的香气包含数百种化合物。其中包括脂环族化合物、芳香族化合物和杂环化合物。杂环化合物是非常重要的芳香化合物，包括呋喃、吡嗪、吡咯、噻吩和噻唑。

提取物

速溶咖啡或可溶性咖啡其实是一类咖啡提取物。这种提取物用烘焙咖啡豆生产，咖啡豆经磨碎后用渗漉法提取。有时可在提取时加压。合并而成的水提取物，通过重力式离心机除去沉淀物后，可通过喷雾干燥方法制成水溶性固体咖啡粉末。为了避免溶化时结块，有时要对喷雾得到的细粉造粒。同样，热水提取物冷冻干燥后，也要制成颗粒状速溶咖啡。为了降低成本并增加咖啡质感，可在咖啡中添加菊苣。

利用乙酸乙酯和超临界二氧化碳，可以除去咖啡中的大部分咖啡因。脱除的咖啡因可作为天然咖啡因原料使用。

用作香料的咖啡提取物可用 50% 乙醇冷水溶液进行提取。除去乙醇和水以后的提取物是一种深褐色或近黑色黏稠液体，具有苦味和煮咖啡香气。这种产品是水溶性产品。

如果将乙醇含量提高到 70%，则可得到含有更多咖啡因的产品。另外，如果乙醇含量低于 70%，则咖啡因含量也将降低，而且，来自多酚的涩味也会增强。下面介绍一项成功的咖啡提取创新工艺。烘焙咖啡磨成粉后，首先用己烷萃取。大多数香气会进入己烷中，而对质感有贡献的多酚类物质、碳水化合物等只有少量进入己烷。这种香气馏分经仔细蒸馏，可从正己烷中蒸馏出来。残余在咖啡粉中的己烷可用蒸汽驱除。

这种剩下的咖啡粉，再用 50% 乙醇水溶液提取，可得到咖啡提取物。在这种提取物中加入前面用己烷提取得到的香气馏分并充分混合，可成为具有现煮咖啡刺激性香气的咖啡提取物。

用途

咖啡被广泛用作提神热饮。除此之外，咖啡提取物也可作风味剂使用。

冷咖啡本身也可添加其他风味，也可不添加。如果添加其他风味，往往添加柑橘风味物。

咖啡风味可用于煮甜食、糖果、冰淇淋、麦乳精饮料、甜酒和冷冻乳制品。由咖啡分离得到的咖啡因可用于可乐软饮料。咖啡因具有疗效特性，因此，可用于许多药物制剂。

分析方法

AOAC 提供了对包括咖啡因在内各种咖啡成分进行分析的详细方法。

识别编号

	FEMA 编号	CAS	US/CFR	E - 编号
咖啡提取物	—	84650 - 00 - 0	182. 20	—
咖啡因（天然）	2224	58 - 08 - 2	182. 1180	—

参考文献

Coffee Board，India. Undated. *A Guide to Coffee Quality*. Bangalore：Coffee Board.

Warrier，P. K. 1994. *Indian Medical Plants*. Madras：Orient Longman，vol. 8，pp. 155 - 156.

42 香菜

拉丁学名: *Coriandrum sativum* **L**（伞形科）

引言

根据印度的吠陀文献，香菜种子早在公元前 5000 年已经得到使用。在《圣经》的《出埃及记》中也提到香菜。公元前 1000 年甚至更早的埃及墓葬中已经用到香菜籽。伟大的阿拉伯名著《一千零一个夜》中提到这种香料被作为壮阳药使用。据认为，香菜起源于地中海和欧洲西南地区。

英文香菜名源于希腊词"kopis"，意思是昆虫。这种植物在未成熟阶段浸渍，会产生一种强烈的类似于昆虫的不愉快气味。但是，该植物成熟时，这种难闻气味会消失，而成熟的果实经过干燥可以成为香料。

植物材料

香菜籽是一年生植物的干果实，这种植物是无毛、芳香、高度在 30~90cm 的草本植物。叶子为多回复出型，下部叶子柄长，上部叶子柄短或无柄。花小，白色或粉红－紫色复合顶生伞形花序。果实呈黄棕色、球状、带肋，分成两个中皮半果，一个中皮半果含有一粒种子（Warrien，1994）。干果实在商业上称为种子，直径在 3~4mm。

干燥香菜具有提取精油的价值（照片 11B）。它含有一些固定油、一些苹果酸，灰分含量较高。印度、俄罗斯和摩洛哥是主要香菜生产国。俄罗斯品种的香菜含约 1.7% 的挥发油，这与印度品种香菜 0.3% 的挥发油含量形成了明显差异。

香菜具有某些药性，例如，它具有兴奋和驱风作用。它也被用来掩盖某些泻药的不愉快滋味，而古时候人们用香菜来掩盖食品的腐败。

精油

干香菜利用一棍磨研碎，在适当的不锈钢容器中进行蒸汽蒸馏。蒸汽在常压下由容器底部通入。蒸馏时间约 16h。油和水蒸气经过冷凝，由用于比水轻的油的三级蒸发瓶收集。

香菜油呈淡黄色可流动液体，具有这种香料的特征香气。由于存在芳樟醇，因此，这种香气带有柠檬味。这种香气可以描述为温和、刺激、仁果和柑橘子味。

照片 11　（A）香菜植物上的籽实　（B）干香菜籽（参见彩色插图）

这种精油的主要成分是芳樟醇，占 67% ~ 70% 。它还含有 α - 蒎烯（4% ~ 7%）、柠檬烯（2% ~ 4%）、δ - 萜品烯（3% ~ 7%）、乙酸香叶酯（2% ~ 6%）、樟脑（4% ~ 7%）。

最近在中国完成的一项分析显示，香菜籽油含 35 种组分，占精油 96.5%（Li 等，2001）。该项调查发现，主要成分有芳樟醇（56.82%）、氧化芳樟醇（13.32%）和二氢 - 2 - 莰烯醇（7.12%）。在另一项调查中，发现了 21 种化合物，包括芳樟醇、冰片，和 α - 萜烯（Li 等，2005）。各项分析均表明芳樟醇（73.61%）是主组。这种精油对黑曲霉及一些细菌表现出强抑制作用（Li 等，2008）。印度的一项分析表明，香菜精油的主要成分为芳樟醇（52.26%）、月桂烯（1.71%）、香茅醇（4.64%）、香叶醇（9.29%）、黄樟素（2.67%），α - 萜烯基乙酸酯（1.07%）和乙酸香叶酯（18.07%）（Bhattacharya 等，1998）。阿尔及利亚香菜种子的水蒸气蒸馏结果显示，主要成分为芳樟醇（70.2%）（Benyoussef 等，1999）。

根据食品化学法典描述，香菜油为无色或淡黄色液体，具有香菜特征性气味和滋味。食品化学法典定义的香菜精油物理特征如下：

旋光度　　　　　　　　+8° ~ +15°
折射率（20℃）　　　　1.462 ~ 1.472
相对密度　　　　　　　0.863 ~ 0.875
溶解度　　　　　　　　在 3mL 70% 酒精中溶解 1mL

含油树脂

粗粉装于不锈钢渗滤器中用己烷提取。主要风味贡献者为精油，因此，用其他非极性溶剂提取，可得到类似结果。这种固定的油和树脂材料起着定香剂作用。通常规定挥发油含量；价格根据油的百分含量定。

含油树脂是一种深黄褐色油性液体，具有典型香菜精油的香气和风味。挥发性油含量通常调整到 1% ~ 2% 。

用途

香菜在食品中有广泛应用，特别是在肉制品方面。香菜用于调味品、咖喱粉、焙烤食品、糖果、口香糖和含酒精饮料。

一份最近综述指出，动物研究显示香菜具有降血糖、降血脂和抗癌特性（Ilaiyaraja 等，2010）。虽然，这些都有极大吸引力，但仍然需要进一步的研究，特别是结合人体的研究。

香菜油和油性树脂可用于以香菜籽作为香料的相应鲜食食品。在印度肉制品及咖喱中，香菜风味十分重要。它可用于调味品、调味料、焙烤制品和糖果。香菜油可用于风味含酒精饮料，如杜松子酒。

标识编号

	FEMA 编号	CAS	E – 编号
香菜籽油	2334	8008 – 52 – 4	—
香菜提取物	—	84775 – 50 – 8	—
香菜籽树脂	2334	8008 – 52 – 4	—
香菜净油		8008 – 52 – 4	—

参考文献

Bhattacharya, A. K. ; Kaul, P. N. ; and Rao, B. R. Rajeswara. 1998. Chemical profile of the essential oil of coriander (*Coriandrum sativum* L) seeds produced in Andhra Pradesh. *J. Essent. Oil-Bearing Plants* 1 (1) , 45 – 49.

Benyoussef. E. H. ; Beddek, N. ; Belabbes, R. ; and Bessiere, J. M. 1999. Analysis of extracts of Algerian coriander seeds. *Rivista Italiana Eppos* 28, 27 – 32 (French) (*Chem. Abstr.* 134: 21262) .

Ilaiyaraja, N. ; Farhath, Khanum; Anilkumar, K. R. ; and Bawa, A. S. 2010. Therapeutic properties of coriander seeds. *Spice India* 23 (2) , 23 – 31.

Li, Congmin; Shang, Jun; Ren, Yunhui; and Xu. Chunming. 2001. Analysis of chemical constituents of coriander seed oil from Laifeng county. *Xiangliao Xiangjing Huazhuangpin* (6) , 1 – 2 (Chinese) (*Chem. Abstr.* 136: 284135) .

Li, Feng; Xie, Cheng – xi; Fan, Wei-gang; and Fu, Ji-hong. 2005. Analysis of volatile chemical components of *Coriandrum sativum* L seed by gas chromatography-mass spectrophotometry. *Zhipu Xuebao* 26 (2) , 105 – 107 (Chinese) (*Chem. Ahstr.* 144: 75010) .

Li, Wei; Feng, Dan; and Lu, Zhanguo. 2008. Chemical components and antibacterial activity of the essential oil of coriander seeds grown in Heilongjiang. *Zhongguo Tiaoweipin* (1) . 42 – 45 (Chinese) (*Chem. Abstr.* 149: 127086) .

Warder, P. K. 1994. *Indian Medicinal Plants.* Madras: Orient Longman, vol. 2, pp. 184 – 188.

43　香菜叶

拉丁学名：*Coriandrum sativum* **L**（伞形科）

引言

香菜（也称芫荽）叶以新鲜形式用于烹饪。在秘鲁，香菜用于众多菜肴，有时，一些不习惯于这种风味的人甚至会讨厌香菜。

植物材料

香菜植物（详见第42章香菜）是一种有气味的属于香菜家族的一年生耐寒植物。香菜具有优良风味。它可用于汤和沙拉，也可以悬浮小叶枝形式用于某些含酒精鸡尾酒。在印度，香菜被普遍用于素食烹饪。喜欢使用香菜叶的国家有俄罗斯和东欧国家、危地马拉、墨西哥和美国。

鲜香菜叶含86%～88%水分、3.3%蛋白质、0.6%脂肪和6.5%碳水化合物。香菜叶含有丰富的矿物质和维生素。然而，香菜叶提取物中这些成分的含量都不高。

精油

香菜叶的精油含量范围为0.1%～0.6%。香菜叶精油商业化生产规模不大。利用水蒸馏可由新鲜或部分晾干香菜叶制备少量精油。

Lu等（2006）对香菜植物地上部分经水蒸馏得到的精油用GC – MS进行过检测。检测到的86种组分中，已经确定49种，占精油总量的87.90%。它们包括醇类（39.60%）、醛类（31.96%）、酯类（3.94%）和烃类（6.58%）。

香菜叶精油具有清新提神的草药香气。其典型物理特性如下（Prakash，1990）：

	美国精油	印度精油	俄罗斯精油
旋光度	3°32′	2°1′	2°33′
折射率	1.4540	1.4548	1.4555
相对密度	0.849	0.849	0.8524
25℃时在20% 酒精中的溶解度	3.5%	1.5%	不溶

油树脂

　　晾干的香菜叶，利用己烷、乙酸乙酯，或丙酮己烷混合物作溶剂萃取，可以得到带有香菜叶精油风味的油树脂。

　　Lu 等（2007）用乙醚和油作溶剂进行提取试验，得到的香菜叶提取物对大肠杆菌和葡萄球菌有很强抑制作用，但对曲霉菌不起作用。

用途

　　香菜叶油和香菜叶油树脂，均可用于利用香菜叶作风味物的加工烹饪食品制品。

识别编号

	FEMA 编号	CAS	US/CFR	E – 编号
香菜叶油	—	—	—	—
香菜叶油树脂	—	8008 – 52 – 4	—	—

参考文献

Lu, Zhanguo; Guo. Hong-Zhuan; and Li, Wei. 2006. GC/MS analysis of chemical components of essential oil from coriander leaf. *Shipin Yu Fajiao Gongye* 32 (2), 96 – 98 (Chinese) (*Chem. Abstr.* 148：190622).

Lu, Zhanguo; Guo, Hong-Zhuan; and Sun, Shen-min. 2007. Chemical constituents and antimicrobial activity of the essential oil from coriander leaf by Soxhlet extraction. *Huaxue Yanjiu* 18 (1), 70 – 73 (Chinese) (*Chem. Abstr.* 148：401757).

Prakash, V. 1990. *Leafy Spices.* Boca Raton FL：CRC Press, pp. 31 – 32.

44 孜然

拉丁学名：*Cuminum cyminum* **L**（伞形科）

引言

孜然是一种种子香料。公元前5000年的埃及人就已经熟知孜然，因为已经在古代金字塔中发现有孜然。古罗马人和古希腊人认为孜然有助于产生晰白肤色。还有许多有关孜然的其他故事。在南欧，孜然代表贪婪；而在德国，孜然被看成是确保新婚夫妇彼此忠诚的象征。

孜然外观像香菜，但它们的口味有很大差异。茴香看起来也像孜然，但茴香颜色较绿，植株也较大。

植物材料

孜然是一种一年生草本植物的果实（俗称种子），该植物的生长高度约40cm。孜然籽成对或单独出现于心皮。孜然种子长3～6mm，具有较直的纵脊，两端逐渐变细。干孜然种子含2%～5%挥发油，其中相当一部分为枯茗醛。由精油引起的孜然籽气味具有穿透性，但非常令人愉快，特别适用于咸味产品，有时也用于糖果制品。

孜然起源于伊朗和地中海地区。西班牙和葡萄牙殖民者将孜然引入美洲。现在有许多地区广泛种植孜然，包括印度、中国、欧洲、中东和拉丁美洲。孜然籽在印度、摩洛哥、中东国家、欧洲和美洲被广泛用于烹饪。孜然也是许多咖喱粉的配料之一。

孜然种子有某些药理作用，最引人注目的功能是其能减轻胃肠胀气和腹绞痛。孜然可用于控制消化不良和恶心。

化学组成

孜然的主要成分为枯茗醛（图44.1）。枯茗醛是一种芳香醛，与苯甲醛有关。枯茗醛也与紫苏醛有密切关系。

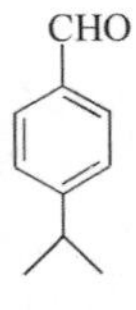

图44.1 枯茗醛

精油

高质量孜然，经破碎和水蒸气蒸馏，可产 4% ~ 5% 精油。孜然籽可用辊磨机粉碎成粗粒。这些粉碎后的颗粒被送入适当大小的不锈钢蒸馏器，在常压下使蒸汽通过填料床层。蒸馏时间约为 20h。由蒸馏产生的油蒸气和水蒸气冷凝后，油浮在水上面。这种混合冷凝液中的组分，可利用专门供油比水轻混合物分离的 3 级佛罗伦萨烧瓶组进行分离。

孜然油是一种无色至淡黄色流动液体，长期贮存颜色趋于变暗。孜然油具有强烈辛辣咖喱香气。孜然油约含 25% ~ 30% 枯茗醛；含 7% ~ 16% 枯茗醛同系统化合物紫苏醛。商业枯茗醛通常是一种枯茗醛与紫苏醛的混合物。因此，孜然油所含的 30% 枯茗醛中，2/3 是正宗枯茗醛，余下的为紫苏醛。

孜然油的单萜烯类由 13% ~ 18% β - 蒎烯、14% ~ 18% 对伞花烃，以及高达 25% ~ 30% 的 δ - 萜品烯组成。孜然油含少量黄樟素。黄樟素是一种天然诱变化合物，但它会在烹调温度下分解。

气相色谱 - 质谱联用仪检测得到的 62 种化合物中，49 种已经确定，其中枯茗醛占 32.26%，藏红花醛占 24.46%。孜然油含有许多单萜烯类、倍半萜烯类、芳香醛类和芳香氧化物类化合物（Yan 等，2002）。水蒸气蒸馏得到的精油产率为 3.8%。这种精油经用 GC – MS 研究发现，其中的 37 种化合物占精油总量 97.9%。得到鉴定的化合物包括枯茗醛（36.31%）、枯茗醇（16.92%）、γ - 松油烯（11.14%）、藏花醛（10.87%）、对伞花烃（9.85%）和 β - 蒎烯（7.75%）（Li 和 Jiang，2004）。一份伊朗的研究检测到的化合物有 α - 蒎烯、1，8 - 桉叶素、芳樟醇（Gachkar 等，2007）。但是，Singh 等（2006）发现，孜然精油的重要成分为枯茗醛（40.7%）、其次是松油烯（16.7%）和对伞花烃（14.5%）。也有人考察过孜然精油的抗菌性。Gachkar 等（2007）发现，孜然精油比迷迭香油的抗菌性更有效。

根据食品化学法典，孜然油为淡黄色至棕色液体，具有强烈且令人不愉快的气味。孜然较易溶于大多数固定油和矿物油。孜然油极易溶于甘油和丙二醇。

由食品化学法典定义的孜然精油物理特性如下：

旋光度　　　　　　　　+3° ~ +8°
折射率（2℃）　　　　1.500 ~ 1.506
相对密度　　　　　　0.905 ~ 0.925
溶解度　　　　　　　8mL 80% 酒精中溶解 1mL（添加更多酒精变得浑浊）
孜然精油在贸易中通常标明枯茗醛含量。

油树脂

孜然粗粉装送入不锈钢渗滤器，用己烷提取可得到孜然油树脂。由于大部分孜然风味来自精油，因此，利用其他溶剂提取的油树脂不会明显影响孜然油树脂的风味。

油树脂与精油相比，可提供较圆润风味，因为固定液及树脂材料具有固定作用。一般会规定油树脂的挥发油含量，并且油树脂也按挥发油含量定价。孜然油树脂的挥发油含量可在1%～30%之间进行调整。

用途

孜然精油和油树脂均可取代孜然籽，用于加工食品。孜然可为肉类和谷物基食品提供美妙风味。孜然在北欧特别流行用于干酪，在德国用于烘焙食品，在印度用于小吃食品。孜然油可提高口香糖和其他糖果风味。

识别编号

	FEMA 编号	CAS	US/CFR	E – 编号
孜然籽油	2343	8014 – 13 – 9	182. 20	—
		84775 – 51 – 9		—
孜然油	2340	8014 – 13 – 9	182. 10 –	—
孜然籽油树脂	—	8014 – 13 – 9	—	—
		84775 – 51 – 9		—
枯茗醛	2341 –	122 – 03 – 2	172. 515	—

参考文献

Gachkar, Latif; Yadegari, Davood; Rezaei, Mohammad; Bagher, Taghizadeh Masood; Astaneh, Shakiba; Astaneh, Shakiba Alipoor; and Rasooli, Iraj. 2007. Chemical and biological characteristics of *Cuminum cyminum and Rosmarlnus officinalis* essential oils. *Food Chem.* 102 (3), 898 – 904.

Li, Rong; and Jiang, Zi-Tao. 2004. Chemical composition of the essential oil of *Cuminum cyminum* L from China. *Flavour Fragrance J.* 19 (4), 311 – 313.

Singh, Gurdip; Marimuthu, Palanisamy; de Lampasona, M. P.; and Catalan, Cesar A. N. 2006. *Cuminum cyminum* L. chemical constituents, antioxidant and antifungal properties of its volatile oil and acetone extract. *Indian Perfumer* 50 (3), 31 – 39.

Yan, Jian-hui; Tang, Ke-wen; Zhong, Ming; and Deng, Ning-hua. 2002. Determination of chemical components of volatile oil from *Cuminum cyminum* L by gas chromatography-mass spectrometry. *Se Pu* 20 (6), 569 – 572 (Chinese) (*Chem. Abstr.* 139: 12420).

45 咖喱叶

拉丁学名：***Murraya Koenigii* L**（芸香科）

引言

　　新鲜咖喱叶被广泛用于南印度烹饪。咖喱叶的细腻可口香气深受印度人喜爱，几乎所有咖喱菜肴及蔬菜、肉类和鱼类制备物均使用咖喱叶。咖喱叶本身的味道实际上令人讨厌，因此，人们进餐前先要将这些叶子挑出弃掉。可以认为，咖喱叶的香气一旦被吸收，叶子本身就变得没有价值。事实上，咖喱叶含有一些非挥发性有毒成分。要是有一种既含易挥发性特点，又没有非易挥发性成分的精油，使用起来就会方便得多。然而，阿育吠陀疗法认为咖喱叶有一定疗效，可用于治疗如痢疾之类疾病，可作为发烧退热药用，也可作为一般补药使用。咖喱叶加牛奶煮沸并经研磨后，可敷用在疹疱和毒蛇咬伤处。但咖喱叶的主要用途仍然是作为食品风味剂使用。

植物材料

　　咖喱叶树主要生长在印度和斯里兰卡。咖喱叶树是一种 4 ~ 6m 高的小树，其树干较细，直径范围在 15 ~ 30cm。咖喱叶为羽状复叶，有 10 ~ 20 片小叶，每一小叶长 2 ~ 5cm，宽 1 ~ 2cm（照片 12）。咖喱叶具有该植物特有的香气。咖喱叶像苦楝树叶，因此，两者有相似的俗名。

照片 12　咖喱叶（参见彩色插图）

咖喱叶树开较小的白色花朵。咖喱叶树结深色小浆果，其种子有毒。然而，新鲜咖喱叶可作为调味料使用。这种植物喜生长于阳光充足或有部分阳光照射的温暖环境。这种树几乎全生长在印度，但印度南部和斯里兰卡的咖喱树长得最好。以干基计，咖喱叶具含约 6% 蛋白质、1% 脂肪、16% 碳水化合物，以及 6% ~ 7% 粗纤维。咖喱叶含有多种矿物质，相当量的维生素 A、维生素 C 和一些 B 族维生素。但据报道，咖喱叶的草酸含量超过 1%，因此，人们很少食用咖喱叶（Pruthi，1976）。鲜咖喱叶含 2.6% 挥发油，挥发油是咖喱叶的重要组分。

精油

GC - MS 分析法出现以前，人们已经对咖喱叶开展过分析。水蒸馏产生 1% 挥发油，这种油主要含 l - 蒎烯、双戊烯、l - 松油醇、l - 石竹烯和 l - 杜松烯（Nigam 和 Purohit，1961）。据报道，这种油是一种亮黄色流动液体。20 世纪 50 年代，其他研究者在咖喱精油中发现过蒎烯、双戊烯、石竹烯、杜松烯和一些其他化合物（Prakash，1990）。

近年来，Rana 等（2004）用 GC - MS 分析了喜马拉雅地区野生新鲜咖喱叶精油。他们确定了 34 种化合物，这些化合物占全部精油 97.4%。主要成分是 α - 蒎烯（51.7%）、桧烯（10.5%）、β - 蒎烯（9.8%）、β - 石竹烯（5.5%）、柠檬烯（5.4%）、乙酸龙脑酯（1.8%）、松油烯 - 4 - 醇（1.3%）、γ - 萜品烯（1.2%）和 α - 葎草烯（1.2%）。Chowdury 和 Yusuf（2008）发现，咖喱叶含有 39 种化合物，其中 3 - 香芹酮（54.2%）和石竹烯（9.2%）是最显著的成分。

生长在海拔 1750m 印度北阿坎德邦的咖喱叶，用水蒸气蒸馏得到的精油含有 α - 蒎烯（8.08%）、桧烯（44.10%）、β - 石竹烯（12.22%）、β - 水芹烯（3.19%）、松油 - 4 - 醇（3.25%）、β - 毕澄茄烯（4.05%）、α - 葎草烯（2.80%）、大根香叶烯 D（3.09%）、双环大牛儿烯（3.11%），和少量其他几种组成（Pande 等，2004）。

研究人员利用柱洗脱技术，从咖喱叶分离出了若干游离和与糖苷结合的香气化合物。这些化合物利用 β - 葡萄糖苷酶水解释香气化合物，并利用 GC - MS 进行分析。分析表明，67 种成分中，主要成分为芳樟醇。在由 78 种游离香气成分构成的馏分中，主要成分为乙酸辛酯。从水解油鉴定出了 56 种化合物，其中主要成分为 β - 石竹烯（Padmakumari，2008）。

新鲜咖喱叶抗氧化剂水平研究表明，每克鲜叶中含叶黄素 9744ng、α - 生育酚 212ng、β - 胡萝卜素 183ng（Palaniswamy 等，2003）。

作者的实验室发现，咖喱叶的主要成分为 β - 水芹烯（40% ~ 55%），其次是 β - 石竹烯（12% ~ 20%）、3 - 蒈烯（4% ~ 8%）、α - 蒎烯（2% ~ 5%）和 β - 蒎烯（1% ~ 4%）。

得到的咖喱叶精油为淡黄色流动液体，具有咖喱特征青香气味。以鲜重为基准，咖喱叶精油的产率范围在 0.12% ~ 0.20%。

咖喱叶精油的物理特性如下：

旋光度（25℃）	+3° ~ +12°
折射率（25℃）	1.4800 ~ 1.4900
相对密度	0.8520 ~ 0.8750

一般不用咖喱叶制备油树脂，主要是因为存在草酸之类不希望有的成分。

用途

咖喱叶广泛用于咖喱菜肴、酸辣酱、汤类和小吃，这些食物均具有辣味。制备加工食品时，使用咖喱精油比较方便。这种精油可用于稀酪乳可使其成为流行软饮料。使用咖喱叶有可能引起污染。咖喱叶油可使在西方定居的亚洲人在其碱味食物中也能品尝到非常珍贵的家乡风味。

Srivastava 等（2007）发现，从咖喱叶得到的精油和咔唑生物碱具有抗真菌特性。这种抑菌活性可因衍生成 N - 甲基化合物而得到强化，但氢化作用会降低这种活性。这些观察现象使人们意识到，只要除去草酸之类毒性成分，用咖喱叶制备的油树脂就具有潜在用途。

参考文献

Chowdury, Jasim Uddin; and Yusuf, Mohammed. 2008. Aromatic plants of Bangladesh: constituents of leaf oil of *Murraya koenigii* and *M. paniculata. Indian Perfumer* 52 (1), 65 – 68.

Nigam, S. S.; and Purohit, R. M. 1961. Chemical examination of the essential oil derived from the leaves of *Murraya koenigii* Spreng (Indian curry leaf). *Perfum. Essent. Oil Rec.* 52, 152 – 155.

Padmakumari, K. P. 2008. Free and glycosidically bound isolates in curry leaves (*Murraya koenigii* (L Spreng). *J. Essent. Oil Res.* 20 (6), 479 – 481.

Palaniswamy, Usha R.; Caporuscio, Christian; and Stuart, James D. 2003. A chemical analysis of antioxidant vitamins in fresh curry leaf (*Murraya koenigii*) by reverse phase HPLC with UV detection. *Acta Hortic.* 620, 475 – 478.

Pande, C.; Chamotiya, C. S.; and Padalia, R. 2004. Essential oil of *Murraya koenigii* from north eastern Himalayan region. *Indian Perfumer* 48, 407 – 410.

Prakash V. 1990. *Leafy Spices.* Boston: CRC Press, pp. 35 – 42.

Pruthi, J. S. 1976. Curry leaf. In *Spices and Condiments.* New Delhi: National Book Trust, pp. 108 – 111.

Rana, V. S.; Juyal, J. P.; Rashmi; and Blazquez, M. Amparo. 2004. Chemical constituents of the volatile oil of *Murraya koenigii* leaves. *Int. J. Aromather.* 14 (1), 23 – 25.

Srivastava, Sanjay; Ray, D. P.; and Singh, R. P. 2007. Chemical examination and antifungal activity of curry leaf (*Murraya koenigii* (L) Spreng). *Pesticide Res. J.* 19 (2), 149 – 151.

46 椰枣

拉丁学名：*Phoenix dactylifera* L（棕榈科）

引言

椰枣是一种棕榈树的果实，可以直接食用。食用椰枣通常经过某种程度干燥。椰枣一直是中东地区的主食。据认为，椰枣起源于波斯湾地区。公元前 4000 年左右，古代美索不达米亚（现伊拉克）和埃及就已经开始使用椰枣。有迹象表明，早在公元前 6000 年，阿拉伯人就已经开始在沙漠附近难以种植其他作物的土地上栽种椰枣。椰枣自阿拉伯国家引入地中海沿岸欧洲国家。西班牙人在 18 世纪 90 年代将椰枣引入墨西哥和美国的加利福尼亚。

植物材料

像许多棕榈树一样，椰枣树高度在 20 ~ 30m 之间。椰枣树已经遍布世界各地，这种树的传播有时带有偶然性。因此，椰枣在大小和其他特性方面有很大差异。有些品种可从同一根系出若干树干。椰枣树干覆盖着重叠向上的木质叶基。椰枣树叶子为羽状复叶，每张叶长 2 ~ 5m，带刺的叶柄具有坚固中脉，并带有 120 ~ 160 张小叶片。小叶片均长在为纤维网络的基部叶鞘上。

椰枣树为雌雄异株树，具有单独雄性和雌性植株。椰枣树盛开的小香花，位于分成若干分枝的肉穗花序。雌树开白花，雄树开蜡质浅黄色花。椰枣果实呈长椭圆形，长度在 3 ~ 8cm，成熟椰枣的皮有薄有厚。椰枣内有一枚带沟槽的椭圆形硬质果核。内部肉质部分呈黄色或红棕色，但干燥时发展成较暗颜色。

椰树可用硬种子育苗种植，但这种方法的缺点是只能产生 50% 产椰枣的雌性树。因此，商业农场使用扦插方式繁殖产量大的椰树品种。这种扦插种植的椰枣树比用种子育苗的树，早 2 ~ 3 年开花结果。

椰枣是自然风授粉植物，但如今通常由人工授粉。一棵雄树可为约 100 棵雌树授粉。人工授粉由熟练工人爬在梯子上完成，或使用绕树攀爬工具进行人工授粉。

椰枣树最喜生长在沙质黏土或其他重黏土壤。它们能耐受碱性和中等盐度。椰枣树需要充足的阳光，最好在温暖干燥气候条件生长。椰枣树可承受干旱期，但如需提高产量，需要供水。

椰枣完全成熟后便可收获，此时椰枣果肉的质地已由松脆变软。椰枣剥皮后便可食用，通常食用的是经过晒干的椰枣。有的完全成熟椰枣也去核，并且通常沿纵向切开。椰枣也可以脱水，并与谷物或杏仁、核桃、腰果或柑橘蜜饯果皮混合。

据联合国粮农组织（FAO）2007 年报道，全球三大椰枣生产国是埃及（130 万 t）、伊朗（100 万 t）和沙特阿拉伯（98 万 t）。其他主要生产国有阿拉酋、巴基斯坦、阿尔及利亚、伊拉克、苏丹、阿曼和利比亚。

干燥后的椰枣大约含 73% 碳水化合物，其中大部分是糖。100g 干椰枣约含 1150kJ 能量。椰枣富含维生素和矿物质，因此是有益于健康的食物。在一些国家，人们会用管子插入棕榈树接取流出的蜜汁，这种蜜汁可用于加工棕榈糖和酒精饮料。椰枣的种子在水中浸泡后会部分解体，可用作牛饲料。椰枣果实含有黄烷醇和咖啡酰莽草酸之类多酚类化合物，在酚酶作用下，会在干燥和储存过程中发生褐变。多酚成分也使椰枣具有温和宜人的涩味。

提取物

椰枣没有精油。由于椰枣的主要成分是碳水化合物，因此可用热水提取。

以下介绍笔者实验室所采用的典型提取过程。约 30kg 成熟干枣在蒸汽夹层锅内加入 15L 水煮沸。保持沸腾约 10min。在此期间，用平勺将煮熟软化的椰枣打碎成果浆。然后用滤布过滤果浆，同时轻轻搅拌，使所有果汁通过。残余物再转移到夹层锅，加入水后如前面一样再煮沸，再用杵进一步打浆。过滤后，残余物再用沸水萃取。一般情况下，经三次煮沸后完成提取。提取程度可以通过品尝残留甜味检查。如果需要，可进行第四次煮沸操作。

合并滤液，蒸发到约 40L，并用果浆残渣吸收。再置于表面积较大的夹层平锅对萃取液进行浓缩，直到总可溶性固形物浓度达到 75～80°Bx 为止。这一操作的产率范围在 50%～55% 之间。椰枣核约占 20%，其余为不溶性纤维残渣。加入约 750mg/kg 的柠檬酸，将 pH 调节到 3.7～3.9 范围，最终得到的水提取物为一种微红褐色黏稠液。这种提取物富有椰枣甜味。

用途

椰枣提取物可作为风味剂用于烟草。它使吸烟者在抽烟时能感受到温和甘甜口感。椰枣提取物可像角豆提取物一样广泛使用。

阿育吠陀疗法用椰枣制备甜味罗摩衍那（Rasayans）。罗摩衍那是一种用于改善整体健康的富含营养物的肉汤。目前制备时使用椰枣提取物，因为这种产品较为标准化。

椰枣提取物可作为甜味风味剂用于蛋糕、布丁和甜味沙司。

识别编号

	FEMA 编号	CAS	US/CFR	E－编号
椰枣提取物	—	90027－90－0	—	—

47 印蒿

拉丁学名: *Artemisia pallens* **Wall** (菊科)

引言

　　印蒿植物的主要部分是具有细腻香气的花序。印蒿花可用于做成宗教花环。南部印度妇女用这种芬芳鲜花装饰头发。印蒿可用于蒸馏芳香油。印蒿油是一种昂贵精油，可用于食品和饮料，有时也被用于香水。Ernest Guenther 访问过印度迈索尔，并考察过这种作物和精油（Guenther，1952）。印蒿有两个品种，但最有价值的是富含水果味精油的品种。如今，人工栽培的印蒿已用小规模蒸馏系统生产所需的印蒿风味物。

植物材料

　　印蒿种植区主要位于印度南部，尤其是卡纳塔克邦。曾经种植劣质印蒿品种的泰米尔纳德邦，在勒克瑙中央药用芳香植物研究所帮助下，现已改为种植较受欢迎的印蒿品种（Altar 等，1988）。

　　印蒿为一年生植物。它具有直立主干，并带有近乎垂直的分支。这种香草的高度范围在 45~60cm。灰色互生叶子为羽状全裂叶。花序由无毛、带五片花瓣的双性小花构成。

　　印蒿植物较喜小阵雨、明媚阳光、温和无霜冬季，以及厚晨露。这种作物不能耐受极重降雨。印蒿种子通过苗床播种移植繁殖。每 1hm² 可收获 12~15t 新鲜印蒿，经蒸馏可以产生 10~12kg 印蒿油。

精油

　　印蒿经过 2~3 天部分晾干，一般情况下，重量会因失水而降低一半。烈日照射对印蒿可能有损害作用，也会导致部分精油蒸发。报道过的印蒿油产率为 0.2%（Aktar 等，1988）。

　　笔者实验室展开的印蒿商业蒸馏操作，先经 4~6h 短暂晾干，使含水 80%~88% 的印蒿植物失水 5%~10%。延长干燥时间，并未观察到在装载量、产油率和油品质量方面的优势。采用低压蒸汽下非常缓慢的蒸馏操作。8h 后，得到基于原料鲜重的产率是 0.07%~0.1%。得到的精油是一种红稍有油性的黄色液体，具有芬芳果味香气。精油的达瓦酮含量一般为 45% 。采用分馏式水蒸气蒸馏，并将精油产率限制在 0.05% ，可使达瓦酮含量可提高到 50% 以上。

达瓦酮的物理特性如下：

旋光度　　　　　　　　　　+40° ~ +60°

折射率（25℃）　　　　　　1.4780 ~ 1.4900

相对密度　　　　　　　　　0.9200 ~ 0.9800

Aktar 等（1988）对这种植物的早期工作进行过完整综述。印蒿最重要的组分是达瓦酮。高质量印蒿精油的达瓦酮含量范围通常在 50% ~60% 之间。事实上，印蒿油价格取决于达瓦酮含量。也有人报道，印蒿含莳醇、桂酸桂酯、丁香烯、毕橙茄烯，及某些酚类和酸类。印蒿油中观察到的醇类有芳樟醇和脱氢 $-\alpha-$ 芳樟醇。印蒿油中存在的其他成分有异达瓦酮、二氢罗西呋喃、降二萜呋喃衍生物、$n-$ 烷烃、羟基达瓦酮、香叶醇及橙花醇。达瓦酮的化学结构如图 47.1 所示（Catlan 等，1990）。

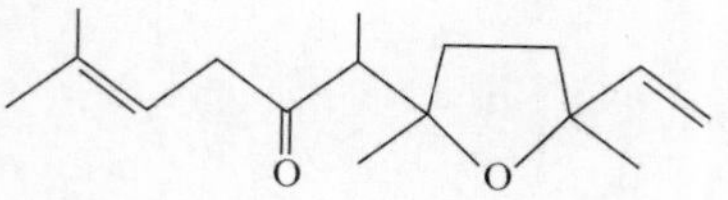

图 47.1　　（ + ）达瓦酮

最近，印蒿已引入印度北部克什米尔地区，已证明当地可产生高达瓦酮含量的印蒿。GC – MS 研究显示，印蒿组分有达瓦酮（74.59%）、肉桂酸乙酯（8.40%）、$\beta-$桉叶醇（3.20%）、肉桂酸甲酯、达瓦醇异构体 1 和 2，以及其他化合物（Shawl 等，2009）。

用途

印蒿油是一种非常珍贵的风味剂，可用于名贵食品和饮料产品，如利口酒和甜酒。印蒿油也可以用于香水制造。尽管这种植物仅在印度种植，但印蒿油却受到普遍欢迎。

与用印蒿花朵点缀庙祭和装饰妇女头发的视觉效果相比，这种花朵的芳香价值更高。

识别编号

	FEMA 编号	CAS	US/CFR	E – 编号
印蒿油	2359	8016 – 03 – 3	172.510	—
		91844 – 86 – 9		—

参考文献

Aktar, Husain; Virmani, O. P.; Sharma, Ashok; Kumar, Anup; and Misra, L. N. 1988. *Major Essential Oil-Bearing Plants of India*. Lucknow, India: Central Institute of Medicinal and Aromatic Plants, pp. 84 – 86.

Catlan, Ceasar A. N.; Cuenca, Maria Dell; Verghese, James; Joy, M. T.; Gutierrez, Alicia B.; and Hertz, Werner. 1990. Sesquiterpene ketones relating to davanone from *Artemisia pallens. Phytochemistry* 29 (8), 2702 – 2703.

Guenther, Ernest. 1952. *The Essential Oils*. Malabar, FL: Robert, E. Krieger Publishing Company, vol. 5, pp. 451 – 453.

Shawl, A. S.; Rather, M. A.; and Kumar, T. 2009. Essential oil composition of *Artemisia pallens* (davana) cultivated in Kashmere valley, India. *Indian Perfumer* 53 (3), 35 – 37.

48 莳萝

拉丁学名：*Anethum graveolens* L，*A. sowa* DC（伞形科）

引言

莳萝在欧洲用于舒缓消化系统。这种植物原产于地中海地区和俄罗斯南部地区。据认为，莳萝起源于东欧，但野时萝广泛分布于地中海地区和西亚。

莳萝在中世纪欧洲被视为神奇药草，当时的新娘们常用小枝莳萝点缀头发和鞋袜，以祈求好运。墨西哥人认为，莳萝可以保护其免受巫术和辟邪。有证据表明，巴比伦人和叙利亚人曾使用莳萝。罗马人将莳萝作为角斗士兴奋剂使用。

后来，莳萝成了北欧美食原料。莳萝籽和莳萝草均已在北美流行。莳萝的英文名"dill"也许来自北欧单词"dilla"，意思是"平静"，因为莳萝曾被用来哄骗婴儿睡觉，也曾用来缓解肠胃功能紊乱。

植物材料

莳萝籽是一种一年生（偶尔也有两年生）草本植物的干果，这种植物属香菜类。欧洲莳萝的学名为 *Anethum graveolens* L；印度莳萝的学名为 *Anethum sowa* DC。前者生长在埃及、地中海国家、东欧、北美和部分拉丁美洲国家。印度莳萝主要生长在印度。

莳萝草生长高度约为90cm。莳萝叶为多裂叶，带有抱茎叶基。完全长成的叶子长50cm，最大发散宽度略小于30cm。莳萝花呈淡黄色。莳萝籽为褐色，呈椭圆形状。莳萝籽一侧几乎持平，带有两个纵肋，另一侧带有三根肋状凸物。莳萝种子长约半厘米。印度莳萝的种子稍大些，但香气有较少。照片13所示为印度莳萝植物和种子。

莳萝植物的叶和茎也具有芳香气。新鲜叶、茎和未成熟果实统称为莳萝草或莳萝香草，可用于制备酸泡菜和汤。

化学组成

莳萝的主要组分是香芹酮（详见第27章）。印度莳萝（*A. sowa*）油含有一种称为莳萝油脑（图48.1）的毒性成分。这是一种高沸点重质馏分（密度为1.163g/mL），结构与芹菜脑接近。

照片 13　（A）莳萝植物　（B）莳萝籽（参见彩色插图）

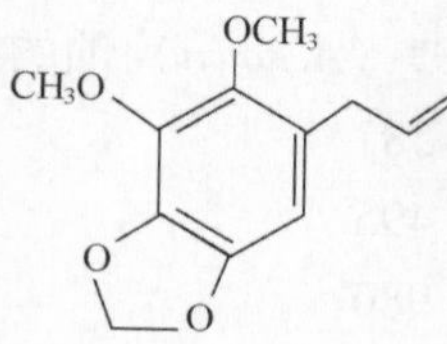

图 48.1　莳萝油脑

精油

虽然莳萝籽油曾在包括美国在内的世界各地生产，但如今印度已经成为主要生产国。

用辊磨机粉碎莳萝籽，然后用不锈钢蒸馏装置蒸馏。用常压蒸汽连续蒸馏 24h，可得到包括莳萝油脑在内的莳萝油产率为 2.4%。

莳萝油是一种浅黄至褐色的液体。莳萝油的主要成分是香芹酮，含量范围在30% ~ 60%。其他主要成分有 α - 水芹烯、3，9 - 环氧 - 对孟 - 1 - 烯、月桂烯、对伞花烃和柠檬烯。

用于药物和食品的莳萝油，必须通过多级真空蒸馏除去莳萝油脑。由于莳萝油脑为重馏分，最后才蒸馏出，因此很容易除去。一般来说，最好使用双级真空蒸馏。第一级从重馏分中分离低沸点馏分。第二级从分离出的重性莳萝油脑中回收低沸点馏分，从而可提高优质油的产率。

留尼汪岛莳萝油含有 36 种组分，包括 α - 水芹烯（56.5%）、茴香醚（20.8%）、柠檬烯（10.9%），和对异丙基甲苯（3.8%），共占 92% 莳萝油总量（Vera 和 Chane-Ming，1998）。利用 GC - MS 对印度莳萝油进行分析表明，存在 21 种化合物，主要成分有柠檬烯（42.67%）、香芹酮（22.50%）、莳萝油脑（15.92%）（Shankaracharya等，2000）。然而，令人惊讶的是，越南研究者（Le 等，2006）在欧洲莳萝（*A. graveolens*）中发现了高比例莳萝油脑。他们发现这种莳萝含 α - 水芹烯（44.21%）、β - 水芹烯（11.01%）和莳萝油脑（27.69%）。

食品化学法典将欧洲莳萝籽油描述为浅黄至淡黄色液体，具有香菜气味和味道。莳萝籽油溶于大多数固定油和矿物油。它可溶于丙二醇并出现轻微浑浊，但它基本上不溶于甘油。

食品化学法典定义的欧洲型莳萝（*A. graveolens*）油的物理特性如下：

旋光度　　　　　　　　　+70° ~ +82°
折射率（20℃）　　　　　1.486 ~ 1.495
相对密度　　　　　　　　0.890 ~ 0.915
溶解度　　　　　　　　　2mL 80% 酒精中溶解 1mL

根据食品化学法典，印度莳萝籽油为一种浅黄至浅棕色液体，具有相当浓郁的香菜气味。它易溶于大多数固定油和矿物油，偶尔出现轻微浑浊。它微溶于丙二醇，几乎不溶于甘油。

食品化学法典定义的印度型莳萝（*A. sowa*）油的物理特性如下：

旋光度　　　　　　　　+40° ~ +58°

折射率（20℃）　　　　1.486 ~ 1.495

相对密度　　　　　　　0.925 ~ 0.980

溶解度　　　　　　　　1mL 90% 乙醇中溶解 0.5mL

根据食品化学法典，美国型莳萝油是一种淡黄色至黄色液体。它可溶于大多数固定油和矿物油。它可溶于丙二醇并呈浑浊状，但基本上不溶于甘油。

上述产品的物理特性如下：

旋光度　　　　　　　　+84° ~ +95°

折射率（20℃）　　　　1.480 ~ 1.485

相对密度　　　　　　　0.884 ~ 0.900

溶解度　　　　　　　　1mL 90% 乙醇中溶解 1mL，常带有用乳光，这种乳光在用 10mL 乙醇稀释的溶液中也可能不会消失。

由于莳萝油本身是一种方便使用的提取物，因此莳萝油树脂的产量很小。尽管如此，仍然为莳萝油树脂提取物分配了 CAS 编号。

用莳萝叶和未成熟莳萝果实提取得到的莳萝草油，不同于莳萝籽油。莳萝籽油具有让人想起香菜的刺激气味，莳萝草油具有醇厚的新鲜风味。莳萝草油中含香芹酮、α - 和 β - 水芹烯及单萜烯。

用途

由于莳萝籽和莳萝草均可用于泡菜、沙拉酱，及一些加工食品，尤其是肉类、奶酪及面包，因此，莳萝籽和莳萝草也可用莳萝油替代用于这些加工食品。

莳萝籽油的药用价值在于其具有解痉、驱风、利尿和健胃功能。莳萝油的最大用途是作为"肠绞痛"混合物配剂使用，特别是在印度，这种混合物可用于缓解儿童胃痛及相关疾病治理。

识别编号

	FEMA 编号	CAS	US/CFR	E - 编号
莳萝（A. graveolens）	2382	8006 – 75 – 5	184.1282	—
莳萝籽油（A. sowa）	2384	8016 – 06 – 6	172.510	—
莳萝草油	2383	8006 – 75 – 5	184.1282	—
		90028 – 03 – 8		

续表

	FEMA 编号	CAS	US/CFR	E - 编号
莳萝籽提取物	—	8006 - 75 - 5	—	—
		84775 - 84 - 8		
莳萝草油树脂	2382	—	—	—

参考文献

Le, Van-Hac; Do, Thi Ninh; and Nguyen, Xuan Dung. 2006. Study on chemical composition of the essential oil of *Anethum graveolens* L from Nghe An and Ha Tinh. *Tap Chi Duoc Hoc* 46 (5), 28 - 29, 31 (Vietnamese) (*Chem. Abstr.* 146: 235416).

Shankaracharya, N. B.; Rao, L.; Jagan, Mohan; Puranaik, J.; and Nagalakshmi, S. 2000. Studies on chemical and technological aspects of Indian dill seed (*Anethum sowa* Rxb). *J. Food Sci. Technol.* 37 (4), 368 - 372.

Vera, R. R.; and Chane-Ming, J. 1998. Chemical composition of essential oil of dill (*Anethum graveolens* L) growing in Reunion Island. *J. Essent. Oil Res.* 10 (5) 539 - 542.

49 茴香

拉丁学名：*Foeniculum vulgare* **Miller**（伞形科）

引言

　　古代学者认为茴香种子具有许多保健功能。此外，茴香也是一种烹饪香料。印度人也在吃得太饱后咀嚼茴香，因为它可起口腔清新剂作用，有助于消化。

　　远古时代，茴香曾被认为具有某些深奥用途。茴香被古希腊人视为成功象征。古罗马人将茴香嫩芽当食物吃。据认为，茴香具有改善视力作用，甚至具有解毒功能。茴香籽的其他用途包括当回春药使用、用于制止打嗝、治疗喘息、缓解胃部疼痛、使乳母增加泌乳和补肾等。

植物材料

　　茴香是一种多年生或二年生植物，生长高度为 1.5～2m。印度是主要茴香生产国，但它也生长在东欧、地中海和北非国家。茴香种子比小茴香的大，颜色偏绿，长度为 5～7mm（照片 14）。茴香种子有纵脊，有时稍弯曲。印度是主要茴香籽消费国。

照片 14　茴香种子（参见彩色插图）

　　茴香籽含 1% ~ 6% 精油。印度茴香的平均精油量约为 1%。茴香籽约含 10% ~ 15% 固定油。茴香脂肪酸组成约含 60% 岩芹酸、22% 油酸、15% 亚油酸，其余主要是棕榈酸。茴香含多种维生素，如维生素 A、维生素 C、硫胺素、核黄素和烟酸。但必须记住，人体每天食用茴香籽量通常有限，因此其营养优势并不十分重要。茴香具有温和愉快的辛辣香气和微甜味道。

精油

　　粉碎的茴香籽经水蒸气蒸馏可得到精油。为此，只须用粉碎机（最好是辊磨机）将茴香籽粗粉碎便可。用不锈钢蒸馏装置蒸馏经粗粉碎的茴香籽时，使常压蒸汽通过填料床层，产生油水蒸气混合物。这种混合物经水冷式冷凝器冷凝可得到不互溶水和茴香油混合物。此混合物可用佛罗伦萨瓶分离器分离，得到比水轻的精油。油浮在顶部。逸出的水再经两次分离，可确保全部所含精油得到回收。通常蒸馏时间为 18h。

　　茴香精油通常呈无色或淡黄色。这种精油的主要成分是茴香脑（图 7.1）和小茴香酮。根据茴香品种不同，茴香精油可分为（由特殊品种"杜尔塞"得到的）甜茴香油和苦茴香油。印度品种的茴香油属于后者，茴香脑含量为 68% ~ 72%，小茴香酮含量为 5% ~ 6%。有时被认为香气较好的欧洲甜茴香油生产量很小。这种油含85% ~ 90% 茴香脑，小茴香酮含量很小。这种油也含少量 d – 水芹烯和 d – 柠檬烯。

　　茴香脑是 1 – 甲氧基 – 4 – 丙烯基 – 1 – 烯基苯。它含一个双键，因此有几何异构体。较常见的天然异构体是反 – 茴香脑。茴香脑可溶于乙醇，仅微溶于水。无色透明的反式 – 丙烯基茴香醚的沸点为 234℃，凝固点为 20℃。小茴香酮为 10 碳环状单萜，带有一个酮基，是一种无色油状液体，具有樟脑气味。

　　西班牙茴香籽精油含有甲基佳味醇和小茴香酮。茴香叶也含甲基佳味醇、α – 水芹烯、柠檬烯和小茴香酮，而茴香杆含茴香脑、α – 蒎烯、α – 水芹烯、对 – 甲基异丙基苯、柠檬烯，及小茴香酮（Garcia-Jimenez 等，2000）。在一项中国研究中，反式 – 茴香脑占 65% ~ 78% 挥发油（Wu 等，2001）。在一项伊朗研究中，使用克莱文杰陷阱的水蒸气蒸馏得到了 2% 精油，而开放式蒸汽蒸馏仅得到 1.2% 精油。茴香脑是主要成分（Ashnagar 等，2007）。在以色列，研究者对不同气候条件下种植的茴香正己烷提取物的化学物质用 GC – MS 分析，发现这些提取物含多达 18 种化合物，主要成分为草蒿脑、反式茴香脑、茴香酮、柠檬烯和 α – 蒎烯（Barazani 等，1999）。

　　茴香提取废弃物中的非挥发性化合物具有抗氧化活性，其中之一为迷迭香酸。这些抗氧化活性也许可以解释茴香的强自由基清除活性药理作用（Perajo 等，2004）。

　　根据食品化学法典，茴香油是一种无色或淡黄色液体，具有茴香特有的气味和味道。如对固体材料分离，应小心加热样品，直到它被完全液化，并应在使用前混合。

　　由食品化学法典定义的茴香精油物理特性如下：

旋光度	$+12°\sim+24°$
折射率（20℃）	$1.532\sim1.543$
相对密度	$0.953\sim0.973$
溶解度	1体积90%乙醇中溶解1体积

油树脂

粗粉碎的茴香籽用正己烷提取，可得到油树脂。茴香油树脂也可用二氯乙烷、乙酸乙酯，丙酮和己烷混合物进行提取，不同溶剂得到的油树脂略有差异。茴香油树脂的主要风味特性来自精油。这种油树脂具有全部固定油和树脂状物质。茴香油树脂可作为固定液使用，因此，这种产品具有较温和风味。

用途

茴香提取物具有愉快辛辣香气，可用于对各种食品（如肉、汤、酱汁和烘焙产品）调味。茴香也有一定药用价值，特别可作为消化剂使用。茴香有助于增加消化液，并有利尿和轻度防腐性能。建议口香糖利用茴香油，因为它具有口腔清新作用。

识别编号

	FEMA 编号	CAS	US/CFR	E - 编号
茴香油	2483	8006 - 84 - 6	182.20	—
		84455 - 29 - 8		
茴香提取物/松脂	—	92623 - 75 - 1	—	—
小茴香酮	2479	4695 - 62 - 9	172.515	—

参考文献

Ashnagar, A.; Naseri, N. Gharib; and Davarian, S. K. 2007. Isolation and identification of the major chemical compounds found in fennel seeds (*Foeniculum vulgate*) grown in Mamesani (Fars Province), Iran. *Int. J. Chem. Sci.* 5 (2), 537 – 541.

Barazani, Oz; Fait, Aaron; Cohen, Yael; Diminshtein, Sofia; Ravid, Uzi; Putievsky, Eli; Lewinsohn, Efraim; and Friedman, Jacob. 1999. Chemical variation among indigenous populations of *Foeniculum vulgare* in Israel. *Planta Med.* 65 (5), 486 – 469.

Garcia-Jimenez, Noemi; Perez-Alonso, Maria Jose; and Velasco-Negueruela, Arturo. 2000. Chemical composition of fennel oil, *Foeniculum vulgate* Miller from Spain. *J. Essent. Oil Res.* 12 (2), 159 – 162.

Perajo, Irene; Viladomat, Francesc; Bastida, Jaume; Schmeda-Hirschmann, Guillermo; Burillo, Jesus;

and Codina, Carles. 2004. Bioguided isolation and identification of the nonvolatile antioxidant compounds from fennel (*Foeniculum vulgare* Mill) waste. *J. Agric. Food Chem.* 52 (7), 1890 – 1897.

Wu, Meihan; Nie, Lingyun; Liu, Yun; Zhang, Lei; and Wei, Liping. 2001. Study on chemical components of essential oil in *Foeniculum vulgare* from different areas by GC-MS. *Yaowu Fenxi Zazhi* 21 (6), 415 – 418 (Chinese) (*Chem. Abstr.* 137: 145162).

50 葫芦巴

拉丁学名：*Trigonella foenum-graecum* **L** （豆科）

引言

长期以来，葫芦巴一直在食品和药品中使用。葫芦巴味苦，但经烘焙后会形成香气。

由拉丁种名 *feonum-graecum* 而来的英文 "Fenugreek"（葫芦巴）一词，可能来自拉丁词，意为希腊干草。自从在图特安哈门墓中被发现以来，葫芦巴已有悠久历史。葫芦巴最有可能曾用于防腐。伊拉克发现的烧焦葫芦巴种子，经放射性碳检测，可以追溯到公元前 4000 年。某些古老食谱有葫芦巴记载。古人认为葫芦巴是一种生发剂，因而可用于治疗秃头。葫芦巴也曾被认为能使宫女产生性感乳胸。

植物材料

葫芦巴植物生长高度为 30~60cm。它具有浅绿色叶子，某些地区将葫芦巴当作色拉叶菜食用，印度某些地区也将它当蔬菜烹饪后食用。

然而，葫芦巴种子却是一种香料。葫芦巴种子包含于 10~15cm 长的细长喙荚中。长约 3mm 的光滑硬质种子，形似不规则碎砖粒。葫芦巴种子荚平均含 15 粒棕黄色种子。烘焙时，由于焦糖化作用，种子颜色变暗。蛋白质和碳水化合物相互作用会引起美拉德反应。许多植物产品中的糖和氨基酸之间的热反应会产生挥发性化合物，例如吡嗪类和内酯类。适当烘焙可使葫芦巴种子产生强度适当的香气和风味。

葫芦巴种子含有丰富的蛋白质（9%~10%）、碳水化合物（40%~45%）和固定油（7%~10%），还含有钙、铁、磷和一些维生素。埃塞俄比亚和其他北非国家用葫芦巴种子粉做面包，而印度人则将它们做成大饼。中国人最近的一项研究发现，葫芦巴籽所含粗蛋白水平为 54.06%，而多糖含量为 8.72%（Yang 等，2003）。

葫芦巴种子含有薯蓣皂苷配基和薯蓣皂苷元之类皂苷，并含有其他相关化合物。最近，研究者确定了两种新化合物：甲基原薯蓣皂苷和甲基甲基原翠雀皂苷（Yang 等，2005）。葫芦巴种子也含有胆碱和葫芦巴碱之类生物碱。由于富含半乳甘露聚糖，葫芦巴种子具有催乳作用，因此可供哺乳期妇女食用，以增加泌乳量。葫芦巴种子提取物也被作为睾酮补充剂或肌肉增加补充剂销售。古代东方女性已经知道用葫芦巴种子提振胸脯。葫芦巴籽脱苦后，以 1.5%~9% 低水平加入小麦面粉，可提高面粉的蛋白质水平，但同时降低了面粉的谷蛋白和碳水化合物水平（Sharma 和 Chauhan，

2000）。

伊斯兰世界将葫芦巴种子作为精华加入茶和糖果。犹太人有新年刚过食用葫芦巴种子的习俗。在美国，葫芦巴提取物作为风味物用于人造枫糖浆。

对胰岛素依赖性和非依赖性糖尿病患者进行的试验表明，葫芦巴种子有助于降低血糖水平。同样，已经了解到，葫芦巴种子可降低血清甘油三酯及低密度和高密度脂蛋白水平。然而，这些功效还需要更可靠的实验数据支持。

葫芦巴种子几乎不含精油。葫芦巴种子的风味来自于热效应化合物，因此，主要用烘烤种子获取提取物。

油树脂

葫芦巴种子要经过不同程度烘烤。葫芦巴籽在120℃温度下烤10～20min，会生产浓厚的烤香气味和风味。烤过的葫芦巴种子然后用辊磨机粉碎成粉末，并用甲醇或乙醇萃取，可得到稠厚的提取物产品。因此，必须趁热用丙二醇对这种提取物进行稀释。这主要是为了使提取物获得足够的流动性，以便使其能够从底部出口排出，也便于与其他配料混合处理。印度咖喱配方需要强风味的葫芦巴提取物。

葫芦巴种子可在80℃下温和地焙烤10～15min，然后用80%乙醇水溶液进行提取。在脱溶剂过程中，除去所有乙醇，留下微量水分。这种产品即使不使用丙二醇也具有水分散性。西方配方一般采用低强度烘烤风味。

虽然使用甲醇提取可得到满意结果，但葫芦巴种子必须采用乙醇之类可食用溶剂提取，特别是在这种风味物质以高水平加入人造枫糖浆之类产品时，更应如此，因为消费者（尤其是儿童）对这种产品的使用量可能较大。同样，最好避免使用丙二醇和各种乳化剂。

先提取再烘烤是一种较好的提取物制备方法。先用辊磨机粉碎葫芦巴种子，再用50%～60%乙醇水溶液进行提取。如果有必要，进行第二次，第三次提取。将提取物合并，然后除去所有乙醇，留下少量水。为此，要在微沸条件下慢慢搅动混合油，避免提取物的机械携带损失。得到易溶于水的提取物然后在110～120℃下烘烤8～10h，形成所需烘烤味。在封闭系统中，需用高于0.1MPa的适当压力达到上述温度。为了生产用于枫糖浆的风味剂产品，必须掌握葫芦巴种子风味物方面的技能和知识。烘烤温度过高或时间过长，会导致烧焦味，而不是所需的烘烤气味。不同生产商开发的风味物有细微差别。一般来说，烘烤的葫芦巴提取物在玉米糖浆中的使用水平在10%左右，商业焦糖液产品的葫芦巴提取物添加水平在10%～15%之间，可将风味调整到最佳状态。

葫芦巴完全提取物是一种使用水平非常低的昂贵提取物。这种提取物最初用乙醇提取，但也可是从油树脂分离得到的醇溶性馏分。烘焙程度取决于具体用途香气要求。通过冷冻去除蜡质，可形成完美的完全提取物，这种提取物几乎与花卉完全提取物一样。不同制造商所需的完全提取物具体香气均非常昂贵和独特。完全提取物可用于高档香烟、特殊香水和罕见饮料。

用途

葡芦巴提取物和油树脂的最大用途是作为风味剂用于人造枫糖浆，这种糖浆深受美国人和加拿大人喜爱。烤葫芦巴提取物具有很强的咖喱风味，因此可广泛用于咸味熟制品。未焙制的烤葫芦巴种子提取物，主要包含固定油，带有持久性极强的芹菜气味，因此已经引起香水专家的关注。葫芦巴提取物也可作为风味剂用于烟草。

识别编号

	FEMA 编号	CAS	US/CFR	E - 编号
葫芦巴提取物	2485	84625 – 40 – 1	182. 20	—
葫芦巴油树脂	2486	84625 – 40 – 1	182. 20	—
葫芦巴完全提取物	2486	84625 – 40 – 1	182. 20	—

参考文献

Sharma, H. R.; and Chauhan, G. S. 2000. Physico-chemical and rheological quality characteristics of fenugreek (*Trigonella foenum-graecum* L) supplemented wheat flour. *J. Food Sci. Technol.* 37 (1), 87 – 94.

Yang, Yong-Li; Sun, Shuang-yan; Cui, De-feng; Zhang, Yu-Lan; Yao, Jian; and Zhang, Ji. 2003. Study on physical and chemical contents in seeds of *Trigonella foenum-gracum* L. *Xibei Shifan Daxue Xuebao, Ziran Kexueban* 39 (1), 64 – 65, 73 (*Chem. Abstr.* 138: 317522).

Yang, Weixing; Huang, Hongyu; Wang, Yongjiang; Jia, Zhiyan; and Li, Linlin. 2005. Study on chemical constituents in total saponins from *Trigonella foenum-graecum. Zhongguo Zhongyao Zazhi* 30 (18), 1428 – 1430 (Chinese) (*Chem. Abstr.* 147: 296080).

51 大高良姜

拉丁学名：*Alpiniagalanga*（L）Willd（姜科）

引言

大高良姜（也称为良姜）原生于爪哇岛和马来西亚，因此，被称为"爪哇良姜"。由于大高良姜是一种用于印尼和泰国烹饪的香料，因此也被称为"蓝姜"或泰国高良姜。有一些属于姜科的高良姜根，有时被统称为假姜。

早期文献也提到同样适用于大高良姜和小高良姜的植物。最早提到这类植物的是公元 9 世纪的阿拉伯地理学家 Ibn Khurdabah。他将良姜整理在了一份"西拉国"产品清单中，据认为"西拉国"指中国（Pruthi，1976）。若干年以后，Plutarch 提到埃及人将高良姜作为熏蒸香料使用。马可·波罗也提到过中国的高良姜生产。

植物材料

大高良姜植物是一种由根茎生出的硬茎，它带有许多长叶。该植物的生长高度为 3～3.5m。大高良姜具有披针形绿色叶子，叶子呈长椭圆形，叶端尖。该植物开绿白色花朵，结红色小果实。果实香气类似于传统中药中使用的豆蔻香气。

高良姜根茎具有该植物特有的风味，可用于提取高良姜精油。高良姜根茎比正常生姜硬，需要重型刀具才能切开。新鲜的高良姜较容易切片，干燥后再切片较费劲。乳白色皮内物具有略类似于辣椒和松树的风味，带有樟脑味。通常采用刮擦法去皮。高良姜切片可用盐水腌或干燥方法保存。高良姜大量用于泰国、印度尼西亚和马来西亚烹饪，加勒比烹饪中也有少量应用。参见照片 15。

早期研究表明，大高良姜含有甲基肉桂酸、桉树脑、樟脑和双戊烯。它含有槲皮素和黄酮类多酚聚合产物。马来西亚大高良姜根茎中已有 40 种组分得到确定，占精油总量 83%～93%。这些组分包括佳味醇、佳味醇乙酸酯、丁香酚、丁香酚乙酸酯、单萜类、醇类、酯类和倍半萜烯（Pooter 等，1985）。近年来，报道过 1′－乙酰氧基佳味醇乙酸酯，这种物质具有化妆品皮肤护理性质。这也被认为是传统上使用大高良姜治疗花斑癣和其他疾病的原因（Nguyen 和 Huynh，2005）。大高良姜含有维生素 A、维生素 C 及钠和铁之类矿物质。大高良姜的非挥发性成分具有抗炎症特性和抗氧化性能。最近，Zhuo 和 Li（2007）对 1′－乙酰氧基佳味醇乙酸酯进行过临床研究。

最近一项（Wang 和 Wang，2008）对良姜植物主要成分研究发现，这种植物含有二芳基庚烷、萜类、黄酮、挥发油、简单苯丙酸和类固醇。

照片 15　大高良姜切片（参见彩色插图）

精油

　　用水蒸气蒸馏干燥粉碎后的大高良姜，可得到挥发性油。在工业化生产中，经过约 16h 的水蒸气蒸馏，精油的产率为 2.5%。

　　大高良姜精油是一种淡黄色流动液体，具有典型大高良姜根茎的轻度刺激性泥土樟脑香气。作者实验室获得的基于商业化生产的大高良姜精油物理特性如下：

旋光度（25℃）　　　　　　　　　　+4° ~ -12°

折射率　　　　　　　　　　　　　　1.4620 ~ 1.4690

相对密度　　　　　　　　　　　　　0.8480 ~ 0.8750

　　2006 年，Menon 对大高良姜植物不同部位的挥发性油进行了广泛研究。由根茎得到的挥发油含有胡萝卜醇（26.7%）、1，8 - 桉叶素（30.3%）、β - 蒎烯（6.5%）、樟脑（5%），以及醋酸莳（7.2%）。根油含有莳基乙酸甲酯（30.5%），以及 1，8 - 桉叶油素和柠檬烯。叶油的主要成分是醋酸莳（20.7%）和 β - 石竹烯（40.5%），而梗油的主要成分为库毕醇（28.4%）。

　　表 51.1 所示为基于商业化生产的大高良姜油分析结果。主要成分为胡萝卜醇，其次是桉树脑。

表 51.1　　　　　　　　　　　　　爪哇高良姜油分析

成分	含量/%
α–蒎烯	1~2
1,8–桉叶素	22~28
丁香酚	2~3
卡拉醇	30~40

大高良姜油树脂，可用己烷对经辊式粉碎机粉碎的干燥物料提取得到，产率范围在1.8%~2%。这种油树脂中的挥发油含量在12%左右。

用途

大高良姜根茎是一种东南亚烹饪常用调味品。在加工食品中，大高良姜油和油树脂非常有用，因为可使风味强度标准化。使用大高良姜根颗粒时，可能引起污染。如果使用浸提物，则可避免这类问题。

含有乙酰氧基佳味醇乙酸酯的提取物，可用于医药和化妆品制剂。

识别编号

	FEMA 编号	CAS	US/CFR	E–编号
Alpinia 种大良姜根油	2500	8024–40–6	182.20	—
Alpinia 种大良姜根提取物	2499	8024–40–6	182.20	—

参考文献

De Pooter, Hermman L.; Muhammad, Nor; Omar, Coolsaet; Brigitte, A.; and Schamp, Niceas M. 1985. The essential oils of greater galangal (*Alpinia galanga*) from Malaysia. *Phytochemistry* 24 (1), 93–96.

Menon, N. A. 2006. Chemical composition of the volatile oils of *Alpinia galanga* plant parts from Kerala. *J. Essent. Oil-Bearing Plants* 9 (3), 277–282.

Nguyen, Dinh Nga; and Huynh, To Quyen. 2005. Determination of chemical structure of *Pityrosporum orbiculare* antifungal agent from *Alpinia galanga* Swartz from Vietnam. *Tap Chi Duoc Hoc* 45 (4), 17–21 (Vietnamese) (*Chem. Abstr.* 144: 428869).

Pruthi, J. S. 1976. *Spices and Condiments.* New Delhi: National Book Trust, pp. 123–125.

Wang, Xiuqin; and Wang, Peixian. 2008. Chemical constituents of *Alpinia plants. Xibei Yaoxue Zazhi* 23 (2), C3-C4 (Chinese) (*Chem. Abstr.* 149: 528591).

Zhuo, Xin–ming; and Li, Bo-an. 2007. Current research progress in the biological activity of ACA, a kind of natural chemical compound. *Guowai Yixue*, *Yaoxue Fence* 34 (3), 181–186 (Chinese) (*Chem. Abstr.* 148: 345693).

52 山柰

拉丁学名：*Kaempferia galagna* **L**（姜科）

引言

由于山柰随处可见，因此，通常被误称为"小良姜"。有时山柰也被称为沙姜（*kencur*）。不管怎样，山柰是三种或四种"伪"生姜之一，风味和外观类似于高良姜根茎。一些植物学家将它称为"复活百合"。然而，一般来说，这只是其植物学俗名。

山柰根茎粉可用于巴厘岛菜肴。山柰叶子经细粉碎后可用于一种马来西亚色拉。山柰根茎和叶子均可用于咖喱鱼调味。山柰嫩叶也可与虾酱一起作为原料蔬菜生食。

植物材料

山柰为多年生芳香性光滑草本植物，具有宜人外观。它在地面上有两张或多张平展的叶子（Warrier，1993），叶柄很短，呈细椭圆形，深绿色。山柰的紫斑点白色花朵，开在长 2.5cm 的管状花冠上，两个花冠相互连接形成方形双弧附体。山柰果实为长椭圆形，假种皮种子位于三室四节子囊中。

山柰的芳香性地下部分是其重要组成部分。它具有一个或多个垂直取向突出根块。这些主根块还带有许多二级根块，其尖端部为块茎根。山柰的块茎、根和叶均具有药用价值。山柰的根茎味苦，具有热辣性，可用于驱风、利尿、祛痰、助消化和用做兴奋剂。山柰是阿育吠陀疗法的常用药物。山柰具有胡椒和樟脑风味。

精油

利用辊磨机将山柰磨成粉，然后用水蒸气蒸馏，可得到1%左右的精油。低压下用蒸汽蒸馏的时间约为24h。

山柰精油为轻质绿褐色流动液体，具有山柰根茎特有的气味，即胡椒和樟脑气味。作者实验室获得的山柰精油物理特性如下：

旋光度（25℃）	$-3° \sim -6°$
折射率（25℃）	$1.4700 \sim 1.4855$
相对密度	$0.8620 \sim 0.8850$

一些来自山柰精油生产商的化学分析结果见表 52.1。最突出的成分是乙基－对－甲氧基肉桂酸。

表 52.1 山奈精油成分

成分	含量/%
α-蒎烯	1~2
莰烯	2~3
3-蒈烯	8~14
柠檬烯	3~6
乙基-对-甲氧基肉桂酸	30~44

山奈用水蒸馏得到的挥发油可用 GC-MS 检测（Tewtrakul 等，2005）。鉴定得到的主要成分是乙基-对-甲氧基肉桂酸（31.77%）、甲基肉桂酸（23.23%）、香芹酮（11.13%）、桉叶油素（9.59%）及十五烷（6.41%）。虽然有人注意到山奈存在某些抗微生物活性，但它基本上没有抗氧化活性。加热干燥山奈通常会影响其抗氧化活性（Chan 等，2009）。

用途

山奈根茎被广泛用于东南亚烹饪。在加工食品中，最好选用山奈精油，以免污染和便于标准化。山奈精油也可用于医药制剂。

参考文献

Chan, E. W. C.; Lim, Y. Y.; Wong, S. K.; Lim, K. K.; Tan, S. P.; Lianto, F. S.; and Yong, M. Y. 2009. Effects of different drying methods on the antioxidant properties of leaves and tea of ginger spices. *Food Chem.* 113 (1), 166-172.

Tewtrakul, S.; Yuenyongsawad, S.; Kummee, S.; and Atsawajaruwan, L. 2005. Chemical components and biological activities of volatile oil of *Kaempferia galanga* Linn. *Songklanakarin. J. Sci. Technol.* 27 (2), 503-507.

Warner, P. K. 1993. *Indian Medicinal Plants.* Madras: Orient Longman, vol. 3, pp. 274-278.

53 小高良姜

拉丁学名：*Alpinia offienarum* Hance（姜科）

引言

小高良姜是南亚和东南亚烹饪和医药中应用的另一种类型的高良姜植物。有关高良姜不同成员之间存在着相当大的混乱。这种块茎俗称"中国根"。小高良姜不同于大高良姜（*Alpinia galana*）和山奈（*Kaempferia galanga*）。

该植物在植物学分类以前，其根茎就已经在欧洲使用了五百多年。这种根茎起源于中国南方的海南岛。它曾在中国南方沿海地区种植，并由上海出口。如大高良姜一样，这种茎根也与阿拉伯有关；英文"galanga"一词来源于阿拉伯语。然而，在许多历史描述中，这三个品种的高良姜常被混淆。

即使用于烹饪，这种高良姜植物的来源仍然是最关键的，因为所述的三种类似植物均有刺激性辛辣气味特点。它们都与生姜有关，这也说明了为什么这类高良姜植物均被统称为"假姜"。

植物材料

小高良姜药草高约 2m，具有修长的姜叶特征。其叶具有平行光滑茎络，长约 30cm，宽度在 5～10cm 之间，叶子呈大幅度渐尖形。花朵具有简单穗状花序，具有短而突出的管状花萼及由三个室构成的白色花冠。这种植物的花朵有一带红茎的大型卵形唇瓣。每朵花具有花药雄蕊、内子房雌蕊，及细花柱。

小高良姜根茎本身分枝，根茎总长 4～7cm，茎粗小于 2cm。一般情况下，它们被斜切成拟柱状片，要去除根茎上留有的白色疤痕。小高良姜根表面呈红棕色，内部为浅色。这种根茎的香气与其他高良姜类似，也就是说，具有刺激性樟脑气味。干燥后的植物材料会变坚韧，不易折断。

较早文献表明，小高良植物的主要成分为淀粉。这种植物含有挥发油和非挥发性馏分（如高良姜醛、高良姜素和山奈素）。高良姜素是一种二氧黄烷醇。山奈素实际上由三部分组成，在 220℃ 时熔化，不溶于水，但溶于乙醚。

中国根良姜是一种兴奋剂，具有驱风和肠胃胀气性。它可用于治疗肠胃功能紊乱、呕吐和发烧。小高良姜是牛用良药。

精油

有关小高良姜挥发油商业化生产的信息非常有限。Indrayan 等（2007）发表过一份用水蒸气蒸馏提取印度西孟加拉邦小高良姜根茎精油的报道。报道的主要成分为 1，8 – 桉叶素（53.39%）。同时报道成分还有 δ – 3 – 卡伦（8.96%）、β – 蒎烯（4.29%）、莰烯（2.81%）、柠檬烯（2.80%）、异丁香烯（2.52%）、樟脑（2.35%）、α – 蒎烯（2.27%）、γ – 萜品烯（2.23%）和 γ – 小豆蔻烯（2.17%）。小高良姜油具有针对革兰氏阳性菌和革兰氏阴性菌的抗菌活性，还具有针对白色念珠菌的抗真菌活性。

用途

小高良姜根茎可用于许多亚洲烹饪厨艺。小高良姜油可方便地作为风味剂用于加工食品。此外，小高良姜提取物还具有可开发药用特性。

参考文献

Indrayan, A. K.; Garg, S. N.; Rathi, A. K.; and Sharma, V. 2007. Chemical composition and antimicrobial activity of *Alpinia officinarum* rhizome. *Indian J. Chem. B Org. Chem.* 468 (12), 2060 – 2063.

54 藤黄果

拉丁学名：*Garcinia cambogia* Desr（藤黄科）

引言

近年来，藤黄果已引起人们很大关注，因为其果实所含的酸具有控制消费者体重的功能。然而，这种俗称为"马拉巴尔罗望子"的果实，多年来一直是南亚人非常喜爱的食品酸味剂。西南印度和斯里兰卡人利用藤黄果干皮制备鱼咖喱和其他食品。某种程度来说，这是一种获得性味道，因为它具有酸中带涩的滋味。据认为，含酸水平高的藤黄果可非常有效地保存食品，在冰箱成为家庭常用电器之前，这是一种重要考虑因素。

藤黄还具有饱食感和饱腹感。一般情况下，古老阿育吠陀医学体系认为酸性食物可刺激新陈代谢。古时候，人们将藤黄树皮渗出的天然油树脂用于各种药膏。

但是，作为调味料使用的是藤黄的果实，藤黄果可用于提取风味物质。藤黄果具有调控代谢，有效控制脂肪积累和体重增加的特殊功能，这方面非常值得进一步探索。

植物材料

藤黄植物为常绿小乔木。它具有圆形树冠和略下垂水平分枝（Majeed 等，1994）。藤黄树干具有光滑树皮，高度为 5~8m。藤黄树叶为椭圆形，并呈闪亮深绿色。藤黄花为单性、无柄，并具有叶腋。藤黄花具有四枚圆形黄色萼片，并带有同样数量的玫瑰彩色大花瓣。藤黄植物具有四个或八个球状子房。

藤黄果虽然个体较小，但酷似黄色或红色小南瓜。藤黄果呈球形，口味酸甜，具有白色多汁果浆。藤黄果皮厚韧，果浆内嵌六至八颗种子。干燥后的藤黄果颜色变为近黑色。藤黄果比罗望子坚韧，含果肉较少。照片 16 所示为藤黄果和干藤黄果肉。

化学组成

藤黄果含 30%（−）羟基柠檬酸（Lewis 和 Neelakantan，1965）。这种酸的结构如图 54.1 所示。羟基柠檬酸是柠檬酸的衍生物，存在于某些热带水果。在存储中，这种酸可以转换成内酯。Rama 等（1980）确定了藤黄的特征性化合物 cambogin。

(A)

(B)

照片 16　（A）藤黄果（B）藤黄果肉（参见彩色插图）

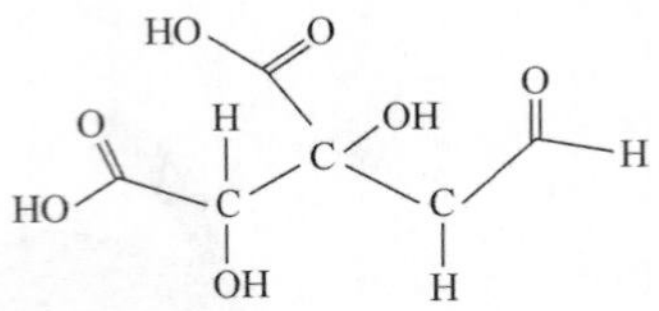

图 54.1　羟基柠檬酸

提取

藤黄果没有精油。干藤黄果可用开水提取。重复提取三四次后，将提取液合并，再用适当过滤器过滤，然后进行蒸发浓缩，可得到深色糖浆状浸膏。这种浓缩物的总可溶性固形物含量范围在 60~70°Bx，可作为风味剂使用。

近年来，研究重点已转移到了藤黄果的羟基柠檬酸。这种酸容易发生内酯化。内酯并非干预脂肪形成的有效化学物质。为了克服这种缺点，比较流行做法是将羟基柠檬酸转化为钙盐，但也可将其制成钾衍生物。

采用容量 300~600kg 的不锈钢容器进行间歇式提取。一般来说，加水量为被提取植物重量的三倍。约一半水量用于第一次提取，其余的水分成两部分，用于随后的两次提取。混合物在搅拌条件下用蒸汽夹套加热。进入提的主要是由羟基柠檬酸构成的水溶性成分。将第一次提取得到的水液从提取容器倒出，置于一边，再进行随后的两次提取。提取温度范围控制在 60~70℃。将所有提取液合并进行浓缩，然后用氢氧化钠处理，将 pH 调整到 8~9 之间，而温度保持在 70℃。加入经过计算定量的氯化钙，使酸转换为钙衍生物。要仔细冲洗掉钙盐，以消除任何多余化学品。添加过量或冲洗不彻底，会导致一些宝贵的微溶性羟基柠檬酸钙衍生物流失。利用装滤布的篮式离心机可方便地进行过滤和洗涤。排干水后，将湿滤饼移除，并用烘箱在 90~100℃ 条件下进行干燥。根据客户要求，可将干饼磨成粉。由于羟基柠檬酸钙要装在胶囊中使用，因此必须调整其松密度，以便填充在适当的胶囊中。

（一）羟基柠檬酸钙衍生物是一种淡棕灰色粉末，具有适当咸味，但无臭味。可按客户要求，调整其粒度。其松密度范围通常在 0.5~0.7g/mL 之间。

产品存储的最佳水分含量应保持在 6% 以下。钙含量范围通常在 18%~21% 之间。用 HPLC 测定羟基柠檬酸含量时，必须使用纯品作标准样。根据市场需要，羟基柠檬酸含量可在 55%~65% 之间调整。为了达到 10% 的溶解水平，必须将 pH 调整到 8~10 之间。

作用机制

三羧酸循环代谢过程中，柠檬酸盐在柠檬酸盐裂解酶系帮助下，转化成乙酰辅酶 A（Majeed 等，1994）。这一过程中，如遇到提供的（一）羟基柠檬酸，则部分酶将被用于处理这种酸，从而会使乙酰辅酶 A 形成速率放缓。乙酰单元是脂肪合成的基本单位。因此，消耗（—）羟基柠檬酸会减慢脂肪合成，从而降低脂肪积累。但是，为了进行有效干预，羟基柠檬酸必须为直链形式，而不是内酯式。将这种酸转换为金属衍生物可以确保这种要求。羟基柠檬酸钙可释放出能在一段时间内保持直链形式的酸，以便其发挥有效作用。摄取羟基柠檬酸钙盐的最佳时间是主餐前约 1h。在营销过程中，可加入一些微量营养素，以增加其价值。钙本身是一种很好的营养物，因此，加钾盐不如钙盐好。

最近，Yamada 等（2007）综述过羟基柠檬酸作为 ATP – 柠檬酸裂解酶抑制剂的作用，也讨论了它的结构和特性。

用途

马拉巴罗望子的水提取物可当果实使用。这种提取物甚至可在没有藤黄果的场合作替代物使用。身居外国的印度南方人特别喜欢藤黄提取物，因为这种提取物可作为调料用于其喜爱的咖喱鱼。由于藤黄提取物为酸性，因此有助于食品制备物保存。

藤黄果的最大价值是用作体重调节补充剂。主餐前食用羟基柠檬酸钙衍生物，有助于调节新陈代谢，减少甘油三酯形成。

参考文献

Lewis, Y. S.; and Neelakantan S. 1965. （–）Hydroxy citric acid – the principal acid in the fruits of *Garcinia cambogia* Desr. *Phytochemistry* 4, 619 – 625.

Majeed, Muhammed; Rosen, Robert; McCarty, Mark; Conte, Anthony; Patel, Dilip; and Butrym, Eryc. 1994. *Citrin: A Revolutionary, Herbal Approach to Weight Management*. Burlingame, CA: New Editions, pp. 1 – 69.

Rama Rao, A. V.; Venkataswamy, G.; and Pendre, A. D. 1980. Comboginol and combogin. *Tetrahedron Lett.* 21, 1975 – 1978.

Yamada, Takashi; Hida, Hiroyuki; and Yamada, Yasuhiro. 2007. Chemistry, physiological properties and microbial production of hydroxy citric acid. *Appl. Microbiol. Biotechnol.* 75 (5), 977 – 982.

55 大蒜

拉丁学名：*Allium sativum* **L**（葱科）

引言

大蒜属于洋葱家族。由摩西时代著作可以看出，古罗马人和古埃及人已经熟悉大蒜。据认为，大蒜起源于西亚。前基督教时代，希腊人和罗马人认为大蒜有超自然品质，因此，当时的水手会带上大蒜以期望能免除海难风险。传说以色列人在其从埃及出发的旅程中带上了大蒜味。

虽然古代人对大蒜的作用有许多不同说法，但其主要还是被用作食品调味料。然而，有些人厌恶大蒜味，并会避免消费大蒜。中国某些名流群体通常认为食品中的大蒜味令人反感，因为大蒜会使食用者口臭。

植物材料

大蒜是一种开小白花的多年生地下球茎植物。由于该植物的有用部分位于地下，因此，需将整株植物拨出地面才能使用，从而，实际上每季大蒜需要重新栽种。大蒜球茎由 6～35 片小鳞茎构成，这些小鳞茎外包有白、黄或粉红色纸状鞘层。照片 17 所示为大蒜球茎和小鳞茎。

照片 17　大蒜（参见彩色插图）

　　大蒜比洋葱需要稍肥沃的土壤。排水良好的适度黏质土壤适于大蒜生长。理想情况下，其生长过程需要有凉爽湿润期，而成熟期需要较干燥季节。这种作物生长到4~5个月时顶部开始变略黄或棕色，进入成熟期。从地下采收出来后，要将大蒜球茎置于荫凉处风干3~4d，然后将顶部植株部分除去，再在室温条件贮存。

　　大蒜可在全球许多无极端气候的不同地区种植。中国是最大的大蒜生产国，据统计，其年产量在1.5~1.6万t间，约占全球产量的75%。其他大蒜生产国有印度（4%）、韩国（2%）、俄罗斯（1.6%）和美国（1.4%）。在美国，大多数大蒜生产分布在加利福尼亚州的吉尔罗伊地区，该地区自称为"世界大蒜之都"。不过，随着硅谷发展和随后的建筑工地增长，很快改变了该地区的大蒜生产地位。

化学组成

　　大蒜受到擦伤或加工处理会释放大蒜香气和风味。大蒜细胞破碎时，所含的蒜氨酸会与蒜氨酸酶接触，生产含硫化合物大蒜素。大蒜素不稳定，会进一步分解成更简单的含硫挥发性化合物，如二烯丙基二硫化物和其他硫化物。

　　蒜氨酸是大蒜素前体，对热相当敏感，因此，使用乙醇提取时应将温度控制在0℃以下。大蒜素本身也对GC分析所用的高温敏感，并可通过脱水反应转变成环状化合物（Singh，2009）。对GC数据分析解释时，需要考虑到这个因素。

　　大蒜香气形成的化学反应相当复杂，但已得到很好研究。这方面更多细节，读者可参考各种评论（Abraham等，1976；Choi等，2007）。

精油

　　蒸馏大蒜油时必须特别注意，大蒜油是一种重性油状物。蒸馏大蒜的装置要改成可进行回流和使用水蒸气蒸馏的装置。否则，非常难以使大蒜细胞释放出精油。一种实用的做法是，回收冷凝水，同时通入蒸汽进行水－水蒸气蒸馏。大蒜油蒸馏及收集时间为7~10h，具体时间取决于大蒜品种和蒸汽压力。印度大蒜的产油率在0.2%~0.3%。有些中国大蒜品种甚至有更高得油率。

　　利用酶对大蒜结构组织进行分解，可增加大蒜挥发油产率。纤维素酶、果胶酶和蛋白酶处理，均可提高蒸汽蒸馏和水蒸馏的大蒜油产率（Sowbhagya等，2009）。大蒜泥可用酶液处理，用柠檬酸液将其pH调整到4.5~5.0范围，并在（50±2）℃下保温90min，然后进行蒸馏。用果胶酶处理的效果最好，可使大蒜油产率增加0.28%~0.51%。

　　大蒜油呈黄褐色，具有强刺激性香气。高浓度时大蒜气味可能令人讨厌，因此用于食品制品时，必须适当稀释。大蒜油成分含60%左右的二烯丙基二硫化物，20%的大蒜素，并有微量蒜氨酸和大蒜素。大蒜的特征性香气可来自二烯丙基二硫化物。

　　不同品种大蒜可有不同强度的大蒜油。印度大蒜油通常较中国大蒜油强。大蒜油的气味强度比新鲜大蒜香气强500~1000倍。

根据食品化学法典定，大蒜油为黄色到红橙色清晰液体，具有大蒜特有的强烈刺激性气味和风味。可溶于大多数固定油和矿物油。它不溶于甘油、丙二醇和乙醇。

由食品化学法典定义的大蒜油物理特性如下：

折射率（20℃）   1.550～1.580

相对密度   1.050～1.095

笔者的实验室未发现大蒜油有旋光度，但可将它以描述为 0 到 +1°。

油树脂

烘烤和未烘烤过的大蒜油树脂均可用于食品调味。为了制备"绿色"未烘烤大蒜油树脂，需要将破碎的大蒜与少量水混合，然后将混合物中的水溶性汁液与水一起挤出或沥出。可用少量水再次重复此步骤。然后，再用己烷萃取残余物。萃取过程中，溶剂由装有残余物的容器底部加入，并在环境温度下从顶部收集萃取后的混合油。这样的提取重复两到三次，然后合并己烷萃取混合油，脱除溶剂后便得到油状风味浓缩物。这种提取物的产率为原料基准的 0.2%～0.3%。此提取液加入水提取物可获得具有令人满意风味特征的绿色油树脂。水溶性油树脂的产率取决于用水量，但为保证有效强度，最好将产率限制在 10%～15%。

为得到烘焙油树脂，破碎后的蒜泥要在 100～120℃ 温度下短时间焙烧，具体焙烧时间根据所需焙烧强度确定。焙烧材料冷却后用己烷萃取。合并萃取混合油并在溶剂脱除后，便可得到风味浓缩物，浓缩物产率较低，范围在 0.1%～0.2%。这一浓缩物用固定油、甘油单酯和甘油二酯适当稀释后便得到烘烤油树脂。

压榨汁用水提取与非极性香气组分己烷提取结合，再焙烧到所需水平，可对油树脂制造进行很大调整。烤过的己烷提取物，也可与水提取物混合，使之成水溶性。加入乳化剂和稀释剂，不仅会降低每单位重量成本，而且也可增加处理的方便性。加入一些蒸汽蒸馏油可改善香气，但成本也将增加。

近年来，人们对大蒜化学成分进行了相当多的研究，特别是在中国。人们利用冷注射进样和低温冷提取，研究新鲜大蒜中的有机硫化合物。热降解之前存在的主要成分为 3 – 乙烯基 –4H –1，2 – 噻因和 2 – 乙烯基 –4H –1，3 – 噻因（Zheng 等，2006）。人们用不同条件研究了各种烯丙基硫化物，其中有些是以前所了解的（Jirovetz 等，2001；Guo 等，2005；Tian 等，2005）。

超临界二氧化碳大蒜萃取物经 GC – MS 分析显示，大蒜含 16 种化合物。它们包括二烯丙基二硫醚、3 – 乙烯基 –1，2 – 二硫杂 – 环己 –5 – 烯、2 – 乙烯基 –1，3 – 二硫代 – 环己 –5 – 烯和二烯丙基三硫化物（Zhang 等，2002）。超临界萃取得到的挥发油与水蒸气蒸馏得到的油进行了比较：超临界萃取物中鉴定出了 23 种化合物，水蒸气蒸馏物鉴定到 21 种化合物。前者多了 3 – 甲基叔丁基烯丙基硫醚和正己醛。Luo 等 （2008）对这种组分差异进行过讨论。

用途

大蒜是一种广泛使用的咸味食品风味剂。其浸出物可以用于加工食品，如汤、酱、咖喱粉和干制备物。

据报道，大蒜提取物能抑制血小板凝聚，并有助于降低胆固醇水平。大蒜还表现出降血糖作用，并对曲霉菌和念珠菌有抗真菌作用。这些性质可拓展用于加工食品。食用大蒜可降低心血管疾病和癌症风险（Lin 等，2000）。

大蒜含硫量高，适用于使皮肤、头发和指甲柔软和光滑。大蒜也含有硒，与维生素 E 之类的抗氧化剂一起，可有效阻止组织老化过程。除抗菌作用外，大蒜提取物也是一种有效驱蚊剂（Singh，2009）。

识别编号

	FEMA 编号	CAS	US/CFR	E – 编号
大蒜油	2503	8000 – 78 – 0	184. 1317	—
大蒜辣素	—	8000 – 78 – 0	184. 1317	—
		8008 – 99 – 9		

参考文献

Abraham, K. O.; Shankaranarayana, M. L.; Raghavan, B.; and Natarajan, C. P. 1976. Alliums—varieties, chemistry and analysis. *Lebensm. -Wiss. Technol.* 9, 193 – 200.

Choi, Mi Kyung; Chae, Kyung-Yeon; Lee, Joo-Young; and Kyung, Kyu Hang. 2007. Antimicrobial activity of chemical substances derived from S-alk (en) yl-L-cysteine sulphoxide (alliin) in garlic, *Allium sativum* L. *Food Sci. Biotechnol.* 16 (1), 1 – 7.

Guo, Xiaofei; Du, Ailing; Guan, Congsheng; Pan, Guangmin; Du, Aiqin; and Wang, Weiqiang. 2005. Analysis of volatile oil of garlic by gas chromatography – mass spectrometry *Se Pu* 23 (5), 548 – 550 (Chinese) (*Chem. Abstr.* 144: 288717).

Jirovetz, Leopold; Ngassoum, Martin Benoit; and Buchbauer, Gerhard. 2001. Analysis of garlic (*Allium sativum*) compounds using SPME-GC-FID, SPME-GC-MS and olfactometry. *Recent Res. Dev. Agric. Food Chem.* 5, 144 – 148.

Li, Li-mei; Wang, Rui-hai; Chen, Lin; Ding, Jia-xin; and Zhang, Qiu – hai. 2006. RP-HPLC analysis of diallyl disulphide and diallyl trisulphide in garlic oil from *Allium sativum. Zhongcaoyao* 37 (9), 1345 – 1347 (Chinese) (*Chem. Abstr.* 148: 175989).

Lin, Alwin C.; Salpietro, Salvatore, J.; Deretey, Eugen; and Csizmadia, Imre G. 2000. Multidimensional conformational analysis of methyl disulfide: a key compound of garlic. *Can. J. Chem.* 78 (3), 362 – 382.

Luo, Lan; Liu, Jiajia; and He, Shulan. 2008. GC – MS comparative analysis of garlic volatile oil by different extraction methods. *Zhongchengyao* 30 (1), 139 – 141 (Chinese) (*Chem. Abstr.* 149: 373888).

Singh, Soni Dharmendra. 2009. *Allium sativum* L (garlic) in cosmetics. *FAFAI J.* 11 (4), 51 – 61.

Sowbhagya, H. B.; Kaul, T. Purnima; Florence, Suma P.; Appa Rao, A. G.; and Srinivas, P. 2009. Evaluation of enzyme-assisted extraction on quality of garlic volatile oil. *Food Chem.* 113, 1234 – 1238.

Tian, Li; Yang, Xiuwei; Tao, Haiyan. 2005. Analysis of volatile components of garlic (*Allium sativum* L.) by GC-MS. *Tianran Chanwu Yanjiu Yu Kaifa*, 17 (5), 533 – 538.

Zhang, Zhongyi; Lei, Zhengjie; Wang, Peng; and Wu, Huiqin. 2002. Studies on chemical composition of garlic by supercritical CO_2 fluid extraction and molecular distillation. *Fenxi Ceshi Xuebao* 21 (1), 65 – 67 (Chinese) (*Chem. Abstr.* 137: 75889).

Zheng, Ping; Sheng, Xuan; Ding, Yuansheng; and Hu, Yanyun. 2006. Study of organosulphur compounds in fresh garlic by gas chromatography/mass spectrometry incorporated with temperature programmable cold on-column injection. *Se Pu* 24 (4), 351 – 353 (Chinese) (*Chem. Abstr.* 145: 395785).

56 姜

拉丁学名: *Zingiber officinale* **R** (姜科)

引言

古代印度人既在烹饪中用姜，也把姜当药物使用。阿育吠陀疗法已经了解姜的助消化和驱风功能。

姜所属的姜科植物，有几种灌木，包括姜黄和高良姜。据信，该组植物成员，很多起源于亚洲热带森林。历史记录显示，生姜在古希腊和罗马已经流行，当时的生姜由阿拉伯商人提供。据认为，公元前约 2500 年，希腊面包师制作了第一块姜饼。罗马人将这种作物种植在不同地区。中国哲学家孔子和希腊医学家迪奥斯科里季斯的著作，均描述过生姜。马可·波罗的中国游记中也提到过生姜的好处。在 15 世纪，伽马在其探索印度喀拉拉邦海岸的日记中也提到过姜。

世界各地多出现烹饪目的种植生姜，当然，也有一些国家用生姜来加工姜干。早期人们将大量生姜蘸过石灰水后制成干姜。这种做法是为了控制污染，特别是害虫侵袭。随着良好干燥条件、存储系统和运输手段出现，"石灰姜"产量越来越少。日晒干姜可用做提取原料。

植物材料

生姜是一种多年生植物。这种植物有一根高度在 0.5~1m 的细梗。生姜的绿色细叶长度在 15~20cm，宽度在 1.5~2cm，叶子的中脉有点突出。生姜植物花呈黄绿色，常带紫色条纹。姜花很少形成果实，但形成的果实为三角椭圆形囊状物，内含大量不规则深色种子（照片 18）。

姜植物有商业价值的部分是长地下的根茎。这种根茎呈浅黄色形状大小不规则的粗壮分叉体。分成若干分叉的根茎称为"姜指"。姜茎块有二级分支，偶尔也有三级分支。姜植物的根长在根茎侧面和下面适当位置。姜茎块具有典型辛辣芳香风味。由于收获姜根茎要将其从地下拔出，因此，姜跟一年生植物一样，必须每年种植。

姜可在不同地理和气候条件地区生长。因此，姜存在大小、形状、纤维量、多汁性和风味特性等方面差异。产姜过剩的国家会将姜加工成干姜。主要干姜生产国有印度、中国、尼日利亚、塞拉利昂和牙买加。直到几年前，牙买加姜还受到好评。牙买加姜大部分是用石灰处理过的姜。然而，牙买加姜的总产量非常低，因此，不再被认为是重要商业干姜品种。印度的科钦姜，目前被认为是顶级品种姜。为了方便日晒，

照片 18　　（A）姜田　　（B）根朝上的姜根茎
（C）按顺时针方向从左下角起：去皮干姜，姜辣素，
两个姜油样品和鲜姜（参见彩色插图）

姜根茎的平坦侧面要用铁刀刮擦。这是一个费力过程,所获得的干姜称为"脱皮姜"。尼日利亚姜也日趋流行,当地沿纵向将姜根茎切成两个半,称为"破开姜"。

科钦姜和尼日利亚姜是最流行的姜油和姜油树脂原料。中国姜较厚较大,但其风味一般被认为较逊色。然而,由于其价格较低,并且可大量生产,因此其重要性正在上升。澳大利亚姜具有优雅柠檬味,所以大部分可在新鲜状态下加工成蜜饯姜和盐腌姜,用于面包和糖果等产品。这类姜的收获期要略提前,以便获得良好的柠檬味。

化学组成

干姜含约8.6%蛋白质、6.4%脂肪、5.9%纤维、矿物质、水溶性维生素和维生素A。尽管姜的香气非常有特点,但不像某些香料,姜的香气不能归因于任何单一化合物。

姜的主要辛辣成分为一组称为姜辣素的同系化合物(图56.1)。它们由三种同系物构成:6-姜辣素、8-姜辣素和10-姜辣素。其他突出的刺激性化合物有姜烯酚、副姜油酮和姜油酮。Connell及其合作者做了一些开创性工作,并发现姜储存和加工过程中的真正姜辣素,可产生姜烯酚、副姜油酮和姜油酮(Connell,1969;Connell和Sutherland,1969)。在一系列细致工作中,他们证明了可将姜辣素转变成姜烯酚、副姜油酮和姜油酮。鲜姜含有较多姜辣素,而处理和存储不当的干姜含有较多姜烯酚和姜油酮。研究者已从中国姜鉴定到一种称为生姜内酯的新组分(Peng等,2007)。

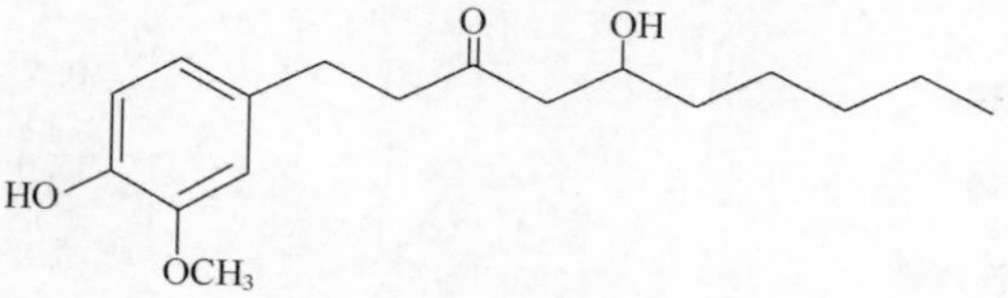

图56.1 6-姜辣素

精油

研究人员对不同区域品种生姜精油含量进行过大量调查工作。干姜的平均精油产率约为2%。前面提到,两种用于商业蒸馏的姜为来自印度的科钦姜和非洲的尼日利亚姜。

商业化生产姜精油过程,要用锤式研磨机对生姜进行粗粉碎,然后再用辊磨机将它们压扁。低压蒸汽被引入装有生姜的不锈钢蒸馏设备。根据间歇式处理量大小,蒸馏时间可控制在20~40h。高挑蒸馏装置中,挥发物要通过厚床层,蒸汽蒸馏比较费时。较小批量蒸馏所需时间较短。然而,这种香料需求量很大,因此,需要大批量日夜蒸馏。平均来说,科钦姜和劈开的尼日利亚姜的姜油产率约为2%。

姜油为浅黄色流动液体,具有温和辛辣香气。据报道,姜油中存在单萜烯、倍半萜烯和含氧化合物（Govindarajan，1982）。姜油的主要成分可认为是姜烯、β - 红没药烯和芳姜黄烯。其他含量水平较突出的成分有柠檬醛、香叶醇、1，8 - 桉叶素、莰烯、法呢烯、倍半水芹烯和 β - 水芹烯。众多研究者已经发表了大量化合物，其中83% 以上为烃类、10% 为含氧衍生物，其余成分未得到鉴定（Lawrence，1984）。表56.1 所示为典型科钦姜油的 GC 分析结果。从多次旨在确定生姜香气贡献成分的研究工作得出的结论是：带有淡淡辛辣味的姜香气，不能单独用一种或几种化合物解释。姜的特征香气只能被看成是其大部分组成物的综合效果。

表 56.1　　　　　　　科钦姜油的气相色谱分析（**Rajakumari** 地区）

组分	面积百分比
α - 蒎烯	0.5 ~ 2.0
莰烯	3.0 ~ 6.0
β - 蒎烯	< 1.0
月桂烯	< 1.0
柠檬烯	2.0 ~ 4.0
桉叶素	< 0.5
芳樟醇	0.5 ~ 1.50
樟脑	< 0.5
香叶	< 1.0
柠檬	0.5 ~ 1.50
姜烯	35.0 ~ 42.0
β - 红没药烯	3.0 ~ 8.0
姜黄	2.0 ~ 6.0
β - 倍半水芹烯	14.0 ~ 17.0

注：色谱柱：载气为 N_2，氢火焰离子化检测器（FID）；温度 80 ~ 220℃。

Nirmala 等（2007）对螺旋压榨的干姜汁和鲜姜汁做过分析。这些作者发现了一些以前没有报道的低含量成分。Lawrence（2008）对一些最新分析研究进行过总结。他强调指出，姜醇和姜烯酮之类非挥发性刺激成分，不会如一些研究者所声称的那样出现在姜油中。

根据食品化学法典，姜油是一种淡黄色至黄色液体，带有姜所特有的香气。姜油溶于大多数固定油和矿物油。它通常可溶于醇（呈浑浊状），但不溶于水、甘油和丙二醇。

食品化学法典定义的姜油物理特性如下：

旋光度　　　　　　　　 $-28°$ ~ $-47°$
折射率（20℃）　　　　 1.488 ~ 1.494

相对密度　　　　　　0.870~0.882

油树脂

有两种制备姜油树脂的方式，一种是直接提取，第二种是先提取脱油材料，再将得到的树脂材料与一定量由水蒸气蒸馏得到的姜油混合。丙酮和二氯乙烷均为良好的提取溶剂。

用丙酮直接提取得到的科钦姜油树脂产率约5%~6%。用尼日利亚姜提取时，产率为6%~7%。出口市场对这两种油树脂均有具体要求。流行级别姜油树脂的挥发油含量范围在25%~28%（v/w）。正常情况下，尼日利亚姜价格稍低于科钦姜价格，主要的原因是其油树脂产率略高。

姜油树脂是一种深褐色黏稠产品，具有生姜特有的气味和典型辣味。通过两级萃取，可将挥发物含量调整到5%~40%范围。具体价格取决于姜油含量。

特殊药用姜油树脂，还有高含量姜辣素和低含量姜酚烯要求。加工过程中，加热可提高姜辣素转换成姜烯酮效率。这种加热转换要在温度低于70℃条件下进行。用于上述目的的姜，一般要求真正姜辣素含量高于20%，而姜烯酮含量低于6%。

如其他一些香料，姜也可用于生产一些绝对提取物。这种提取物制备方法为，使姜油树脂溶于95%乙醇中，再滤掉不溶物。为了防止软饮料和酒精饮料混浊，必须使用醇溶性姜油树脂。

分析方法

可用高效液相色谱法分离和富集刺鼻性成分，如姜辣素、姜烯酚和姜油酮。副姜油酮含量通常非常低。以辣椒素作为标准。

一般不规定姜辣素含量。但对于药物制剂中的特殊用途，可能需要单独估计姜辣素和姜烯酚含量。这可用 HPLC 进行分离，使用 C_{18} 柱，以乙腈（55%），0.1%稀磷酸溶液（44%）及甲醇（1%）混合液做流动相，在282nm 处进行紫外检测。

用途

姜因其特殊辛辣味和典型香气而作为香料在全球使用。姜用于大多数咸味食品。姜可用于姜饼和饼干等烘焙产品。同样，姜是人们喜爱的软饮料配料。传统食品做成加工产品时，可用姜油和姜油树脂取代姜粉。姜油树脂可用于许多肉类、海鲜、蔬菜制品，以及各种小吃、沙拉酱和汤。姜油树脂具有温和辛辣香气。

姜蜜饯可用于面包和糖果产品。姜被认为是一种助消化物，因此姜油树脂可用于需要这种好处的制品。姜可缓和晕车或怀孕引起的恶心（Ernst 和 Pittler，2000）。

识别编号

	FEMA 编号	CAS	US/CFR	E－编号
姜油	2522	8007－08－7	182. 20	—
		84696－15－1		
姜油树脂	2523	84696－15－1	182. 20	—
		8002－60－6		
生姜提取物	2521	86696－15－1	182. 20	—
		8007－08－7		

参考文献

Connell, D. W. 1969. The pungent principles of ginger and their importance in certain ginger products. *Food Technol. Aust.* 21, 570－574.

Connell, D. W.; and Sutherland, M. D. 1969. A reexamination of gingerol, shogaol and zingerone in the pungent principles of ginger (*Zingiber officinale* Rosc.). *Aust. J. Chem.* 22, 1033－1037.

Ernst, E.; and Pittler, M. H. 2000. Efficacy of ginger for nausea and vomiting: a systematic review of randomized clinical trials. *Br. J. Anaesth.* 84 (3), 367－371.

Govindarajan, V. S. 1982. Ginger—chemistry, technology and quality evaluation. Part 2. *Crit. Rev. Food Sci. Nutr.* 17 (3), 189－258.

Lawrence, B. M. 1984. Major tropical spices—ginger *Zingiber officinale* Rosc. *Perfumer Flavorist* 9 (5), 1－40.

Lawrence, Brian M. 2008. Progress in essential oils. *Perfumer Flavorist* 33 (6), 58－71.

Nirmala, Menon; Padmakumari, K. P., Sankarikutty, B.; Sumathikutty, M. A.; Srikumar, M. M.; and Arumughan, C. 2007. Effects of processing on the flavour compounds of Indian fresh ginger *Zingiber officinale* R. *J. Essent. Oil Res.* 19, 105－109.

Peng, Weixin; Zhang, Yangde; Yang, Ke; and Xiao, Yecheng. 2007. Chemical constituents of *Zingiber officinale* (*Zingiberaceae*). *Yunnan Zhiwu Yanjiu* 29 (1) 125－128 (*Chem. Abstr.* 149: 466255).

57 葡萄

拉丁学名：*Vitus vinifera* **L**（葡萄科）

引言

葡萄是一种流行食物，可作为餐桌水果食用，可用于制备非酒精饮料、浓缩果汁和果酱等制品，也可用于发酵酒精饮料和葡萄酒。白兰地是由葡萄酒蒸馏得到的酒精饮料。单独食用的葡萄，或用于制备色拉的葡萄，最好不含硬籽，因此人们开发出了无籽葡萄。货架期短，生产过剩的葡萄可干燥处理成葡萄干，用于焙烤制品、布丁，以及其他甜味产品。

统计资料表明，法国人虽然吃高脂肪食物，但心脏疾病发病率较低。研究结论认为，关键因素可能是葡萄皮存在一些抗氧化剂，主要是白藜芦醇。多酚类化合物是一类有效抗氧化剂，可在抑制癌症、心脏疾病、包括阿尔茨海默氏病在内的神经退行性疾病，以及某些病毒感染方面起积极作用。

花青素是存在于葡萄的天然食品色素，大多数存在于深红色、黑色或深蓝色葡萄皮中。一般来说，酿酒过程液体葡萄酒倾析后废弃的葡萄皮，保留着高含量花色苷色素。正常水果制品加工过程中要除去皮和籽，以便获得均匀透明液体。这种果皮副产品是制备花青素类天然食品色素的良好原料。

植物材料

葡萄是多年生葡萄属落叶木质藤的果实。该属植物约有 60 个品种，均为蔓生型藤本植物。葡萄属植物花瓣尖端连在一起，与基部分离后会如帽子般下坠。葡萄的花萼非常小。葡萄花有不育和可育两种。不育花有五条细长丝状直立雄蕊和发育不良的雌蕊。可育花则具有充分成型的雌蕊，带有五个雄蕊。一朵花通过退化胚可结四个或四个以下的果实。葡萄果实圆而多汁，在植物学上可认为是真正的浆果，这是一种非跃变型水果。

虽然野生葡萄一般为雌雄异株植物，但经过农业开发，已经选育出适当的双性同株品种。葡萄可在世界不同地区种植。这导致出现了不同特征的葡萄品种，以适应不同农业气候条件和满足不同果实品质要求。据联合国粮农组织 2009 年数据，全球前四名葡萄年产量生产国是意大利（852 万 t）、中国（679 万 t）、美国（638 万 t）和法国（604 万 t）。其他主要生产国有西班牙、土耳其、伊朗、阿根廷、智利和印度。葡萄果实以湿基计，含 18.1% 碳水化合物（其中含 15.5% 糖），0.16% 脂肪和 0.72% 蛋白质。

它富含 B 族维生素、抗坏血酸和矿物质。由于葡萄主要用作水果和作为原料用于葡萄酒酿造，因此，只有深颜色的果皮是色素提取原料。

化学组成

葡萄的色素为花青素苷，它是花青素的糖苷。花青素结构如图 57.1 所示。花青素苷以溶解状态存在于花卉、果实及其他部位细胞液中，一般都以糖苷形式存在。在浓度为 20% 盐酸溶液中煮沸约 3min，花青素苷水解成花青素和一个或多个糖基。最常见的糖是葡萄糖、半乳糖和鼠李糖，少数情况下也有龙胆二糖和木糖。这些糖大多连接在 3 位，少数情况下连接在 5 位。

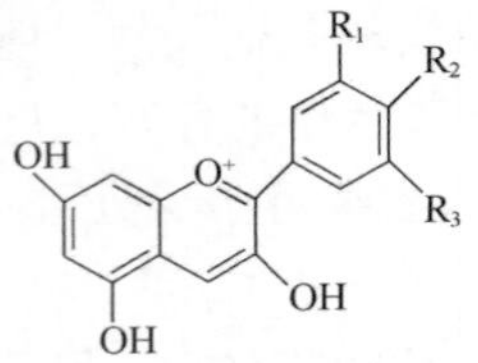

图 57.1　花青素

花葵素：R_1 = H，R_2 = OH，R_3 = H；

矢车菊素：R_1 = OH，R_2 = OH，R_3 = H；

花翠素：R_1 = OH，R_2 = OH，R_3 = OH；

芍药素：R_1 = OCH$_3$，R_2 = OH，R_3 = H；

锦葵素：R_1 = OCH$_3$，R_2 = OH，R_3 = OCH$_3$；

牵牛花色素：R_1 = OH，R_2 = OH，R_3 = OCH$_3$。

根据羟基数量，花青素成为花葵素、矢车菊素和飞燕草色素。此外，也有甲基化衍生物存在。含三个羟基的飞燕草色素呈淡偏红色，而只有一个羟基的花葵素则呈略偏蓝色。

葡萄皮中最常见的花青素是锦葵素、芍药素、飞燕草素和牵牛花色素（Leung 和 Foster，1996）。在这些色素中，除了飞燕草素以外，其他均为酰化物，这类化合物对于热、光和化学还原之类条件较稳定，它们也不太受 pH 变化影响。

提取物

葡萄皮中的花青素可用水或乙醇水溶液提取，纯酒精是非常差的溶剂。花青素在 pH 3 的酸性条件下稳定。随着 pH 增加至中性，并进一步增加到 pH 8，花青素的颜色从红色变为紫色和蓝色。

蓝黑葡萄品种是最好的花青素来源。一般情况下，用水提取时，加入少量二氧化硫可以防止由葡萄皮中酵母菌引起的自然变质，从而可防止发酵活性。从固体中分离出水溶性提取物并加以浓缩，可得到 1% 色素强度（Emerton，2008）。花青素在酸性

pH 环境较稳定，一般以氯离子盐或其它离子盐型式出现。

正如大多数植物产品一样，葡萄也含有少量无色花色素，这种色素用热酸处理可转换为所用酸的花青素盐。但在提取物中，这些花青素是无色的。

最近一项研究显示，不同阶段收获的西拉葡萄含九种花青素。传统方法种植的葡萄成熟过程中的花青素总量，明显高于有机生产得到的花青素总量（Vian 等，2006）。

与红葡萄酒相关的色素是花青素苷。但在长期陈化过程中，来自葡萄的花青素苷会变成二级色素，使葡萄酒呈现陈旧颜色（Kennedy，2008）。葡萄中的白藜芦醇是一种抗氧化剂，近年来已经引起人们注意。红葡萄酒的许多治病和保健作用被认为与此组分有关（Creasy 和 Creasy，1998）。

用途

随着采用天然色素取代合成色素趋势的不断发展，花青素苷非常适合于提供红颜色。这种色素可溶于水而不溶于脂肪，因此适用于水基产品。它在酸性 pH 中稳定，因此，最适合用于果汁和果酒。低温有助于保持这种色素的贮存稳定性。

葡萄提取物可用于红色水果产品，如黑加仑饮料、果酱、蜜饯和酸奶。微酸产品具有酸性 pH 值，如硬糖果、口香糖、果冻、干混合甜品及饮料粉，都适合使用葡萄花青素苷色素。由于冰淇淋具有冰点温度，因此可用葡萄提取物着色。葡萄提取物的主要用途之一是为红葡萄酒补充颜色。

分析方法

AOAC 有测定水果中花色苷水平的方法，这种方法利用纸层析分离，洗脱液在相关化合物最大吸收波长处的读数可用于计算含量。花青素苷的最大吸收区介于 540～560nm 之间。

识别编号

	FEMA 编号	CAS	US/CFR	E - 编号
花青素苷	—	—	—	163（i）
葡萄皮提取物	—	—	—	163（ii）
黑加仑提取物	—	—	—	163（iii）

参考文献

Creasy, L. L.; and Creasy, M. T. 1998. Grape chemistry and significance of resveratrol: an overview. *Pharm. Biol.* 36, 8 – 13.

Emerton, Victoria, ed. 2008. *Food Colours.* Oxford, UK: Leatherhead Publishing and Blackwell Publishing Company, pp. 9 – 15.

Kennedy, James A. 2008. Chemistry of red wine colour. In *Colour Quality of Fresh and Processed Foods*, ASC Symposium Series 983. Oregon State University, Corvallis, OR (American Chemical Society), pp. 168 – 184.

Leung, Albert Y.; and Foster, Steven. 1996. *Encyclopedia of Common Natural Ingredients.* New York: John Wiley and Sons, pp. 288 – 289.

Vian, Maryline Abert; Tomao, Valerie; Coulomb, Philippe Olivier; Lacombe, Jean Michel; and Dangles, Olivier. 2006. Comparison of anthocyanin composition during ripening of Syrah grapes grown using organic or conventional agricultural practices. *J. Agric. Food Chem.* 54 (15), 5230 – 5235.

58 葡萄柚

拉丁学名：*Citrus paradise* Mae fayden（芸香科）

引言

葡萄柚是一种生长在亚热带柑橘树上的苦味水果。它起源于加勒比海小岛。虽然有人认为，葡萄柚是新世界给旧世界的礼物，但有研究表明，它起源于旧世界。葡萄柚可能是牙买加甜橙（*Citrus sinensis*）和印尼柚（*Citrus maxima*）的杂交水果。据认为，18世纪夏多克（Shaddock）船长将柚子种子带到牙买加，并培育出葡萄柚。在巴巴多斯，可能是因为葡萄柚具有苦味，葡萄柚最初被称为"禁果"。葡萄柚在英文中也称为"Shaddock"，这是其创造者的名字。然而，当前流行的英文名称"grapefruit（葡萄柚）"取名原因是这种水果通常像葡萄一样成串长在树上。

如今，葡萄柚在巴巴多斯已经成为一种经济作物。19世纪初，葡萄柚被引入美国佛罗里达州。20世纪发展的宝石红品种，使这种水果在得克萨斯州成为重要农产品。最新葡萄柚品种是里约红，它被誉为"最红"和"得克萨斯的最爱"。

大多数柑橘类水果的主要用途是作为水果或果汁源。葡萄柚具有浓厚风味，但未被广泛用于对其他食品调味。得到的葡萄柚风味剂是用其果皮提取的精油。因此，葡萄柚本身是主要食品；而其果皮油是一种副产品。不管怎样，葡萄柚皮油是一种有价值的风味剂，可大大提高这种柑橘产品经营的经济性。

植物材料

葡萄柚树生长高度可达10m。葡萄柚有许多杂交品种，所以很难对葡萄柚作简要标准描述。葡萄柚果实一般都较大。

葡萄柚精油来源于其果皮。美国葡萄柚的直径在9.5~14.5cm之间。佛罗里达州最初主要种植邓肯品种葡萄柚。不过到了19世纪末，引入了沼泽无核品种。这两大品种现都在种植（NIIR Board，2009）。目前，美国葡萄柚产量超过了自足量，然而早年却要从南非进口这种水果。

葡萄柚皮包含一层厚海绵状内皮，油腺位于皮的深处。

据联合国粮农组织2007年估计，美国是葡萄柚主要生产国，每年产量为158万t。其他主要生产国是中国（54.7万t）、南非（43万t）、墨西哥（39万t）、叙利亚（29万t）。其他生产国按产量降序排列有以色列、土耳其、印度、阿根廷和古巴，各国产量范围在17.5万t~29.0万t之间。

精油

葡萄柚精油采用冷榨方法生产。由于油细胞深处皮内，皮中释放的精油有可能为海绵状内皮吸收（NIIR Board，2009）。即使采用适当压力，葡萄柚皮与橙皮或柠檬皮相比，精油产率仍然较低。利用螺旋压榨机得到的产率只有约 0.06%，远低于用水蒸气蒸馏法从粉碎果皮得到的 1.25% 理论产率。但是，通过使用特殊果皮压榨机取油，产率可达到 0.09%。

葡萄柚精油成分的化学研究已相当成熟，最近几年这方面的报道非常少。Leung 和 Foster（1996）已对此主题作过细致综述，以下对此综述作一归纳介绍。葡萄柚成分主要由柑橘类水果最具特征的柠檬烯构成。Vanamala 等（2005）对葡萄柚在辐照过程中的变化进行过研究调查，发现辐照会引起 D - 柠檬烯和月桂烯含量降低。他们发现，辐照有助于保护葡萄柚皮中柚皮苷和柚皮芸香苷等黄酮类化合物。与对照组相比，辐照组的番茄红素含量受到影响，而 β - 胡萝卜素不受影响。其他报道的葡萄柚中所含挥发性化合物有：倍半萜烯类（杜松烯和葡萄柚醇）、醛类［橙花醛、香叶醛、佩蕾拉醛（perellaldehyde）、香茅醛、α - 甜橙醛和 β - 甜橙醛］、酯类（乙酸香叶酯、乙酸橙花酯、乙酸紫苏酯、乙酸辛酯、乙酸香茅酯、反式 - 乙酸香芹酯、1，8 - 对 - 孟二烯 - 2 - 乙酸酯、1，8 - 孟二烯 -9 - 乙酸酯），及二环倍半萜酮、香柏酮（Guenther，1949；Leung 和 Foster，1996）。报告的其他组成部分有香豆素和呋喃香豆素（香柠檬烯）。葡萄柚果实的典型苦味由柚皮苷引起，其中大部分存在于果皮中。葡萄柚香气由香柏酮和酯类引起，酯类包括乙酸香叶酯、乙酸橙花酯、乙酸辛酯，及 1，8 - 对 - 孟二烯 - 2 - 基乙酸酯（Leung 和 Foster，1996）。

Nagy 等（1977）报道，冷榨葡萄柚精油中存在各种醇和羰基化合物，包括醛、单萜烯、倍半萜烯。MacLeod 和 Buigues（1964）发现，一种倍半萜酮 - 香柏酮对葡萄柚油风味有贡献。

最近，Cesar 等（2009）已从葡萄柚皮油中分离出一种马尔敏的环状缩醛和两种 6′，7′ - 二羟基香柠檬亭环状缩醛。他们还发现了先前报道的化合物马尔敏、香柠檬亭，及二羟基香柠檬亭。

一般而言，柑橘油（尤其是柠檬烯）易氧化，有水分存在时更容易氧化。无空气存在场合，单独水分存在可能不会引起柑橘油氧化。避免与空气接触有助于延长贮存期，为此，可为贮存容器提供惰性二氧化碳氛围，尽量将容器装满并密封，也可在一定程度上延长贮存期。

如其他柑橘油一样，除去萜烃可改善葡萄柚油风味。同样，富含柚皮苷的馏分会使产品产生苦味，某些情况下，这种苦味受到欢迎。

根据食品化学法典，冷榨葡萄柚精油是一种黄色（有时呈红色的）液体，往往出现絮状蜡质分离物。葡萄柚精油溶于大多数固定油和矿物油，常有混浊。葡萄柚精油微溶于丙二醇，不溶于甘油。这种精油可包含适当抗氧化剂。

食品化学法典定义的葡萄柚精油物理特性如下：

旋光度	+91° ~ +96°
折射率（20℃）	1.475~1.478
相对密度	0.848~0.856

用途

葡萄柚精油是一种宝贵的柑橘油，可用于各种食品，如焙烤食品、布丁、糖果，及乳品甜点。酒精饮料和非酒精饮料均可用葡萄柚精油调味。富含柚皮苷的馏分，如果使用比例适当，可为酒精饮料、软饮料、一些特殊烘焙产品，甚至糖果，提供深受欢迎的苦味。

葡萄柚精油对皮肤没有伤害作用，因此可用于某些化妆品和洗浴用品。

识别编号

	FEMA 编号	CAS	US/CFR	E - 编号
压榨葡萄柚精油	2530	8016 - 20 - 4	182.20	—
		90045 - 43 - 5		—
无萜葡萄柚精油		90045 - 43 - 5	182.20	—

参考文献

Cesar, T. B.; Manthey, J. A.; and Myung, K. 2009. Minor furan coumarins and coumarins in grapefruit peel oil as inhibitors of human cytochrome P4503A4. *J. Nat. Prod.* 72 (9), 1702 - 1704.

Guenther, Ernest. 1949. *The Essential Oils.* Malabar, FL: Robert E. Krieger, pp. 347 - 359.

Leung, Albert Y.; and Foster, Steven. 1996. *Encyclopedia of Common Natural Ingredients.* New York: John Wiley and Sons, pp. 286 - 287.

MacLeod, W. D.; and Buigues, N. M. 1964. Sesquiterpenes 1. Nootkatone, a new grapefruit flavour constituent. *J. Food Sci.* 29, 565 - 568.

Nagy, Steven; Shaw, Philip E.; and Veldhuis, Matthew K. 1977. *Citrus Science and Technology.* Westport, CT: AVI Publishing, vol. 1, p. 438.

NIIR Board. 2009. *The Complete Technology Book of Essential Oils.* Delhi: Asia Pacific Business Press, pp. 231 - 238.

Vanamala, Jairam; Cobb, Greg; Turner, Nancy D.; Lipton, Joanne R.; Yoo, Kil Sun; Pike, Leonard M.; and Patil, Bhimanagouda S. 2005. Bioactive compounds of grapefruit (*Citrus paradisi* cv Rio Red.). *J. Agric. Food Chem.* 53 (10), 3980 - 3985.

59 绿叶

拉丁学名： i ） 菠菜：*Spinacia oleracea* **L**（苋科）
ii ） 苜蓿：*Medicago sativa* **L**（豆科）
iii ） 桑叶：*Morus alba* **L**（桑科）

引言

20 世纪初，存在于绿叶中的叶绿素因被用于牙膏中而变得非常重要。由于人们曾认为叶绿素是一种使口腔产生活性氧气氛的方法，因此当时叶绿素牙膏相当受欢迎。许多牙科专家认为，口臭是一定条件下厌氧细菌在口中增殖的结果。口中存在呼吸作用排出的大量二氧化碳和水。叶绿素在口腔中作用的论据是，既然植物能利用上述两种化学物质产生碳水化合物和活性氧，那么在口中引入叶绿素，可以产生同样的效果。然而，人们很快发现，口腔中由牙膏带入的叶绿素与动态植物系统部分的叶绿素是两码事。尽管如此，叶绿素确实是一种成功用于牙膏的颜料，但稳定性较差。这一问题已通过制备叶绿素铜衍生物而得到解决，例如，叶绿素铜具有良好稳定性。

叶绿素的主要原料是植物的绿叶，这些绿叶通常可用作食品和饲料。

菠菜

菠菜可能最先在尼泊尔栽培，但该植物早期历史却出现在印度次大陆。印度和尼泊尔是主要素食地区，当地人称为"palak"的菠菜，是一种有价值的食品。因此，菠菜价格通常较高。菠菜在 7 世纪传入中国，在 11 世纪传入阿拉伯世界。该植物在 16 世纪传入意大利、法国和其他地区。

菠菜富含铁这一事实，使得菠菜叶在美国非常流行，尤其经卡通人物"大力水手"将菠菜作为给力食品推广后更是如此。

植物材料

菠菜是一年生植物，虽然在极罕见情况下，也可成为两年生植物。菠菜高 30cm。菠菜叶交替生长，呈卵形或三角形。叶片长度范围为 2～30cm，宽度范围为 1～15cm。叶子基部大于端部。菠菜开黄绿色小花，直径为 3～4mm，成熟后成为坚硬、干燥的小颗粒集群，其中包含许多种子。

菠菜富含各种维生素和某些矿物质，尤其是铁。菠菜由于其营养价值而成为全世界喜爱的食物，因此有许多品种。

最近，人们开发出了一种利用溶剂萃取和柱层析手段生产菠菜叶绿素 a 的方法。100g 冷冻干燥菠菜叶可得到 23 ~ 24mg 叶绿素 a（Dikio 和 Isabirye，2008）。

紫花苜蓿

紫花苜蓿是一种豌豆科开花植物，也是一种重要饲料作物。由于紫花苜蓿的营养价值，其主要用途是用于喂养奶牛。紫花苜蓿是一种重要豆科植物，即使是收获干草也很重要。苜蓿被认为是一种催乳作物。嫩紫花苜蓿有时可作为叶菜使用。像其他豆科作物一样，其根系带有含固氮细菌的结节。

植物材料

紫花苜蓿是一种多年生寒冷季节植物，因品种和气候不同，生长范围在 3 ~ 12 年之间。植物高度为 1m。其深根系使得它非常适合在干旱条件生长。这种作物具有自毒作用，因此要与玉米或小麦之类其他植物轮作。

桑叶

新鲜桑叶可供蚕吃。20 世纪早期，虽然欧洲停止了丝绸生产，但它已经在亚洲的中国、印度和泰国发展。中国人用桑叶生产叶绿素，是因为养蚕业可提供所需的原料。印度也有蓬勃发展的丝绸业，但叶绿素生产受到一定限制。用桑叶生产叶绿素成本较低。蚕只消耗代谢桑叶中的蛋白质、碳水化合物和脂肪。叶绿素以蚕沙形式被排泄出来。蚕沙含有高浓度和高纯度叶绿素。一些中国生产商已经具有蚕沙产叶绿素技术，但使用蚕沙为原料的想法没有得到很好接受。鲜桑叶是最好的原料。桑叶作为低成本材料，似乎正趋于取代其他叶绿源，如菠菜和紫花苜蓿。

植物材料

桑树是落叶乔木，生长在世界热带和亚热带地区，尤其是亚洲，有若干品种。桑树初期生长非常快，但后期生长较慢；桑树生长高度可达 10 ~ 15m。交替生长的简单叶子边缘具有齿形圆裂，此特征在嫩叶时更为突出。

桑树的果实（桑葚）实际上是一种聚花果，未成熟时呈白色、淡黄色或绿色，但成熟时变成红色，完全成熟时变成深紫色。长度 2 ~ 3cm 的桑葚可食用，具有甜味，风味良好。桑葚的颜色来自于其所含的花青素苷。也有白色桑葚。虽然白桑（*Morusalba*）是最常见桑树植物品种，但同属还有若干其他品种。当然，这些植物品种的材料会存在某些差异。桑树叶可用作叶绿素源。

叶绿素：化学组成

叶绿素使植物，特别是叶子呈绿色。叶绿素帮助植物吸收来自阳光的能量，合成碳水化合物。这些碳水化合物的单位是二氧化碳和水。为此，在叶子中，叶绿素位于脂质层与蛋白质层之间，三者构成叶绿体。叶绿体与某些胡萝卜素和叶黄素一起出现在细胞壁附件中。

1915 年，德国科学家 Richard Martin Willstatter，因在叶绿素结构和性能方面的开创性工作而荣获诺贝尔奖。约 50 年前，诺贝尔奖得主 Robert Burns Woodward 的全合成叶绿素，是有机合成化学史上的重大里程碑。叶绿素是一种由四吡咯单元组成的大分子，它通过位于分子中心的镁铁螯合而成。叶绿素有一条与四吡咯单元通过酯化相连的植醇长侧链。此外，中央单元带有小基团，包括甲基酯和一些碳侧链。有两种类型叶绿素。叶绿素 a 的侧链为甲基，而叶绿素 b 的侧链为醛基。

本章主要讨论作为食品色素使用的叶绿素。有关叶绿素光合作用化学和功能方面的详情，建议读者参见与此相关的众多书籍和综述。

提取物

叶绿素提取的顶峰期出现在叶绿素牙膏盛行期。较早的原料是菠菜，这是一种人类食物，后来用主要用做牛饲料和较便宜的苜蓿取代。但随着叶绿素牙膏衰落，这种色素失去了使用目的。中国制造商，也有少数印度制造商，已开始用桑叶作为原料以便宜得多的成本生产这种色素。

叶绿素提取物是一种天然色素，许多国家法规批准其在食品中使用。按 70∶30 构成的丙酮 – 己烷混合物是理想的叶绿素萃取溶剂。丙酮可使溶剂进入细胞，从而将干粉中的混合物萃取出来。遗憾的是，叶绿素稳定性差。铜化作用是叶绿素牙膏年代开发出的一种使绿色稳定提高强度的方法。事实上，目前的叶绿素提取方法主要基于美国 20 世纪上叶工艺步骤（Judah，1954）。这些步骤包括提取、皂化，并与硫酸铜反应产成叶绿酸铜。

以下介绍一种简单生产叶绿酸铜的一般方法。切碎的干桑叶用重力渗滤法，以70∶30比例的丙酮和己烷混合物作溶剂，在环境温度下提取。提取得到的混合油，在60℃以下温度条件脱溶剂，得到叶绿素提取物。

萃取物用 1mol/L 氢氧化钾甲醇溶液在 70℃ 下回流 1h 皂化。1mol/L 碱液的用量是叶绿素提取物重量的 0.75 倍。产生的皂化物用 1mol/L 盐酸中和。通过充分搅拌，用 5% 硫酸铜溶液将以上中和材料制成铜衍生物。该混合物保持 24h 完成反应。除去水样层后，得到黏稠状深绿色叶绿素铜（图 59.1）。过量游离铜可通过水洗除去。

结果得到一种深绿色油状液体，带有温和草本气味。该产品溶于油。通过使用丙二醇和聚山梨酯之类添加剂，可使它成为水溶性。叶绿素经提取和皂化后，利用氯化铁或氯化镁，可分别制成叶绿酸铁或叶绿酸镁。后者要对镁处理，因为可能对皂化过

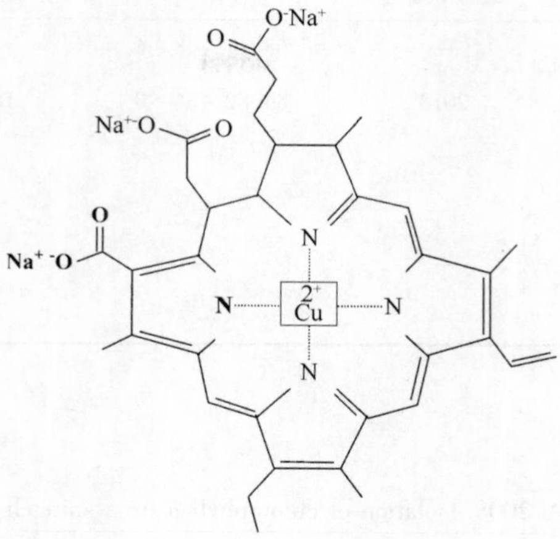

图 59.1　叶绿素

程产生干扰。

　　不同制备过程会有微小差异。美国早期的制备过程规定要回收伴随叶绿素一起出现的叶黄素。中国目前对叶绿醇加以回收，叶绿醇是维生素 E 和维生素 K 之类维生素合成的原料。

用途

　　叶绿素是一种独特的天然绿色，特别适用于那些不需要热处理的食品，如冰淇淋等冷冻食品。叶绿素的局限性是其稳定性差，并且颜色强度低。

　　叶绿酸铜具有优良颜色强度及稳定性。只要食品法规允许，就可将其作为绿色色素使用。由于铜化作用的缘故，叶绿酸铜只能算半天然色素。它有一个 E - 编号，并得到批准，可在美国使用。叶绿酸铜可用于食品、化妆品和包括牙膏在内的盥洗用品。

分析方法

　　可用 AOAC 分光光度法测定叶绿素提取物及原料中的叶绿素含量。

　　可采用叶绿素牙膏使用的方法测定叶绿酸铜。该方法涉及样品用聚山梨酯 80 混合，使其成为水溶性，然后在 405nm 波长处测量吸光度。

$$叶绿酸含量 = \frac{吸光度 \times 1000 \times 5}{565 \times 质量（g）\times 2}$$

识别编号

	FEMA 编号	CAS	US/CFR	E – 编号
菠菜提取物	—	68917 – 48 – 6	—	
紫花苜蓿提取物	2013	84082 – 36 – 0	182. 20	—
叶绿素	—	—	—	E140
叶绿素铜	—	—	—	E141
叶绿素铜络合物	—	—	—	E141（i）
叶绿素铜络合物钠和钾盐	—	—	—	E141（ii）

参考文献

Dikio, E. D. and Isabirye, D. A. 2008. Isolation of chlorophyll a from spinach leaves. *Bull. Chem. Soc. Ethiop.* 22 (2), 301 – 304.

Judah, Melvin A. 1954. Chlorophyll. A staff industry collaborative report. *Ind. Eng. Chem.* 46 (11), 2262 – 2271.

照片 1　干多香果

照片 2　（A）未开裂胭脂树荚　（B）含种子的开裂胭脂树荚

照片 3 （A）胡椒浆果的胡椒藤蔓 （B）白胡椒 （C）干黑胡椒

照片4 （A）收获成熟辣椒 （B）干 *Byadege* 椒 （C）新鲜青辣椒

(B)

照片 5　（A）田中生长的带蒴果豆蔻植株
　　　　（B）干绿蒴果

照片 6　肉桂

照片 7　干芹菜籽

照片 8　月桂卷筒

照片 9 （A）长在树上的丁香 （B）干丁香和丁香油

照片 10　树上的咖啡果实

照片 11 　（A）香菜植物上的籽实　（B）干香菜籽

照片 12　咖喱叶

照片 13 　（A）莳萝植物　　（B）莳萝籽

照片 14　茴香种子

照片 15　大高良姜切片

(A)

(B)

照片 16　（A）藤黄果　（B）藤黄果肉

照片 17　大蒜

照片 18 （A）姜田 （B）根朝上的姜根茎
（C）按顺时针方向从左下角起：去皮干姜，姜辣素，
两个姜油样品和鲜姜

图片 19　杜松子

照片 20　干荜拨穗

照片 21　万寿菊

照片 22　（A）开花的芥菜　（B）干黄芥末

照片 23 （A）树上的肉豆蔻果 （B）展示肉豆蔻皮的开口果
（C）肉豆蔻与肉豆蔻皮

照片 24　洋葱，显示结构的洋葱切口

照片 25　藏红花

照片 26　八角

照片 27　树上的罗望子果实

照片28　（A）整株生长姜黄植物　（B）连根拔起的姜黄

（C）前：姜黄粉，左：干姜黄姜，右：新鲜指姜黄

照片 29　（A）未风干的香子兰豆　（B）风干后的香子兰豆

照片 30　葱

60 啤酒花

拉丁学名：*Humulus lupulus* **L**（荨麻科）

引言

啤酒花指一种通常长在北半球植物的雌性花簇，这种花簇称为花球。啤酒花提取物可用作啤酒风味剂和稳定剂。

据信，早在2000多年前，德国人就开始将啤酒花作为啤酒风味剂使用，这是一种德国人从芬兰部落学到的技艺。大约1000年前，一位阿拉伯医生声称，啤酒花有助于催眠，改善神经系统。目前仍有人相信这种说法。本笃会修士曾将种植的啤酒花植物作为香料用于色拉。许多早期欧洲人发现啤酒花是一种有用的色拉蔬菜。16世纪英格兰史料记载有啤酒花种植和用于啤酒的内容。后来，啤酒花被引入美国（Farrell，1990）。

植物材料

啤酒花植物是一种生命力旺盛的多年生攀缘性草本植物，通常长在绳索上。商业栽种场所被称为啤酒花田或啤酒花园。虽然啤酒花植物有时也称为藤，但它并不利用卷须或吸盘根依附到支持物上。它有带硬须的粗壮梗，可帮助攀上支持物。攀缘体长度可达10~15m，总是顺时针旋附在载体上，当然，攀缘高度也取决于可用支持物。

该植物的特点是雌花与雄花长在不同植株上。雌花可用作风味剂。啤酒花叶成对出现，长度范围在6~12cm之间，带有叶柄。叶掌状浅裂叶片长12~25cm。叶子为阔叶，边缘带有隐约齿形。无攀缘支持时，主茎叶片间的水平枝条会彼此缠在一起形成复杂网络。

由于雌花具有使用价值，且这种植物可以无性繁殖，因此，如果采用种子育苗，则经常要将雄株剪掉。通过这种育苗方式，可以避免授粉和形成种子。啤酒花用作风味物时，不希望形成种子。收获雌花穗很费人工，所以，如今采用机械方式完成收获。

世界啤酒花年总产量为9万t，主要生产国有德国（约38%）、美国（约26%）和中国（约12%）。其他生产国有东欧国家，尤其是捷克（约9%），以及英国和西班牙。

品种

每种啤酒花均可提供区域性啤酒感官特性。欧洲大陆浅色啤酒（德国、奥地利、捷克）使用"贵族"啤酒花品种，如萨兹哈勒陶、斯派尔特和泰南格品种。这些啤酒花为欧洲啤酒提供低苦风味，主要用于调香。另一方面，英国品种啤酒花（如法格和东肯特种啤酒花）虽然类似于贵族种啤酒花，但成熟时有更好的苦味。近来，有人对七种中国啤酒花的 α – 酸、β – 酸、草酮和精油成分进行过分析。青岛大花和麒麟丰绿是苦味品种，而余乐比特和阜北 – 1 为香气品种，具有较佳酿造品质（Zhao 等，1999）。类似地，美国啤酒花品种也已受到过广泛分析。这些研究的特点是对微量化合物及特征成分进行研究分析（Hampton 等，2002）。

苦味和香气

啤酒花有两类影响啤酒苦味和香气的酸。影响啤酒苦味的 α – 酸，由葎草酮及相关化合物类葎草酮、伴葎草酮、前葎草酮及后葎草酮构成。另一方面，β – 酸由蛇麻酮及其相关化合物（如类蛇麻酮和伴蛇麻酮）构成（Leung 和 Foster，1996）。麦芽汁煮沸过程会使 α – 酸发生异构化，成为可溶性，并使产品产生苦味。另一方面，沸腾过程不会使 β – 酸异构化，因此对苦味影响不大。高 β – 酸啤酒花主要用于增香。

有两种类型啤酒花：苦味啤酒花和香气啤酒花。苦味啤酒花的 α – 酸含量自然较高。贵族啤酒花的 α – 酸含量范围在 5% ~9%。新开发的美国啤酒花的 α – 酸含量范围在 8% ~19%。苦味非常温和的香气啤酒花含 5% 以下 α – 酸，对苦味贡献较少，而对香气贡献较多。

精油

啤酒花含有 0.3% ~1% 挥发油。精油的 90% 由蛇麻烯、α – 石竹烯、月桂烯、β – 石竹烯、金合欢烯之类化合物构成。精油中对最终香气有贡献的化合物有 100 多种（Leung 和 Foster，1996）。

收获的啤酒花要用温度不超过 66℃ 的干燥器进行干燥。干燥的啤酒花含约 10% 水分。蒸汽蒸馏可得到 0.5% 左右略带刺激性的绿色油（Farrell，1990）。啤酒花油的主要成分是月桂烯和葎草烯，含有少量羽扇烯酮、黄腐酚、蜡醇、硬脂酮酸、双戊烯、石竹烯、芳樟醇和甲基壬酮。

根据食品化学法典，啤酒花油是一种浅黄到绿黄色液体，带有啤酒花特有的芳香气味。老化时，啤酒花精油会变暗，并且变得黏稠。啤酒花精油溶于大多数固定油，在矿物油中出现浑浊。啤酒花精油基本上不溶于甘油和丙二醇。它是一种风味油。

食品化学法典定义的啤酒花精油物理常数如下：

旋光度	$-2° ~ -2°5'$
折射率（20℃）	1.470 ~1.494
相对密度	0.825 ~0.926
溶解度	在 95% 乙醇中通常不能溶解 1mL；
	较陈旧精油的溶解度比新鲜油的溶解度低。

提取

为了方便处理，啤酒花以提取物形式提供。一种提取过程涉及使用纯酒精作溶剂进行渗滤（Bisnel，1995－2009）。富含蛇麻素的啤酒花提取物在水中煮沸 1h 后，进行过滤和洗涤。酒精和水提取物通过低温蒸发除去溶剂，成为黏稠物料。

啤酒花用超临界二氧化碳萃取，可得到用于生产特色啤酒的萃取物。这种萃取可以非常满意地得到全部有用成分，如 α－酸、β－酸和芳香油。超临界二氧化碳萃取的优点之一是通过调节压力，可以得到特殊萃取物。由于啤酒花同时存在不同用途成分和某些不良成分，如树脂、单宁酸、脂肪和蜡，因此，超临界流体萃取特别适合于啤酒花。

用途

啤酒花主要作为风味剂用于啤酒。它们可提供苦味，某些情况下也对芳香有贡献。一般来说，提供香气有专门的啤酒花品种。然而，现在已有双用途啤酒花出现。

啤酒花也用于某些软饮料，也可作为风味剂用于糖果、烟草、烘焙产品、口香糖和某些药物制剂。啤酒花也可用于草药制备，用于治疗焦虑和不安。啤酒花枕头是一种民间流行的失眠治疗措施。啤酒花有时也用于需要苦味的色拉和汤。

识别编号

	FEMA 编号	CAS	US/CFR	E－编号
啤酒花油	2580	8007－04－3	182. 20	—
啤酒花提取物	2578	8060－28－4	182. 20	—
啤酒花提取固形物	2579	8060－28－4	182. 20	—
啤酒花完全提取物	—	8060－46－5	—	

参考文献

Bisnel，Wayne B. Henriette's Herbal Homepage. http：//www，henriettesherbal. com. Copyright 1995－2009 Henriette Kress.

Farrell，Kenneth T. 1990. *Spices，Condiments and Seasonings*. New York：Chapman and Hall，pp. 108－110.

Hampton，Richard；Nickerson，Gail；Whitney，Peggy；and Haunold，Alfred. 2002. Comparative chemical attributes of native North American hops，*Humulus lupulus*，var. lupuloids，E. Small. *Phytochemistry* 61 (7)，855－862.

Leung，Albert Y.；and Foster，Steven. 1996. *Encyclopedia of Common Natural Ingredients.* New York：John Wiley and Sons，pp. 300 – 302.

Zhao，Suhua；Liu，Kuifang；Liu，Gang；Zhang，Lingyi；and Li，Yanping. 1999. Study on chemical constituents and nature of seven varieties of hop in Xinjiang. *Shipin Yu Fajiao Gongye* 25（5），11 – 14（Chinese）（*Chem. Abstr.* 132：264358）.

61 牛膝

拉丁学名：*Hyssopus officinalis* **L**（唇形科）

引言

许多古老书籍都提到牛膝，因此，它应该是一种备受推崇的药草。有关摩西、所罗门和基督的传说均提到牛膝。公元前很长一段时间起，欧洲地中海国家就已经开始使用牛膝。摩西五经提到牛膝，据信，当时牛膝已用于早期天主教教会仪式。英文"hyssop"名称可能来自希腊语，当然也有可能来源于希伯来文。牛膝属于薄荷家族，是一种花园装饰性植物。

植物材料

牛膝自然生长在一些地中海国家。欧洲（尤其是在法国南部）将这种植物作为药草种植。一些中东国家和喜马拉雅山坡国家也将牛膝作为经济作物种植。

牛膝植物能在阳光充足的温带肥沃土壤中茁壮成长。它通过种子、插条和分割方式传播。牛膝是一种耐寒常绿灌木，生长高度为60cm。叶子相对生出，呈窄长圆形，长2~6cm。在夏季，该植物开紫蓝色花，这种花开在绕叶轴的成束分枝上部。这种草药具有类似于樟脑香料的香气，也有较苦但较宜人的薄荷滋味。

牛膝草完全成熟后，最好在干燥日子收获，这样可以得到最高含油量和香气特征的产品。最佳收获时节为临开花前。收获的牛膝应立即置于树荫晾干，从而使其风味得到保留。如果通风良好，在温度低于32℃条件下，应该在一周内干燥完毕，干燥持续时间过长，可能会导致颜色和香气损失。

这种草药含有脂肪、碳水化合物和多酚类物质。它含少量胡萝卜素、叶黄素和抗氧化性熊果酸。据报道，新鲜牛膝含碘。

精油

牛膝植物的地上部分可用水蒸气蒸馏产生精油。干牛膝草的产油率范围在0.3%~0.8%。

最近，有人用 GC－MS 对保加利亚和意大利牛膝草精油进行过分析。保加利亚牛膝油显示较高含量萜类化合物，这些化合物由异松樟脑及其生物基因前体、β－蒎烯、樟脑和 1，8－桉叶素构成；还含有荜澄茄油宁烯和大根香叶烯。意大利牛膝油中，β－

蒎烯含量较低，而黄樟素衍生物和苯甲酸甲酯含量显著。最近已从牛膝草油中检测到咖啡酸甲基酯、丁子香酚、甲基丁香酚、百里酚、茴香脑、爱草脑和香芹酚（Manitto 等，2004）。Rastkari 等（2007）报道了伊朗牛膝草的抗菌性能和温和抗氧化能力。鉴定出了 44 种化合物。

很少有关于工业化规模溶剂提取牛膝油树脂的报道。

用途

牛膝可用于蔬菜及肉制品，也可用于干酪涂布物。加工食品使用牛膝油比较方便。牛膝油也可用于利口酒和古龙水。牛膝在汤类和色拉调料方面具有商业应用潜力。

识别编号

	FEMA 编号	CAS	US/CFR	E – 编号
牛膝草油	2591	8006 – 83 – 5	182. 20	—
		84603 – 66 – 7		
牛膝提取物	2590	84603 – 66 – 7	182. 20	—

参考文献

Manitto, P.; Hadjieva, B.; Hadjieva, P.; Zlatkovska, E.; and Tzvetkova, A. 2004 Gas chromatography-mass spectra analysis of Bulgarian and Italian essential oils from *Hyssopus officinalis* L. *Bulg. Chem. Ind.* 75 (3 – 4), 89 – 95 (*Chem. Abstr.* 144：218725).

Rastkari, N.; Samadi N.; Ahmadkhaniha, R.; Alemi, R.; and Afarin, L. 2007. Chemical composition and biological activities of *Hyssopus officinalis* cultivated in Iran. *Nat. Prod.* 3 (2) 87 – 91 (*Chem. Abstr.* 148：421622).

62 日本薄荷

拉丁学名：*Mentha arvensis* L（唇形科）

引言

近来，薄荷风味已得到很大流行。薄荷的凉爽感觉、清新香气及细腻口感，使其成为出众的风味剂。但在所有薄荷品种中，日本薄荷（也称为玉米薄荷）得以流行，主要是因为亚洲国家的接受和培育。近年来，印度研究实验室曾在这方面做过大量工作，印度已经成为世界领先薄荷生产国。薄荷可用于制造薄荷醇晶体。

薄荷的英文名"mint"，或与之关系密切的其他名称，在大多数欧洲国家流行。薄荷的植物学名称"minthe"可能来自希腊语名称"minthe"。圣经、阿拉伯文献和希伯来语著作均提到薄荷。

植物材料

日本薄荷主要种植国有：南美洲的巴西、阿根廷和巴拉圭；亚洲的日本、中国、泰国和印度；非洲的安哥拉；以及美国。薄荷油主要生产国有印度、中国、巴西和美国。

薄荷是一种多年生草本植物，其根刚在地面之上或之下（Aktar 等，1988）。薄荷有三个子簇：一种茎为紫色，其叶阔而钝；另一种茎为绿色，其叶有阔有窄；第三种茎为紫绿色，叶窄。这种植物高 60~90cm，带有刚性和带短柔毛的分枝。薄荷叶形状介于披针形和长圆形之间，叶长 4~10cm。叶子带茸毛，叶边呈大幅齿形，无叶柄或只有短叶柄。薄荷花为紫红小花，安聚伞花序排列。薄荷花萼长 2.5~3mm。

印度最近几乎排在了薄荷生产国前列，主要是因为引入了改进混合品种。印度中央药用和芳香植物研究所的 Lucknow 开发了两个品种，喜马拉雅种和戈西种，这是两个早熟、高产、抗病、抗虫品种，并且薄荷醇含量较高。日本薄荷适合生长在含有腐殖质的中深土壤。虽然这种土壤应该具有保水性，但不应受水涝影响。

在印度，日本薄荷种植 100~120d 后便可收获（Aktar 等，1988）。这时最下层的叶子开始变黄。如果延迟收获，因为薄荷开始落叶而将造成损失。为了获取得良好的精油产率，最好在阳光明媚的日子收获。第一期作物收获 80d 后，可收获第二期和第三期作物。薄荷的收获取决于这种植物健康状态。但状态非常良好的作物，每公顷可收获 48t 鲜叶。良好条件下，每公顷三期作物可产 20~25t 鲜草。新鲜薄荷草含油率为 0.4%~0.7%。正常情况下，每公顷可产 75~100kg 精油。

荷薄植物开花期的薄荷叶含油量最高。然而，某些地区开花期会延迟，在这种情况下，下部叶子变黄可作为薄荷叶收获指南。如果日照良好，刚割下的薄荷地上部分一般要在空旷田野留置 3～4h。这样可使部分薄荷草干燥。然后可将干薄荷草捆起来晾干，使其重量通过水分散逸降低到原来的 25%～33%。应注意不使薄荷草过分干燥，以免发脆。后期干燥不应利用日晒，否则会失去大量精油。

日本薄荷主要用于蒸汽蒸馏生产精油。在印度，当地称为"pudina"的薄荷叶，经常作为绿叶香料用于烹饪。薄荷酸辣酱调味品在印度非常受欢迎。薄荷叶也是流行于印度用于治疗感冒和咳嗽的家用药物。

前面已经提到，由科研院所的科研努力，印度成了日本薄荷精油的生产大国。大约 5 年前，印度的薄荷精油产量估计为 1.4 万 t。印度的日本薄荷种植面积超过 7 万 hm^2，为约 1 万人提供就业机会。

通过帮助农民采用水稻－小麦－薄荷、水稻－马铃薯－薄荷、水稻－大蒜－薄荷和水稻－马铃薯－洋葱－薄荷耕作模式，提高了薄荷产量。连同植物保护措施建议，该耕作系统已相当成功地使得印度成为日本薄荷领头生产国。如今，日本薄荷油在精油产量上可能占据第二位，仅次于橙油。

化学组成

日本薄荷除了烹饪和医用以外，种植主要来获取薄荷精油。薄荷精油的主要成分是薄荷醇，薄荷醇一般以结晶形式分离。

薄荷醇是一种软晶体材料，透明或呈白色。薄荷醇可在室温以上任何温度下熔化。图 62.1 所示为薄荷醇结构。薄荷醇一般为（－）薄荷醇，称为 α－型。α－型薄荷醇的熔点范围为 42～45℃，而外消旋薄荷醇混合物的熔点范围在 36～38℃之间。薄荷醇的密度为 0.890g/mL，沸点为 212℃。

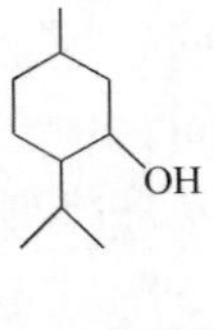

图 62.1　薄荷醇

精油

新鲜和干薄荷叶均可采用蒸汽蒸馏获取薄荷油。由于干薄荷叶体积小，因此用来蒸馏成本较低。干燥也使油细胞变弱，更容易使蒸汽进入。薄荷叶子和花顶部可有约 2% 产油率。

在良好蒸汽压力条件下，蒸馏所需时间约 2h。具体时间和对应的产油率某种程度上取决于蒸馏装置的设计。在大规模操作中，从 1hm² 薄荷可取得 75kg 薄荷油的满意效果。在优化条件下，按照良好农业操作规范，并避免落叶，很容易实现每公顷产100kg油的产率。然而，据报道，中国的产油率为239kg/hm²，并且似乎这个产油率还有提高余地。

品种改良也可提高精油的产率。原来2.5%的干草产油率（相当于0.4%～0.7%鲜草产油率）已经提高近一倍。

20世纪90年代初，日本薄荷精油的产量仅为1200t左右。但十多年后，在2004－2005年间，日本薄荷的种植面积已增加至7万公顷，精油产量增加到了1.4万t。

日本薄荷油是一种透明黄色可流动油，具有典型薄荷醇和薄荷油风味。吸气或品尝会产生宜人的清凉感。其物理特性如下（Prakash，1990）。

旋光度	−33°0′～−38°7′
折射率（20℃）	1.4578～1.4585
相对密度（20℃）	0.9052～0.9329
溶解度	2mL 70%酒精溶液中溶解1mL

日本薄荷油的主要用途是制造薄荷醇晶体。天然薄荷油含50%以上薄荷醇。大部分薄荷油中所含薄荷醇可通过冷结晶方式分离。剩下的是有价值的薄荷素油。研究和开发已帮助许多公司获得高产率薄荷醇，大多数薄荷油含大晶体薄荷醇，因此价格较高。通过精确优化条件，可得到40%～50%晶体和50%～60%可用于代替薄荷油风味的薄荷素油。薄荷素油状物含有相当量薄荷醇以及乙酸薄荷酯、薄荷酮、甲酮、烃类如α－蒎烯、α－1－柠檬烯、石竹烯及凯丹姆烯（cademene）。

近年来，人们采用气相色谱和GC－MS对薄荷油进行了研究。GC－MS分析表明，印度中部所产薄荷油的主要成分是薄荷醇（71.40%）、对薄荷酮（8.04%）、异薄荷酮（5.4%）、新薄荷醇（3.18%）（Pandey等，2003）。位于勒克瑙的中央药用和芳香植物研究所Singh等人（2005），对北印度六个品种的薄荷油进行过分析，发现均有高水平薄荷醇含量，范围在77.5%～89.3%之间。他们还发现含量范围在0.3%～7.9%的薄荷酮和3.7%～6.1%的异薄荷酮。高水平薄荷醇植物品种提高了其价值，因为这种薄荷得到的薄荷醇晶体产率会较高。

Chowdhury等（2005）在一项对孟加拉国薄荷品种的研究中发现，Sivalika品种存在20多种化合物，其中薄荷醇含量为77%，异薄荷酮含量为11%。另一品种CIMAP－77，含20种化合物，主要化合物为薄荷醇（72.7%）、薄荷酮（12.1%）和异薄荷酮（5.5%）。

用途

日本薄荷可用于酸辣酱，也可作为风味物用于一些印度蔬菜制品。其风味在唐杜里鸡、酸奶烤鸡块以及相关菜肴中特别受欢迎。这类加工食品可使用薄荷油。

薄荷风味剂可用于许多肉类、沙拉、酱汁和鱼类菜肴。这类菜肴使用薄荷油比较方便。

但是，日本薄荷油最大用途是糖果、饼干、口香糖、冰淇淋和果冻。由于薄荷具有凉爽效果，因此薄荷也是一种流行的香烟风味。为此，薄荷醇晶体最有用。薄荷醇结晶后产生的薄荷素油，可作为风味剂代替薄荷油。

日本薄荷提取物可用于一些药物制剂，如止咳剂、吸气制剂、蒸汽按摩剂，以及肠胃功能紊乱药物。

在中国，日本薄荷被制成输液用药剂，用于驱风解痉。日本薄荷在阿育吠陀医学中也有重要地位。较复杂制剂中，可用薄荷油取代薄荷草。

识别编号

	FEMA 编号	CAS	US/CFR	E – 编号
薄荷油	—	68917 – 18 – 0	—	—
		90063 – 97 – 1		
薄荷醇（天然）	2665	2216 – 51 – 5	172. 515	—

参考文献

Aktar, Husain; Virmani, O. P.; Sharma, Ashok; Kumar, Anup; and Mishra, L. N. 1988. *Major Essential Oil-Bearing Plants of India*. Lucknow, India: Central Institute of Medicinal and Aromatic Plants, pp. 167 – 181.

Chowdhury, Jasim Uddin; Nandi, Nemai Chandra; Rahman, Majibur; and Hussain, Mir Ezharul. 2005. Chemical constituents of essential oils from 2 types of *Mentha arvensis* grown in Bangladesh. *Bangladesh J. Sci. Ind. Res.* 40 (1 – 2), 135 – 138.

Pandey, A. K.; Rai, M. K.; and Acharya, D. 2003. Chemical composition and antimycotic activity of the essential oils of corn mint (*Mentha arvensis*) and lemon grass (*Cymbopogan fiexuosus*) against human pathogenic fungus. *Pharm. Biol.* (*Netherlands*) 41 (6), 421 – 425.

Prakash, V. 1990. *Leafy Spices*. Boston: CRC Press, pp. 49 – 57.

Singh, A. K., Raina, V. K.; Naqvi, A. A.; Patra, N. K.; Kumar, Birendra; Ram, P.; and Kanuja, S. P. S. 2005. Essential oil composition and chemoarrays of menthol mint (*Mentha aravensis* L, f. piperascens Malinvaud ex. Holms) cultivars. *Flavour Fragrance J.* 20 (3), 302 – 305.

63 杜松子

拉丁学名：*Juniperus communis* **L**（松科）

引言

杜松子在历史上具有药用价值，如今，它是一种有价值的风味材料。希腊医生迪奥斯科里季斯在公元初所著的权威医书中描述过杜松子的若干药疗功能。

包括图特安哈门在内的许多埃及古墓中均发现有杜松子。古希腊人认为，杜松子可提高他们在奥运赛事中的表现。古罗马人用杜松子取代黑胡椒，当时的黑胡椒要用非常高的价格从东方购买。

世界上有若干杜松子香料品种。然而，在欧洲烹饪中，只用 *Juniperus communis* 杜松子作为调味料。这可能也是唯一利用针叶植物产生的香料。除了作为食品香料用以外，杜松子也可为杜松子酒提供独特风味。

植物材料

从植物学角度看，杜松子不是真正的浆果。它的雌性种子锥体具有浆果般外观。该植物是一种针叶常绿矮灌木，通常高度为1m，有时会长到一棵小树高度。杜松子具有带蔓延枝条的树干，外面覆盖着丝状树皮。叶子为暗绿色、刚性、呈长椭圆形尖端的针叶。

雄花和雌花分别长在不同植株上，雄花以柔荑花序形式出现，雌花以短锥形式出现。浆果状果实具有肉质外层，通常呈紫蓝色，但也有呈暗紫色或深蓝色的外层。果实直径为6~10mm。果浆中通常嵌有三颗细长椭圆形骨质种子。果实在生长的第二年成熟。干果便是具有商业价值的杜松子（照片19）。杜松子植物本身具有木质树脂气味，而其碾碎的浆果具有带苦味的杜松子风味。

杜松子包含约33%糖，以及一些树脂状物质、蛋白质、蜡质、果胶、有机酸和多酚苷。杜松子含苦味成分刺柏苦。它还含有钾和抗坏血酸。然而，其最有价值的成分是精油。

精油

干杜松子浆果含2%~3%挥发油。据认为，较温暖地区所产杜松子浆果的香气比寒冷地区浆果的香气浓。

照片 19　杜松子（参见彩色插图）

在商业化蒸汽蒸馏过程中，利用辊磨机将杜松子浆果粉碎至足够小的粒度，然后装入不锈钢蒸汽蒸馏装置。通入低压蒸汽，经 30h 蒸馏可以得到 3.5%（v/w）产率的杜松子油。杜松子精油是一种浅黄色流动液体，具有令人愉快的舒缓气味。对用喜马拉雅浆果生产的若干批杜松子精油商业产品分析结果表明，烃类物质中月桂烯、柠檬烯及 α - 蒎烯含量较高。

Barjaktarovic 等（2005）报道了所确定的采用超临界二氧化碳萃取萜类成分的条件。根据 GC - MS 分析，含氧化合物需要更高压力萃取。对成熟和未成熟浆果化学组成的 GC - MS 分析结果比较有趣（Butkiene 等，2004）。该分析发现主要成分是 α - 蒎烯，其次是月桂烯和 α - 杜松醇。成熟过程中，α - 蒎烯、桧烯、β - 蒎烯和乙酸龙脑酯的含量会降低，而松油烯 - 4 - 醇和 α - 松油醇的含量则会增加。埃及浆果（*Junipe-rus drupacea* L）蒸汽馏分的柱层析显示出主要成分是 α - 蒎烯、百里香酚、甲基醚和樟脑（El-Ghorab 等，2008）。Lawrene（2008）对来自印度、希腊和黑山的杜松子精油和超临界二氧化碳提取物的详细分析作了详尽综述。Butkiene 等（2005，2006）对立陶宛杜松子油的进一步工作发现了 100 多种组分。

食品化学法典将杜松子油描述为一种淡绿色或黄色液体，具有杜松子特有气味、芳香和味苦。溶于大多数固定油和矿物油。它不溶于甘油和丙二醇。这种精油长期储存趋于聚合。

物理特性如下：

旋光度	$-15° \sim 0°$
折射率（20℃）	$1.474 \sim 1.484$
相对密度	$0.854 \sim 0.879$

油树脂

脱油材料可用二氯化乙烯或己烷丙酮混合物提取。混合油蒸馏除去溶剂后，油树脂产率在 5% ~ 7% 之间。此提取物可按要求添加前面收集的挥发油。用经辊式粉碎机粉碎的浆果直接提取时，可得到 9% ~ 11% 产率的油树脂，其中含 25% ~ 35% 挥发油。杜松子油树脂是一种深绿色黏稠液体，具有令人愉快的气味及温和苦味。

用酒精溶液提取浆果得到的提取物也可作为调味料使用。

用途

杜松子油可用于杜松子利口酒、甜酒和某些酒类调味。由于具有驱风、利尿和抗风湿性质，杜松子既具有香料价值，也具有药用价值。

识别编号

	FEMA 编号	CAS	US/CFR	E - 编号
杜松子油	2604	$8002 - 68 - 4$	182.20	—
		$84603 - 69 - 0$		
杜松子提取物（包括 CO_2 提取物）	2603	$84603 - 69 - 0$	182.20	—
杜松子完全提取物	—	$8012 - 91 - 7$		

参考文献

Barjaktarovic, B.; Sovilj, M.; and Knez, Z. 2005. Chemical composition of *Juniperus communis* L fruits supercritical CO_2 extracts: dependence on pressure and extraction time. *J. Agric. Food Chem.* 53 (7), 2630 – 2636.

Butkiene, R.; Nivinskiene, O.; and Mockute, D. 2004. Chemical composition of unripe and ripe berry essential oils of *Juniperus communis* L growing wild in Vilnius district. *Chemija* 15 (4), 57 – 63 (*Chem. Abstr.* 142: 462426).

Butkiene, R.; Nivinskiene, O.; and Mockute, D. 2005. Volatile compounds of ripe berries (black) of *Juniperus communis* L growing wild in North-East Lithuania. *J. Essent. Oil-Bearing Plants* 8 (2), 140 – 147.

Butkiene, R.; Nivinskiene, O.; and Mockute, D. 2006. Differences in the essential oils of the leaves (needles), unripe and ripe berries of *Juniperus communis* L, growing wild in Vilnius district of Lithuania. *J. Essent. Oil Res.* 18, 489 – 494.

EI-Ghorab, A.; Shaaban, H. A.; EI – Massry, K. F; and Shibamoto, T. 2008. Chemical composition of volatile extract and biological activities of volatile and less volatile extracts of juniper berry (*J. drupacea* L) fruits. *J. Agric. Food Chem.* 56 (13), 5021 – 5025.

Lawrence, Brian M. 2008. Progress in essential oils. *Perfumer Flavorist* 33 (8), 60 – 65.

64 柯卡姆

拉丁学名：*Garcinia indica* Choisy（藤黄科）

引言

柯卡姆（该词英文有两种拼写形式：kokam 和 kokum）是一种生长在印度西南部的树，当地人喜欢其酸味。柯卡姆制备物为马哈拉施特拉邦、卡纳塔克邦及附近地区所使用。近年来，由于柯卡姆含有羟基酸而引起了人们重视。柯卡姆风味较柔和，其酸味比罗望子温和。它具有酸甜适宜的风味。因此，柯卡姆可用于软饮料和甜味制品。然而，引起国际注意的是柯卡姆所含的羟基酸。

植物材料

柯卡姆是一种带下垂分枝的修长常绿乔木（Pruthi，1976）。柯卡姆树具有呈卵形至长椭圆形的披针形叶，正常长度在 6～9cm 之间，宽度在 2～4cm 之间。树叶上表面为深绿色，而下表面为淡绿色。柯卡姆果实为直径 2.5～4cm 的球形果。果实完全成熟时呈暗紫色。果实通常含五到八粒种子。柯卡姆的价值在于其干燥果皮，既可以用做食品，又可用于制药。干燥的果皮呈近黑色。这是一种林木作物，而非耕地作物。

柯卡姆干果皮具有酸甜风味，在印度南部被用于许多食物。它含约 10% 苹果酸，及少量酒石酸。它也含（一）羟基酸，这使其成为减肥产品的重要原料，这方面的作用类似于藤黄果或马拉巴尔罗望子。有关羟基酸的化学性质详见第 54 章藤黄果。

柯卡姆果实可作驱虫剂和强心剂用。据认为，它能有效地治疗痔疮、痢疾、肿瘤，甚至心脏疾病（Pruthi，1976）。柯卡姆果实种子可生产有价值的柯卡姆脂。制备时先用水煮沸，再将熔化的脂肪舀出。柯卡姆脂的皂化值在 187～192 之间，碘值在 25～36 之间。主要脂肪酸是硬脂酸和油酸。柯卡姆脂可用于药膏和其他药剂。

Krishnamurthy 等（1982b）在柯卡姆中发现了山竹子素和异山竹子素。山竹子素（$C_{38}H_{50}O_6$）的熔点为 122℃。山竹子素已通过紫外和近红外光谱确定。异山竹子素是一种山竹子素的无色异构体，它可通过紫外、近红外和核磁共振谱确定。柯卡姆中还存在两种基于花青素的矢车菊素（Krishnamurthy 等，1982a）。

提取

柯卡姆不含挥发油；外皮的水提取物可用作天然调味料。干果可用沸水提取两到四次。提取物合并后通过滤布过滤。过滤的提取物置于开放不锈钢蒸气夹层锅中煮沸浓缩。得到的稠厚提取物浓度为 60 ~ 70°Bx，可用于调味。

最近，柯卡姆作为（—）羟基酸源而受到重视。藤黄果（马拉巴尔罗望子）是一种更好的羟基酸来源，但需求量增加时，也可用柯卡姆提取物替代。

柯卡姆提取过程先用热水（60 ~ 70℃）提取，然后用氯化钠溶液将 pH 调到 8 ~ 9，再与氢氧化钙溶液反应，获得羟基酸的钙衍生物。这种钙盐沉淀物通过篮式离心机过滤，充分洗涤以除去过量化学品，在 90 ~ 100℃干燥箱中干燥。干燥滤饼根据客户要求粉碎成粉。

柯卡姆的羟基酸含量低于马拉巴罗望子的羟基酸含量，因此必须进行调整，以增加其活性成分的强度。由柯卡姆得到的产品一般比藤黄果的暗。某种程度上，将两者混合使用比较有利。

如藤黄果情形一样，柯卡姆提取物有类似的作用机制。（—）羟基柠檬酸趋于成为内酯，为防止这种产物出现，要将它制成钙或钾衍生物。羟基酸在三羧酸循环中与酶系统中的柠檬酸盐竞争，从而减少乙酰辅酶 A 的形成（Majeed 等，1994）。由于这个原因，减少了脂肪的形成和甘油三酯的积累。因此，消费形式得当的柯卡姆提取物有助于控制体重。有关此过程详细情形，详见第 54 章藤黄果。

用途

柯卡姆的水提取物可用于各种制备物，包括咖喱鱼。它也具有适用于饼干和糖果的滋味。柯卡姆提取物可作为夏季软饮料使用。（—）羟基酸钙衍生物具有减肥补充剂的价值。

柯卡姆的高抗氧化活性已受到人们重视（Mishra 等，2006），这为其用于烹调、软饮料和家庭疗药，增加了一项有利属性。柯卡姆中的山竹子素已被证实具有抗氧化特性（Sang 等，2001）。进一步研究（Sang 等，2002）表明，山竹子素是一种聚异戊二烯基二苯甲酮，具有保护细胞功能，尽管其作用的真实机制尚不明确。在这方面进一步围绕山竹子素进行研究，可能非常有价值。

参考文献

Krishnamurthy, N., Lewis, Y. S.; and Ravindranath, B. 1982a. Chemical composition of kokum rind. *J. Food Sci. Technol.* 19, 97.

Krishnamurthy, N.; Ravindranath, B.; Guru Rao, T. N.; and Venkatesan, K. 1982b. Crystal and molecular structure of isogarcinol. *Tetrahedron Lett.* 23 (21), 2233 – 2236.

Majeed, Muhammed; Rosen, Robert; McCarty, Mark; Conte, Anthony; Patil, Dilip; and Butrym, Eryc. 1994. *Citrin: A Revolutionary, Herbal Approach to Weight Management.* Burlingame, CA: Editions, pp. 1 – 69.

Mishra, Akanksha; Bapat, Mrinal M.; Tilak, Jai C.; and Devasagayam, Thomas P. A. 2006. Antioxidant activity of *Garcinia indica* (kokam) and its syrup. *Current Sci.* 91 (1), 90 – 93.

Pruthi, J. S. 1976. *Spices and Condiments.* Delhi: National Book Trust of India, pp. 147 – 148.

Sang, Shengmin; Pan, Min-Hsiung; Cheng, Xiaofang; Bai, Naisheng; Stark, Ruth E.; Rosen, Robert T.; Lin-Shiau, Shoei-yn; Lin, Jen – Kun; and Ho, Chi – Tang. 2001. Chemical studies on antioxidant mechanism of garcinol analysis of radical reaction of garcinol and then antitumor activities. *Tetrahedron* 57 (50), 9931 – 9938.

Sang, Shengmin; Liao, Chiung-Ho; Pan, Min-Hsiung; Rosen, Robert T.; Lin-Shian, Shoei-yn; Lin, Jen-Kun; and Ho, Chi-Tang. 2002. Chemical studies on antioxidant mechanism of garcinol: analysis of radical reaction products of garcinol with peroxy radicals and their antitumor activities. *Tetrahedron* 58 (51), 10095 – 10102.

65　可乐果

拉丁学名：*Cola acuminate*（Beauv），*C. nitida*（Vent）
Shott *et* Endl（梧桐科）

引言

　　可乐（英文有两种拼写形式：kola 和 cola）属于由几种树构成的非洲雨林家族。可乐树与可可树有关。可乐软饮料使得这种植物产品众所周知。

　　可乐果在西非被用作咀嚼品。由于穆斯林禁止食用酒精，可乐果是一种酒精神经刺激性的有效替代品。在传统非洲文化中，人们要将可乐坚果献给部落酋长和重要客人。据信，咀嚼可乐果可以防止饥饿感，因此营养不良的当地工人工作时会食用可乐果，以克服疲劳。然而，现代城市青年将这种咀嚼可乐果的行为视为粗俗之举，因此这一习惯已经不流行。持续咀嚼可乐果可能会导致牙齿染色。据统计，可乐果食用者的口腔疾病和胃肠道癌症发病率很高。

植物材料

　　可乐果生长在一种原产于非洲中西部的热带乔木上。该树由非洲劳工带入南美洲。树高约 12m。叶子长 15～20cm，呈革质状。该树开黄色花朵，有时开白中带红色或紫色斑点花朵。果实稍不规则，含 10～12 粒淡色种子。去壳后的干燥种子质地坚硬，因此称为仁果。

　　干燥可乐种子含有生物碱：咖啡因（1%～2%）和可可碱（<0.1%）。它含有儿茶素型黄烷－3－醇、由大量淀粉构成的碳水化合物、蛋白质和一些脂肪。可乐果的苦味来自于它所含的生物碱和多酚类物质（Leung 和 Foster，1996）。

提取物

　　可乐果几乎不含精油，因为没有突出的香气。可乐果有价值的是它的非挥发性部分，因此，提取这部分组分便可。主要软饮料公司所使用的方法都是保密的。但是，据信，一般采用乙醇水溶液作溶剂提取，既可提取多酚类极性物质，也可提取生物碱类非极性物质。用 20% 乙醇溶液浸泡和滗析，可以得到满意结果。

用途

　　可乐果提取物被广泛用于软饮料。它们也可用于酒精饮料、糖果和烘焙食品。由于其兴奋作用，可乐果提取物也可用于能量食品。

识别编号

	FEMA 编号	CAS	US/CFR	E - 编号
可乐果提取物（喜树可口可乐）	2607	89997 - 82 - 0	182. 20	—
可乐果提取（可口可乐箭竹）	—	84696 - 01 - 5	—	—

参考文献

Leung，Albert Y.；and Foster，Steven. 1996. *Encyclopedia of Common Natural Ingredients*，2nd edition. New York：John Wiley and Sons，pp. 332 - 333.

66 大豆蔻

拉丁学名：*Amomum subulatum* **Rozhergh**（姜科）

引言

大豆蔻也被称为锡金或尼泊尔豆蔻，英文同义词有"Large cardamom"和"greater cardamom"。它主要用于印度北部和东部地区烹饪。许多分布于东南亚不同地区的同一家族香料并没过多使用。

植物材料

大豆蔻是一种多年生草本植物的蒴果。叶梗带有长椭圆、披针形、两面光滑的绿叶。该植物沿小溪生长在湿软山涧阴坡及小山坡。它在海拔750~1700m旺盛生长。主产区位于喜马拉雅山坡和山麓。该植物进入第三个年头成熟时开花结果。收获期在8月和10月之间。

大豆蔻蒴果呈深色，长2~3cm，每一蒴果含30~50粒种子，这些种子由含糖稠厚果浆保持。大豆蔻种子具有类似于真豆蔻（详见第28章）的风味。蒴果重量由70%种子和30%果皮构成。种子含6%蛋白质、43.2%淀粉、4%灰分和2.5%~3%挥发油。

大豆蔻果通常置于竹台干燥，台下架木柴燃烧产生干燥所需热量。这会导致轻微烟熏味。今天，采用不接触烟雾的方式干燥。烘房用一系列镀锌铁管加热。燃烧器产生的烟道气用风机输送通过管道。某些地方也使用错流式电热干燥器进行干燥。

精油

从大豆蔻蒴果壳分离到的种子，经蒸馏可以得到产率为2.5%（v/w）的精油。此无色油状物的旋光度为$[\alpha]^{20}$D—8.48、折射率为n^{25}D1.4605，相对密度为0.9113。用GC－MS开展的一项研究结果显示，大豆蔻精油含16.3%单萜、75.2%含氧单萜和6.3%倍半萜。大豆蔻精油的主要成分是1，8－桉叶素（61.31%）、α－松油醇（7.92%）、β－蒎烯（8.85%）、α－蒎烯（3.79%）和异－香橙烯（3.17%）（Gurudutt等，1996）。

许多研究者观察到了大豆蔻精油所含的高水平桉叶油。这使大豆蔻精油类似于桉油，带有樟脑味。大豆蔻果皮（壳）利用克莱文杰水蒸气蒸馏可得到产率0.18%挥发油。这种挥发油的旋光度为$-7°7'$，折射率为1.4733，相对密度为0.9148。GC－MS分析表明它含有 37 种成分，占挥发油总量的 98%。主要成分是 1，8 – 桉叶素（38.7%）、β – 蒎烯（13.6%）、α – 松油醇（12.6%）、斯巴醇（8.3%）、4 – 松油醇、大根香叶烯、α – 蒎烯和 β – 瑟林烯（PuraNaik 等，2004）。

商业化生产中，包括种子和果壳的完整大豆蔻蒴果，经蒸汽蒸馏可以得到产率 1.5% 精油。气相色谱分析显示它含 68% ~ 75% 桉叶油素、7% ~ 9% β – 蒎烯、3% ~ 4% α – 蒎烯、0.5% ~ 2% 月桂烯和小于 0.5% 的芳樟醇。1，8 – 桉叶素的结构详见第 28 章豆蔻。

油树脂

大豆蔻油树脂产量非常有限。整个干果经蒸汽蒸馏，干燥后，可用己烷 – 丙酮混合物进行提取，得到产率为 1.5% 的油树脂。这种提取物通常与葵花籽油之类植物油、单甘油酯和双甘油二酯及所需量挥发油混合，以获得满意的油树脂。该产品是一种深褐色油状液体，具有芳香桉叶油香气和典型大豆蔻滋味。

用途

大豆蔻可用于各种传统的甜味制品和某些蔬菜咖喱。某些曾经使用大豆蔻的糖果，如今正制成加工制品。对于这些制品，使用精油和油树脂都比较方便。

参考文献

Gurudutt, K. N., Naik, J. P.; and Srinivas, P. 1996. Volatile constituents of large cardamom (*Amomum subulatum* Roxb). *Flavor Fragrance J.* 11, 7 – 9.

Pura Naik, J.; Rao, L. Jagan Mohan; Kumar, T. M. Mohan; and Sampathu, S. R. 2004. Chemical composition of the volatile oil from the pericarp (husk) of large cardamom (*Amomum subulatum* Roxb). *Fragrance Flavor J.* 19 (5), 441 – 444.

67 柠檬

拉丁学名: *Citrus limon* L (芸香科)

引言

柠檬为柑橘类黄色小水果,主要可食用部分是果肉和果汁。柠檬汁含有丰富的柠檬酸,因此,味很酸。虽然柠檬果肉和果汁具有良好风味,但它们一般不用于其他产品调味。柠檬的主要香味成分是柠檬皮油。

虽然人们推测柠檬最先生长在印度、缅甸北部地区,及中国部分地区,但柠檬的真正起源尚不很清楚。柠檬起初先传入伊朗和伊拉克,后来于公元 700 年左右传入埃及。有一篇阿拉伯文献提到了柠檬树作为花园观赏植物的培育和用途。到了公元 11 世纪,阿拉伯和地中海国家开始普遍使用柠檬。在此期间,柠檬由古罗马人通过意大利南部引入欧洲。英文"limon"一词可能起源于梵文"nimbu"。阿拉伯人和波斯人把此词改为"limun",而意大利人和法国人则将它改为"limone"。欧洲大量种植柠檬始于 15 世纪,哥伦布将柠檬从欧洲带到了美洲。

柠檬汁可制成流行饮料,如柠檬水。柠檬的酸味被用于许多糖果产品。柠檬汁可用于腌鱼和腌肉。在印度,柠檬也是一种流行的辣泡菜基料。一片柠檬(或莱姆),可为含酒精鸡尾酒提供新鲜感。

植物材料

柠檬树高达 3~6m。柠檬树枝通常带有尖刺。柠檬树叶互生,嫩叶偏红,完全成熟时上面呈深绿色,下面呈浅绿色。柠檬树叶形呈长圆形、椭圆形,或长卵形,叶长度在 6~11cm 间。叶带有细齿,叶柄带有薄翼。柠檬花有清香味,以单朵或两三朵集中形式出现在叶腋。打开的花朵有四到五片花瓣,内侧为白色,外侧呈紫色,含 20~40 根组合雄蕊和黄色花药。柠檬果实呈椭圆形,由果蒂到果端的轴长在 7~12cm 间,果端呈乳头状凸出。

柠檬果皮呈光亮黄色,有时带绿色条纹,油腺分布在果皮表面。柠檬皮油具有柠檬独特的天然风味。柠檬果皮厚度范围在 6~10mm。柠檬果内分成 8~10 片多汁果肉瓣。柠檬可含有种子或无籽。

精油

柠檬油通过冷榨工艺对果皮进行压榨生产(NIIR Board,2009)。多年前,在西西里岛，人们利用手工生产柠檬精油。柠檬产业主要由分布在种植区的家庭单位构成。妇女和儿童将柠檬切半，舀出里面的果浆，男劳力坐在矮凳上，将果皮中的油压榨到置于泥盆上的海绵中。虽然通过手工压榨得到的油质量相当不错，但这种海绵取油工艺后来还是被原始压榨器具所取代。再后来，简单压榨工具为旋转式榨油机取代。

在美国，柠檬油的主要产区是加利福尼亚州。因为劳动力成本高，意大利手工操作方式不再适合，因此，开发出了更高效的榨油方式。实际上就是用不锈钢螺旋榨汁机对整果进行压榨。随着果子通过锥形螺杆榨汁机，果汁、油和细胞碎片被挤压出来。通过离心分离，可将较轻的精油从富含酸和糖的水相中分离出来。

油水两相分离应及时进行，以免影响精油风味。长期保持会由于酶活作用而导致发生不良氧化和柠檬醛之类柠檬精油风味组分的化学性质变化。

如果将柠檬果皮剁碎后再进行蒸汽蒸馏，可提高精油产率。冷压榨法的产油率为0.035%，而水蒸气蒸馏的产油率为0.07%。冷压榨法产油率低是由部分油为软质内果皮吸收所致。

西班牙柠檬油行业也曾用手工海绵压榨法取油。这种取油法后来被针刺油细胞的机械装置取代。这种装置得到的渗出油类似于冷榨油。

巴西已经成为包括柠檬在内的柑橘类水果的主要生产国。当地用机械螺旋榨汁机提取得到由精油和果汁构成的乳浊液，然后通过离心将它们分离开。

最近对柠檬油成分的化学研究很少。Leung 和 Foster（1996）就这方面的研究作过简要综述。约90%柠檬精油由单萜烃构成，其中柠檬烯含量可高达70%，柠檬烯是柑橘油特征组分。柠檬油也含有少量其他烃类，如 γ - 萜品烯、β - 蒎烯、桧烯、α - 蒎烯和月桂烯；柠檬油含有2%~6%的以柠檬醛为主的醛类。此外，柠檬油含还有松油烯 - 4 - 醇、α - 松油醇和香叶醇之类醇类。也在柠檬油中发现了少量倍半萜烯，它们以红没药烯、α - 香柠檬烯和石竹烯形式出现。

通过除去萜烯烃生产无萜精油具有更加细腻诱人的柠檬油香气。意大利柠檬油经333.3Pa减压分馏，尽管仅可使馏分精油浓度提高8%，但柠檬醛含量可提高到40%以上。类似地，可在266.6Pa压力下除去倍半萜烯，得到产油率为5.36%的精油，富集的柠檬醛含量为60.5%（NIIR Board，2009）。

去除碳氢化合物除了可得到更佳香气以外，还能提高精油在稀释酒精中的分散性。这一品质在软饮料中很有用，这类饮料不能分散全油，而会在上面形成一圈浮油。除去烯烃，例如柠檬烯，也有利于产品减少氧化变性味道。

由柑橘树叶、叶柄和小树枝得到的精油称为苦橙叶油。苦橙叶柠檬油也用水蒸气蒸馏生产。该油具有由柠檬醛产生的柠檬香气，这种精油的柠檬醛含量约为50%。一般，这种油用于香料工业，而不用于风味剂工业。

根据食品化学法典，（吸收型）冷榨柠檬油是一种苍白到深黄或绿黄色液体，具有新鲜柠檬皮特有的气味和滋味。这种油可与无水酒精和冰醋酸混溶。它可包含适当抗氧化剂。

食品化学法典定义的冷榨柠檬油物理特性如下：

旋光度	+67° ~ +78°
折射率	1. 473 ~ 1. 476
相对密度	0. 846 ~ 0. 851
溶解度	3mL 酒精中溶解 1mL，有时呈浑浊状

根据食品化学法典，蒸馏柠檬油是一种无色至淡黄色液体，具有新鲜柠檬皮特有的香气。它可溶于大多数固定油、矿物油和酒精，但呈现浑浊状。它不溶于甘油和丙二醇。它可包含适当抗氧化剂。

食品化学法典给出的蒸馏柠檬油的物理特性如下：

旋光度	+55° ~ +75°
折射率（20℃）	1. 470 ~ 1. 475
相对密度	0. 842 ~ 0. 856

用途

柠檬油的最大用途是用于提高软饮料和柠檬汁基产品（如柠檬水）的柠檬风味。柠檬风味很适用于烘焙产品、甜点、布丁、糖果和许多甜味食品。柠檬油可作为苦味剂用于酒精性饮料，如甜利口酒和苦艾酒。对于所有使用柠檬的产品，特别是水介质食品饮料，无萜烯柠檬油最有价值。

柠檬风味可为一些产品提供新鲜感，因此，柠檬香气适用于化妆品，如肥皂、清洁产品和护肤产品。这方面的应用，由柠檬树叶和树枝得到的苦橙叶柠檬油最合适。柠檬油也可用于某些药用制剂，提供新鲜卫生香气。

识别编号

	FEMA 编号	CAS	US/CFR	E – 编号
（蒸馏）柠檬油	—	8008 – 56 – 8	182. 20	—
（压榨）柠檬油	2625	84929 – 31 – 7	182. 20	—

参考文献

Leung, Albert Y. ; and Foster, Steven. 1996. *Encyclopedia of Common Natural Ingredients*. New York：John Wiley and Sons, pp. 342 – 344.

NIIR Board. 2009. *The Complete Technology Book of Essential Oils*. Delhi：Asia Pacific Business Press, pp. 48 – 69.

68 香茅

拉丁学名：*Cymbopogon citratus* (DC) Stapf；
C. flexuosus (Stend Wats) (禾本科)

引言

有两种类型香茅，一种是西印度香茅（*Cymbopogon citratus*），另一种是东印度香茅（*Cymbopogon flexuosus*）。两者均是香茅油源，香茅油作为廉价清香精油可用于一些洗浴用品。

香茅油的主要用途之一是用于制备柠檬醛和合成维生素 A。柠檬醛是制造 β - 紫罗兰酮的起始原料，后者又是合成多种化合物的中间产品。目前，人们开发了合成维生素 A 之类产品的新途径，从而减少了对香茅油的依赖性。两类香茅中，东印度香茅的柠檬醛产率要高得多。

香茅本身在东南亚烹饪中被用作香料，尤其是在泰国、越南、马来西亚、印度尼西亚、中国和印度一些地区。这方面的用途，西印度香茅草可提供较平衡风味。食品制造商开始意识到香茅油和香茅油树脂作为调味料在加工食品中的实用性。

植物材料

西印度香茅（*C. citratus*）是一种多年生高大草本植物。这种植物释放出柠檬醛特征香气。香茅茂密的叶束从地下根茎发出。长叶片在端部变尖，叶长 90cm，宽度 1.7～2.0cm。叶片无毛但上面及沿边缘可能光滑，也可能粗糙。其圆锥花序穗长 30～60cm。

该植物可在年降雨量 200～250cm、平均气温 23～27℃ 的地区生长。该植物主要在加勒比海小岛、危地马拉和巴西某些区域种植。东南亚地区种植的香茅主要用作香料，常见品种是西印度香茅。

东印度香茅（*C. flexuosus*）原产于印度西南沿海地区。该类香茅草有两种常见品种，一种为红色香茅草，另一种为白色香茅草。当人们发现东印度香茅精油含有高含量柠檬醛后，这种草的种植进入了高峰期。大量柠檬醛含量 75% 以上的香茅油从科钦港出口。

该植物是一种高度 2～3m 的芳香草。从根茎发出的叶子呈线形，尾端呈披针形。叶片长度在 1～1.5m 间，宽度在 1.5～2cm 间。具有下垂圆锥形大花序，呈灰色或灰绿色，总状花序对高 1～1.5m，稍带毛。

这种香茅植物生长在温暖湿润气候、降雨量超过 250cm 的地区。该植物耐寒，一定程度上耐旱。它可生长在海拔 100～1200m 的山坡上，可耐受相对贫瘠的土壤。它主要生长在印度南部多雨地区。通过推广工作，这种草已成功地在印度其他地区栽种。

系统研究已经开发出其他可以生长在印度恶劣地区的品种，垂序香茅（*Cymbo-pogon pendulus*）便是其中之一。

化学组成

香茅草的主要成分是柠檬醛。它是一种单萜烯醛（图68.1）。各种东印度香茅精油含 75%～85% 柠檬醛。西印度香茅油所含柠檬醛在 65%～80% 间。

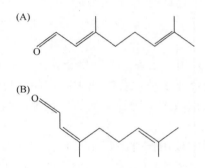

图68.1　柠檬醛（A）香茅醛（B）橙花醛

柠檬醛，即 2，3－二甲基 2，6－辛二烯醛，常有两种几何异构体形式，即香叶醛（柠檬醛 A）和橙花醛（柠檬醛 B）。

精油

香茅草的主要成分是挥发油。由于其价值低，通常在产地用水蒸馏法初步蒸馏制取精油。油蒸气与水蒸气的混合物通过管子收集在浸于水中冷却的接收容器中，有时可在水中通入小股小流帮助冷却。精油从蒸馏器的顶部倒出。

在较大生产中心，用大型低碳钢容器装切断的轻度干燥香茅草，引入外部锅炉蒸汽。这类蒸馏器每次可处理 5～10t 香茅草。产生的蒸气用水冷凝器冷却，油收集于佛罗伦萨烧瓶装置。通过这种方法，以鲜重计，东印度香茅草的产油率范围可在 0.2%～0.4%，西印度香茅草的产油率范围可在 0.1%～0.24%。

香茅油的主要成分是柠檬醛，占油状物的 3/4。香茅油还含其它萜烃类，其中已经报道存在于西印度香茅油中的醇类有芳樟醇、甲基庚醇、α－松油醇、香叶醇、橙花醇、金合欢醇和香茅醇。也已经在香茅油观察到许多挥发性酸，如异戊酸、香叶酸、辛酸和香茅酸（Leung 和 Foster，1996）。东印度香茅油也含有类似成分。如今正在开发以香叶醇为主的品种，但这种油主要用于香料工业。

根据食品化学法典，东印度香茅精油为深黄色至浅棕红色液体，而西印度香茅精油为浅黄色至浅棕色液体。香茅油具有柠檬气味，可溶于矿物油，易溶于丙二醇，但几乎不溶于水和甘油。东印度型香茅油易溶于酒精，但西印度型香茅会得到一种浑浊的溶液。

食品化学法典定义的香茅油物理特性如下：

旋光度	$-10° \sim 0°$
折射率	$1.483 \sim 1.489$
相对密度	
东印度香茅油	$0.890 \sim 0.904$
西印度香茅油	$0.869 \sim 0.894$
溶解度	
东印度香茅油	3mL 70%酒精中溶解 1mL
西印度香茅油	在 70% ~95%酒精溶液中形成混浊溶液

油树脂

由于切碎香茅草可作为香料使用，因此，一些亚洲国家及在西方亚洲人聚居区，将香茅草油树脂用于加工食品。

以下介绍的是笔者实验室进行的商业化提取过程。将香茅草叶切断后晒干，干草得率为42%，水分含量在10%~12%。用锤式粉碎机将干草粉碎成粗粉末，再通过辊磨机。在大型不锈钢容器中，用己烷－丙酮（75：25）混合液作溶剂进行重力渗滤提取。除去混合油中的溶剂，得到的油树脂产率以干基计为4.3%，以湿基计约为1.8%。得到的油树脂可用植物油稀释。

香茅油树脂是一种深绿色黏稠液体，具有香茅特有的香气，带有明显绿色香味。用葵花籽油稀释，可将油树脂中的挥发油含量调整到5%~10%之间。

用途

香茅草虽可作为香料用于亚洲烹饪，但尚未开发出用于烹饪的香茅油。油树脂可用于烹饪。然而，香茅油可用于各种饮料、一些烘焙食品、饼干和糖果。香茅油也可用于凉茶。

香茅油为低成本清香材料，很适用于某些洗浴用品和化妆品。香茅油作为柠檬醛原料，在制造维生素 A 和 β－紫罗兰酮方面的用量正在减少。柠檬醛仍然是某些化合物的合成原料。

识别编号

	FEMA 编号	CAS	US/CFR	E - 编号
西印度香茅油	2624	8007 - 02 - 1	182. 20	—
		89998 - 14 - 1		
东印度香茅提取物	2624	—	—	—

参考文献

Leung, Albert Y. ; and Foster, Steven. 1996. *Encyclopedia of Common Natural Ingredients*. New York: John Wiley and Sons, pp. 344 – 346.

69 甘草

拉丁学名：*Glycyrrhiza glabra* L（蝶形花亚科）

引言

甘草（英文有两种拼写形式"Licorice"，"liquorice"）是一种多年生植物的根。其植物学名为 *Liquiritia officinalis* L（豆科）。这种根含甜味成分。英文甘草名"licorice"来自希腊名，意为"甜根"。

甘草在古代埃及、罗马和希腊作为药物用于治疗咳嗽和感冒。伟大的希腊医生泰奥弗拉斯提到过，如将这种根含于口中，可起到去火止渴作用，并提到这种草根的甜味组分可安全地用于糖尿病患者。尽管在全球不同地区种植的植物中，中国甘草植株最小，但甘草可能起源于中国。现在，种植甘草的地区有中欧、土耳其、西班牙、俄罗斯和中国。甘草具有阿育吠陀疗法价值，印度也种植甘草。甘草也用于传统中药。甘草有很多药用属性，如预防胃溃疡、降低低密度胆固醇、减少体内脂肪和控制艾滋病毒，但其甜味成分甘草酸也有使血压上升的副作用。事实上，2008 年欧盟委员会建议，甘草酸摄入量应限制在低于 100mg/d，以避免血压上升、肌肉无力、慢性疲劳、降低男性睾酮水平。甘草的主要用途是风味剂。

植物材料

甘草是一种豆科植物，如豌豆和其他豆类一样，原产于欧洲和亚洲部分地区。虽然茴香、八角和小茴香也包含相似风味化合物，但这些植物与甘草之间没有植物学上关系。

甘草是一种多年生草本植物，生长高度为 1～1.5m。它具有绿色、蔓延、诱人的枝叶。甘草具有夜间下垂的羽状复叶。每张羽状叶有 10～18 片小叶。由松散花序产生的花朵长约 1cm，颜色由淡蓝到紫色不等。由花朵结出的果荚长 2～3cm，含 5 至 8 粒种子。根茎呈灰棕色，其内部为纤维。甘草的甜味由其根茎产生。

化学组成

甘草根茎活性成分是甘草甜素，是甘草的主要甜味化合物，其甜度为蔗糖的 30～50 倍。化学上，甘草甜素是甘草酸的三萜皂苷。水解时，甘草甜素被转化为糖苷配基、甘草次酸，和两分子葡萄糖醛酸。水解获得的苷元无甜味。虽然甘草甜素具有甜味，但它不同于糖。甘草甜素的甜味具有缓释感觉，会在口中停留较长时间。即使受到加热，甘草甜素仍能保留甜味。在美国，甘草作为风味剂，通常被认为是安全的（GRAS），但不能作为甜味剂使用。甘草可作为风味剂用于糖果、药品和烟草制品。欧盟建议的人体甘草甜素使用量每天不超过100mg。在日本，当地出现了从合成甜味剂向植物甜味剂转变的趋势，甘草可专门与另一种植物甜味剂（甜菊糖）联合使用。然而，日本政府建议人们使用甘草甜素的限量为200mg/d。

甘草植物的香气由萜烯茴香脑引起，这种物质是茴香油和八角特有的风味（详见第16章）。

萃取

甘草产品由去皮或未去皮干燥根茎制成。这些干根切碎或粉碎后可用于泡茶，制成胶囊或药片，也可用于制造提取物。可将甘草根置于水中煮沸提取水溶性提取物。过滤除去不溶性固体。将提取液合并，再经蒸发浓缩。稠厚糊状产品含80%～85%可溶性固形物，其中含30%～40%淀粉和胶质、16%糖和12%～20%甘草甜素（Farrell，1990）。浓缩糊状产品进一步真空干燥或喷雾干燥到水分含量5%以下。

美国每年大量进口通常为条状或固体块状形式的浓缩甘草提取物。另一种常见形式为浓缩物，其活性组分是铵盐（Leung和Foster，1996）。一些无甘草甜素的提取物称为解甘草甜素（DGL）。DGL不损害肾上腺，也无其他副作用。这一产品主要药用，而不是用于调味。

分析方法

AOAC有测定甘草酸铵盐的气相色谱法，也有用于同时测定游离甘草酸和盐的高效液相色谱法。

一种高效可靠分析方法是：首先转换成糖苷配基，再通过配有 C_8 柱的反相 HPLC 分离，用紫外检测器检测（Lauren 等，2001）。这种方法在大量分析中取得了令人满意的回收效果。

用途

甘草提取物可作为香料用于烟草行业。甘草具有圆润、甜美的木质风味，从而可强化烟草滋味。甘草活性成分有助于扩大呼吸道，可使吸烟者吸取更多烟，但同时也在其产生的烟雾中发现了一些毒素。甘草也可广泛用于糖果。甘草提取物和甘草酸（两者这样或以氨盐形式）用于经常使用茴香油的甘草糖果可取得更佳效果。上述二者也可用于酒精饮料（如啤酒）、非酒精饮料（如根啤酒）、冷冻乳品甜食和肉制品。甘草的甘甜后味会存在于某些软饮料和草药茶，可掩饰药剂的不愉快味道。在中国烹饪中，甘草风味用于咸味产品。

阿育吠陀疗法和中医都承认甘草的药用性质。甘草是一种祛痰剂，因此有时用于咳嗽糖浆。虽然甘草有许多药用价值，但应该牢记，其对血压有负面影响。

识别编号

	FEMA 编号	CAS	US/CFR	E – 编号
甘草浸膏	2628	97676 – 23 – 8	184. 1408	—
		84775 – 66 – 6		
甘草浸膏粉	2629	68916 – 91 – 6	184. 1408	—
		84775 – 66 – 6		

参考文献

Farrell, T. Kenneth. 1990. *Spices, Condiments and Seasonings*, 2nd edition. New York: Chapman and Hall, pp. 121 – 123.

Lnuren, Denis R.; Jensen, Dwayne J.; Douglas, James A.; and Follett, John M. 2001. Efficient method for determining the glycyrrhizin content of fresh and dried root and root extracts of *Glycyrrhiza* species. *Phytochem. Anal.* 12 (5), 332 – 335.

Lcung, Albert Y.; and Foster, Steven. 1996. *Encyclopedia of Common Natural Ingredients*, 2nd edition. New York: John Wiley and Sons, pp. 346 – 350.

70 莱姆

拉丁学名：*Citrus aurantifolia*（Christm）Swingle（芸香科）

引言

莱姆是柑橘类小水果，具有绿色或绿黄色果皮和果肉。众所周知的莱姆品种是富含柠檬酸的酸莱姆，虽然也有甜莱姆品种。酸莱姆比柠檬含有更多糖和柠檬酸，因此具有酸味。甜莱姆含较少柠檬酸，因此口感较甜。莱姆起源于印度喜马拉雅地区。

莱姆在早期探险活动中就受到重视，当时英国水兵容易出现坏血病，这种症状被确定为由缺乏维生素 C，即抗坏血酸所引起。这种坏血症可通过每天配给莱姆加以防治。虽然这是一个令人满意的解决坏血症问题的办法，但也使所有英国人背上了"Limey（英国佬）"绰号。

莱姆汁虽然是一种重要食品风味材料，但用于其他食品的莱姆风味，主要取自于莱姆皮精油。

植物材料

莱姆树是一种常绿乔木，高 4~6m，带有锋利的刺。莱姆叶具有某些特色风味，因此，东南亚一带将其作为香料用于烹饪。西印度莱姆树小而稠密，具有细树枝和小叶子。大溪地和波斯莱姆树较大，伸展范围也较大。这类莱姆树枝较粗，几乎不带荆棘。果实较大，横向直径为 5~6cm，纵向直径为 6~7.5cm。这类莱姆皮薄而光滑。美国莱姆的平均直径是 3.8~5cm；横向直径为 3~6cm。

大多数生产数据包含了莱姆和柠檬内容，由于两者用途相似，因此许多地方将它们当同类产品对待。在印度，柠檬和莱姆均可用于制作辣泡菜。除主要品牌产品外，即使在软饮料方面，对两者也有没有严格区分。在家庭烹饪和作为新鲜风味物用于酒精饮料时，人们很少注意使用的是柠檬还是莱姆。印度占世界莱姆和柠檬总产量的16%，其次是墨西哥（14.5%）、阿根廷（10%）、巴西（8%）和西班牙（7%）。

精油

新鲜水果皮被刺破时，用力便可将皮中的精油挤出。这样得到的是冷榨莱姆油。榨汁时，由于压力原因，一些果皮油会混入果汁。由于精油密度低于富含柠檬酸和糖的水汁，因此两者可通过离心加以分离。一般加工可同时得到精油和果汁。先提取冷榨油，剩下的部分再通过压缩获取果汁和剩余精油。然而，由于精油与果汁混在一起，分离后得到的精油可能不如最先由冷榨得到的精油清澈。某些加工厂，可能由于没有离心机先不分离冷榨油。这些场合，提取果汁后，会将内外果皮部分放在一起用水蒸气蒸馏，获得蒸馏莱姆油。事实上，很大一部分莱姆油是用这种方法生产的。墨西哥、西印度群岛和印度是蒸馏油生产国。事实上，无萜蒸馏油是用这种类型油生产的。

在西印度群岛，大量莱姆油由手工采用换料法制取。这种方法所用的简单设备是一铜制浅盆，盆底部中心向下连有一根管子，盆中带有突出短钝钉。当新鲜水果由手施力滚过这些钝钉时，莱姆皮的油细胞会破裂，从而使油渗出，通过中心管被收集于下方的容器。油浮在水相上面，可以滗析。这是一种劳动力密集型操作，并且不特别卫生。此外，这一过程只能获得约20%的理论产率。一般莱姆果的得油率约为0.1%。

一般来说，适用于柠檬压榨的机械并不十分适用于莱姆，原因是莱姆皮较薄。用于柠檬的压榨机经过改进可以成为适用于莱姆的冷榨机。这类机器已在墨西哥得到应用。整个水果破碎后，果浆经过滤分离，用高速离心机从清汁中分离出莱姆油（NIIR Board，2009）。

然而，只有少量油以冷榨方式分离。大量莱姆用于加工果汁，因此，剥离的果皮采用水蒸气蒸馏法制取蒸馏油。在印度，只有大型加工商使用冷榨法制造莱姆油。其他场合，莱姆果采用手工或机械切碎，通过水蒸气蒸馏，从果肉混合物回收莱姆油。

冷榨油与蒸馏油相比，具有较优良的风味品质。因此，一些地方为了降低成本，用蒸馏油勾兑冷榨油。蒸馏油的主要生产地区有西印度群岛和墨西哥。

蒸馏油像其他柑橘油一样，富含单萜烃类（约占75%）。其中，以柠檬烯为主，也含少量其他单萜烃。含氧成分包括柠檬醛、α-松油醇、1，8-桉叶素、1，4-桉叶素、芳樟醇和莳醇（Leung 和 Foster，1996）。也含倍半萜类，如香柠檬烯、β-石竹烯和β-红没药烯。莱姆油含0.35%大根香叶烯B，其甘性、木质、天竺葵般香气，可使莱姆油区别于柠檬油。通过水蒸气蒸馏法得到的孟加拉莱姆皮油，用 GC-MS 分析发现存在 44 种化合物，主要成分为柠檬醛（18.3%）、柠檬烯（39.6%）、β-蒎烯（18.7%）和桧烯（5.1%）（Chowdhury 等，2006）。

冷榨油的组成类似于蒸馏莱姆油，但通常不含降解产物对-甲基异丙基苯。冷榨油还含有邻氨基苯甲酸盐和一些取代香豆素（Leung 和 Foster，1996）。

根据食品化学法典，冷榨莱姆油为黄色、棕绿色或绿色液体，往往呈现蜡质分离，并有新鲜莱姆气味。它可溶于大多数固定油和矿物油中，但不溶于甘油和丙二醇。它可包含适当的抗氧化剂。

食品化学法典定义的冷榨莱姆油的物理特性如下：

	墨西哥型莱姆	大溪地型莱姆
旋光度	+35°～+41°	+38°～+53°
折射率	1.482～1.486	1.476～1.486
相对密度	0.872～0.881	0.858～0.876

食品化学法典将蒸馏柠檬油描述为颜色介于无色到黄绿色之间的液体，具有温和柑橘气味和花香气味。溶于大多数固定油和矿物油，但不溶于水、甘油和丙二醇。它

可包含适当抗氧化剂。

由食品化学法典定义的蒸馏柠檬油物理特性如下：

旋光度	+34° ~ +47°
折射率（20℃）	1. 474 ~ 1. 477
相对密度	0. 855 ~ 0. 863
溶解度	在 5mL 90% 乙醇中溶解 1mL

用途

莱姆的酸味和风味在墨西哥、美国西南部和泰国烹饪中特别受重视。一些亚洲国家用它制备辣泡菜。

莱姆油非常适用于软饮料。蒸馏油、冷榨油、无萜油均可用于软饮料。此外，柠檬–莱姆风味也非常适用于含酒精饮料、糖果、烘焙食品和肉制品。

柑橘风味代表新鲜，因此，莱姆油被用于洗浴用品、清洁洗剂和药物制剂，以提供良好香气。

识别编号

	FEMA 编号	CAS	US/CFR	E – 编号
压榨莱姆油	2631	8008 – 26 – 2	182. 20	—
		90063 – 52 – 8	—	
无萜莱姆油	2632	68916 – 84 – 7	182. 20	—
蒸馏柠檬油	—	8008 – 26 – 2	182. 20	—

参考文献

Chowdhury, Jasim Uddin; Nandi, Nemai Chandra; and Uddin, Minhaj. 2006. Aromatic plants of Bangladesh: chemical constituents of the leaf and peel oil of *Citrus aurantifolia* (Christ) Swingle. *Indian Perfumer* 50 (2), 54 – 55.

Leung, Albert Y.; and Foster, Steven. 1996. *Encyclopedia of Common Natural Ingredients*. New York: John Wiley and Sons, pp. 352 – 354.

NIIR Board. 2009. *The Complete Technology Book of Essential Oils*. Delhi: Asia Pacific Business Press, pp. 189 – 215.

71 荜拨

拉丁学名：*Piper longum* L（胡椒科）

引言

早在公元前希腊人就已经认识荜拨；希波克拉底将它描述为料药用植物而不是香料。历史学家们可能混淆了黑胡椒和荜拨。新大陆发现以前，古代欧洲把荜拨归为香料，虽然普林尼错误地将黑胡椒和荜拨归类为同源植物。然而，泰奥弗拉斯托斯（Theophrastus）在首本植物学书中对它们进行过明确区分。随着红辣椒出现，荜拨的地位有所下降。随着黑胡椒加工改进和销售发展，荜拨慢慢失去了重要性。虽然它仍然在亚洲烹饪中起一定作用，但在西方世界，它几乎成了一种被人遗忘的香料。令人惊讶的是，荜拨在北非伊斯兰烹饪中仍有一席之地，当地的荜拨由在东方活动的阿拉伯商人引入。

植物材料

荜拨是一种出现于常绿森林的芳香性细长攀缘植物。由于荜拨除了作为香料使用以外，还有其他用途，因此也被人为种植。像黑胡椒一样，这种植物依靠节点处生出的根，附着在支持树木上。虽然荜拨类似于黑胡椒，但这种植物不高。其分枝直立，在节点微肿。叶互生，下部呈宽卵形，上部为椭圆形。叶子比黑胡椒的厚，咀嚼时表现出轻度辣味。花出现在孤立花穗（Warrier，1995）。荜拨果实为小浆果，但完全沉没在肉质穗中，不像黑胡椒，较大浆果与花穗只在梗端相连。荜拨浆果呈绿色，但成熟时变为红色，干燥时变为黑色，这种情形与黑胡椒类似。

干燥过的花穗（照片20）有苦味，并有轻度发热性，可用于驱风、祛痰、润肠通便和帮助消化。因此，在阿育吠陀疗法中，荜拨被用于治疗许多疾病。该植物在印度不同地区栽培。

精油

干荜拨经粉碎后进行蒸汽蒸馏，可以得到 0.7% 精油（Pruthi，1976）。这种精油具有类似于辣椒油和姜油的辛辣香气。它的旋光度为 40°1′，折射率为 1.4769，相对密度为 0.8484。

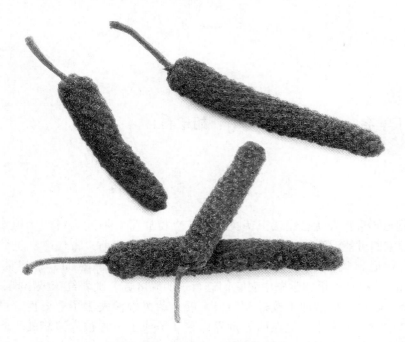

照片 20　干荜拨穗（参见彩色插图）

油树脂

本书作者实验室已经取得产率 0.8% ~ 1.4% 的挥发油。利用己烷 – 丙酮混合物作溶剂，对脱油香料进行萃取，可以得到产率 6% ~ 7% 的油树脂馏分。加入挥发油后，油树脂总产率为 6.8% ~ 8.4%。油树脂含 6% ~ 16% 挥发油，含 1.8% ~ 2.5% 胡椒碱。荜拨油树脂是一种绿褐色油状液体，具有温和草药香气和轻度延迟性辣味。荜拨油树脂在口中含一段时间，舌头会有轻微发麻感觉。这种油树脂可用植物油或甘油单油酸酯稀释。

用途

荜拨及其提取物可用于只需微辣风味的食品。如今，很少作为风味物用于食品。然而，荜拨仍然具有医学用途。荜拨浆果可有效地用于治疗呼吸道疾病，可作为局部肌肉疼痛和炎症舒缓镇痛药使用，也可作为驱风药和一般补药内服。在阿育吠陀疗法中，用黑胡椒、姜和荜拨混合而成的三辛药，是一种恢复元气的药。

参考文献

Pruthi，J. S. 1976. *Spices and Condiments.* New Delhi：National Book Trust，pp. 189 – 191.

Warrier，P. K. 1995. *Indian Medicinal Plants*，vol. 4. Madras：Orient Longman，pp. 290 – 296.

72 川芎

拉丁学名: *Levisticum officinale* L. Koch;

Angelica levinticum Baillon (伞形科)

引言

川芎可能起源于中国。公元前，腓尼基人，后来希腊人和罗马人不仅将川芎用作风味物，而且也将它用作药物和化妆品。川芎作为庭园拉维奇草栽培，可能首先出现在欧洲地中海地区，后来发展到英格兰，至今人们仍然偶尔种植这种植物，用其根及少量叶和种子做药。它含有一种色素成分，在碱性条件下可使水或酒精呈深红色。几个世纪以前，川芎不仅是一种家用药，而且其优质香气也受人喜爱。川芎浸泡液具有防腐性，可用于处理伤口，对缓解消化不良也有一定作用。

植物材料

川芎为多年生高大植物，类似于当归植物。其圆筒形空心杆高度为 2~3m。川芎具有交替生长的明亮绿叶。川芎的粗壮肉质根有点类似胡萝卜，但外呈灰棕色，内呈白色。该植物具有成束开放的终端浅黄色花朵。川芎含椭圆形小颗粒黄棕色种子。

川芎很容易种植。既可通过分根，也可通过种子传播。这种植物喜欢生长在潮湿、排水良好和阳光充足的肥沃地区。几乎整个川芎植物均可利用。根、叶和种子均具有医药价值。幼茎几乎与当归相同，具有香气，因此可作为调味料使用。通常被称为果实的干种子，以及叶子都可作为风味剂使用。用作香料的川芎干果容易被误认作阿育魏。川芎有时可像芹菜那样用于色拉。

具有重要香料价值的川芎根可用于提取精油。刚挖出切断的川芎根要洗净，切成 1~1.3cm 厚的薄片，并仔细干燥。如果用烘箱干燥，温度应控制在 50~55℃。

精油

有关川芎根油组成的文献数据比较粗略。主要成分是萜品醇（Farrell，1990），其含量范围在 0.3%~1.0%。有关这种药草油的物理性质，一项比较旧的法国分析结果如下（Guenther，1950）：

旋光度	+0°40′ ~ +1°20′
折射率（20℃）	1.5502~1.5591

相对密度   1.034 ~ 1.057

溶解度   在 1 ~ 2mL 80% 乙醇中溶解 1mL

根据食品化学法典，川芎根油颜色介于黄绿褐色到深褐色之间，具有川芎特有的芳香气味和味道。它可溶于大多数固定油和以浑浊状微溶于矿物油。它基本不溶于甘油和丙二醇。空气和光线可使其变成颜色较深、较黏稠的油。

由食品化学法典定义的川芎油物理特性如下：

旋光度   -1° ~ +5°

折射率（20℃）   1.536 ~ 1.554

相对密度   1.030 ~ 1.057

溶解度   4mL 95% 酒精中溶解 1mL，有时出现轻微混浊

川芎油树脂生产很少。由于其非挥发性成分的药用性质，油树脂作为食品香料使用比较方便。此外，有报告指出川芎存在色素成分，它在醇提取物中呈胭脂红颜色。

用途

川芎提取物具有加工食品应用潜力，如汤、烘焙食品、奶酪涂料和酱料。作为微量风味成分，川芎提取物可用于烟草、烈酒、甜酒、糖果和药用制剂。川芎作为药物制剂成分的功效是刺激胃液分泌和降低体液盐分（Farrell，1990）。

识别编号

	FEMA 编号	CAS	US/CFR	E - 编号
川芎根油	2651	8016 - 31 - 7	172.510	—
		84837 - 06 - 9		
川芎提取物	2650	8016 - 31 - 7	172.510	—
川芎叶油	—	8016 - 31 - 7	—	—

参考文献

Farrell, Kenneth T. 1990. *Spices, Condiments and Seasonings*, 2nd edition. New York: Chapman and Hall, pp. 124 – 126.

Guenther, Ernest. 1950. *The Essential Oils*. Malabar, FL: Robert Krieger Publishing, vol. 4, pp. 649 – 654.

73　肉豆蔻皮

拉丁学名：*Myristica fragrans* **H**（肉豆蔻）

引言

肉豆蔻树所产的肉豆蔻皮是一种包在豆蔻壳外的亮红色笼状皮，它与肉豆蔻交织在一起生长。

植物材料

由于肉豆蔻皮来自肉豆蔻树，有关这种植物的详情与肉豆蔻相同（详见第 78 章）。肉豆蔻皮的分布也与肉豆蔻相同，因此不重复这些细节。

肉豆蔻皮是肉豆蔻的软质网状假种皮。它呈明亮猩红色，并有非常奇妙风味，但其风味仍然有点类似于肉豆蔻。这种薄质开裂的假种皮大小取决于圆形肉豆蔻大小。具有圆形内核的肉豆蔻需要长时间日晒。肉豆蔻的颜色不是很重要。肉豆蔻皮薄而柔软，需要精心处理和干燥。由于处理要求不同，因此人们将肉豆蔻和肉豆蔻皮视为两种独立的香料。

肉豆蔻皮的档次分为：明亮橙色的"班达肉豆蔻皮"为顶级；带红色条纹的金黄色"爪哇肉豆蔻皮"为二级；颜色和香气较淡的"西亚瓦肉豆蔻皮"为三级；"巴布亚肉豆蔻皮"为最低级。也有一些低级肉豆蔻皮由其他肉豆蔻香料产生。

干肉豆蔻皮产率只是肉豆蔻的 3.5%。除了美妙香气和异域风味以外，产量低也是肉豆蔻皮比肉豆蔻贵的原因之一。

化学组成

干肉豆蔻皮含 6.5% 蛋白质、48% 碳水化合物、4% 粗纤维，以及主要由甘油三酸酯和精油构成的 24.5% 可提取物。肉豆蔻醚是重要的含氧萜烯。水溶性物质包括无色花青素。已经鉴定的脂溶性颜色为类似于存在于番茄的番茄红素（Gopalakrishnan 等，1979）。

精油

斯里兰卡和印尼干肉豆蔻皮样品，经水蒸气蒸馏，可得到产率 8%～9% 精油。印度肉豆蔻皮的出油率较低，一般在6%。

表73.1 所示为印尼和斯里兰卡肉豆蔻皮油的平均组成。一般认为这种精油含肉豆蔻醚最多，但测试并未证实这种假设。肉豆蔻皮油的萜烯碳氢化合物、蒎烯和桧烯含量水平较高。由于产量较低，具有明亮色彩，因此可以理解肉豆蔻皮比肉豆蔻昂贵。对于精油，有时难于将肉豆蔻皮油与肉豆蔻油区别开来，虽然最近一项研究发现肉豆蔻皮油含32.68%肉豆蔻醚，而肉豆蔻油只含13.58%。大量得到确认的化合物之间也存在差异（Malik 等，2002）。

表73.1   印尼和斯里兰卡肉豆蔻皮油组成

组成	肉豆蔻皮油（面积%）	
	印尼	斯里兰卡
α - 侧柏烯	3~5	3~5
α - 蒎烯	15~22	15~20
桧烯 + β - 蒎烯	25~35	30~40
δ - 3 - 蒈烯	3~5	3~5
柠檬烯	3~5	3~5
对伞花烃	0.5~1.5	1~2
β - 水芹烯	2~4	2~4
α - 松油烯	5~9	4~8
松油烯 - 4 - 醇	3~6	3~5
黄樟素	2~3	0.5~1.5
肉豆蔻醚	6~10	4~6
Elimicine	<0.5	2~4

根据食品化学法典，肉豆蔻皮油是一种无色或淡黄色液体，具有肉豆蔻特有的气味和滋味。溶于大多数固定油和矿物油，但不溶于甘油和丙二醇。

食品化学法典定义的肉豆蔻皮精油物理特性如下：

	东印度型	西印度型
旋光度	+2°~ +30°	+20°~ +30°
折射率（20℃）	1.474~1.488	1.469~1.480
相对密度	0.880~0.930	0.854~0.880
溶解度	4mL 90%乙醇中溶解1mL	

油树脂

用己烷萃取脱油肉豆蔻皮可制取油树脂，其主要成分是甘油三酸酯。同样可提取全部量非常小的未蒸馏的高沸点化合物，如倍半萜烯和含氧衍生物，从而增加价值。

如不考虑油，树脂产率可高达15%。油树脂的油含量可根据客户要求定制，因此，可添加所需数量的肉豆蔻皮油。由于分析和感官特性方面关系密切，因此，经常会在肉豆蔻皮油中加入肉豆蔻油。

用途

肉豆蔻皮油如肉豆蔻油一样，被视为重要烘焙油。它可用于所有使用肉豆蔻油的食品。肉豆蔻皮油一般用于较昂贵产品，因为它具有更奇妙的风味。油树脂可提供更圆润的风味，尤其在涉及较多加热的场合。

肉豆蔻皮像肉豆蔻一样，可用于阿唷吠陀疗法。对于这类产品，如果要求较精细制备物，则采用精油较有利。

识别编号

	FEMA 编号	CAS	US/CFR	E - 编号
肉豆蔻皮油	2653	8007 – 12 – 3	182. 20	—
		84082 – 68 – 8		
肉豆蔻皮油树脂/提取物（包括 CO_2 提取物）	2654	8007 – 12 – 3	182. 20	—

参考文献

Gopalakrishnan M.; Rajaraman, K.; and Mathew, A. G. 1979. Identification of mace pigment. *J. Food Sci. Technol.* 16 (6), 261.

Malik, M. Shafiq; Jasra, Abdul Basit; Khan, Javed Iqbal; and Ahmed, Rafi. 2002. Studies on the chemical composition of essential oils of mace and fruit kernel from *Myristica fragrans. Proc. Pak. Acad. Sci.* 39 (1), 79 – 82.

74 柑橘

拉丁学名：*Citrus reticulata* **Blanco**（芸香科）

引言

柑橘是橙子的变种，具有通常称为"松皮"的宽松外皮，以区别于正常紧附在瓤上的橙子"紧皮"。柑橘也被称为"孩子手套橙"。植物学名 *Citrus reticulate* Blanco 的同义词是 *Citrus nobilis* var. deliciosa Swingle。柑橘是一种橙红色外皮的甜果。在菲律宾，柑橘被称为 *naranjita*，而拉丁美洲称它们为 *mandarina*。

柑橘被认为原产于东南亚、菲律宾、日本、中国南部、印度和印尼等国家。虽然 3000 年前中国已经栽培柑橘，但这种植物到了 19 世纪才进入欧洲，稍晚再进入北美。

在美国，这样的橙子被称为柑（tangerines）。虽然英文名"mandarin"和"trangerine"有时可以互换使用，但一些专家坚持认为这两个名词各自所指的精油有区别。

这些柑橘的果瓣很容易像果皮一样相互分开。柑橘是一种用得非常多的餐用果品，也常去掉白色瓤衣后制成水果色拉。柑橘瓤去衣后也可制成糖水橘子罐头。

世界不同地方有许多在当地受欢迎的柑橘品种。然而，只有柑橘皮油可以作为风味剂，用于改善其他食品感官质量。

植物材料

柑橘树一般比甜橙树小。随着树龄增长，树高可达 7~8m，其枝叶伸展范围大。该树通常有刺，但其嫩枝修长。树叶或窄或阔，为具有带细圆锯齿缘的披针形叶，并有带翼叶的叶柄。柑橘花单独或成小束开在叶柄间。

柑橘果实呈扁圆形，果皮具有明亮橙红色。果皮松散，容易用手剥离。柑橘瓤容易分开，不会挤出果汁。柑橘种子小而稍长，一端呈尖形。种子内部偏绿色。美国橘的横径范围在 5~7.5cm 间。

柑橘比甜橙耐寒，更耐干旱条件。然而，果实较嫩，并且容易损坏。柑橘在商业开发方面有若干缺点。柑橘树产果量不大。此外，果皮较娇嫩，因此在运输过程中容易损坏。柑橘树通常有隔年结果倾向，使得当地柑橘产量不可预测。事实上，柑橘容易剥皮和分成单瓣，更适合用作为餐桌水果，因此，也较少加工。一些柑橘加工中心会将果皮收集起来生产精油。

精油

直到最近，美国仍然分别对柑橘油和果汁进行提取，原因是松皮的柑橘果汁或果肉不太适合做罐头。因此，一小部分餐桌食用产生的果皮，经粉碎后成为油和汁的乳浊液，通过离心分离可得到冷榨油。近年来，提出了一种使用瞬时巴氏杀菌的新工艺。这种工艺可使柑橘行业得到大量副产品油。这种工艺做法是，洗涤后的柑橘通过将其切成两半的旋转式榨汁机榨汁，再用螺旋榨汁机或其他专用榨汁机压榨果皮。通过筛分将固体碎渣中的液体分离出来，然后用离心分离机将细胞液中的精油分离出来。这种精油带橙红色，具有典型柑橘外皮香气和风味。

西西里岛及邻近地区的柑橘主要用于食用或出口，少量用于提取精油。人们采用手工或机器压榨海绵吸收工艺从柑橘回收精油，产率一般为 0.8%。在巴西，鲜销水果剩下的少量柑橘也利用摩擦机器提取果汁。这种机器利用旋转波纹碟片及封闭筒内壁对整果进行刮擦。这种方式的产油率只有约 0.2%（NIIR Board，2009）。

根据食品化学法典，冷榨柑橘油是一种清晰、暗橙色、红黄或褐橙色液体，具有令人愉快的橙子气味。未成熟果实得到的油，往往呈绿色。这种油溶于大多数固定油、矿物油，微溶于丙二醇，但不溶于甘油。它可包含适当抗氧化剂。

由食品化学法典定义的冷榨柑橘油的物理特性如下：

旋光度	+63° ~ +78°
折射率（20℃）	1.473 ~ 1.477
相对密度	0.846 ~ 0.852

根据食品化学法典，冷榨柑橘油是一种橙红至橙棕色液体，具有宜人的橙香气味。未成熟果实得到的油往往呈绿色。它易溶于大多数固定油和矿物油，微溶于丙二醇，基本不溶于甘油。它可包含适当抗氧化剂。

由食品化学法典定义的冷榨柑橘油的物理特性如下：

旋光度	+88° ~ +96°
折射率（20℃）	1.473 ~ 1.476
相对密度	0.844 ~ 0.854

柑橘皮油的主要成分是柠檬烯。通过气相色谱研究，已经在甜橙油中确定了 48 种化合物（Kugler 和 Kovats，1963）。已经发现存在 7 种氨基酸和 24 种醇。在报道的 16 种羰基化合物中，已发现有四种直链醛、四种单萜烯及两种倍半萜醛类。鉴定到的四种酯中包含 N - 甲基邻氨基苯甲酸。两种酮为圆柚酮和香芹酮。圆柚酮是典型柚子香气成分。1，8 - 桉叶素和麝香草酚也存在于柑橘皮油中。

柑橘树叶和树枝蒸馏后，可以得到产率约 0.3% 的苦橙叶油（NIIR Board，2009）。

用途

橘橙油可作为甜橙油改良剂，用于饮料行业。如其他柑橘油一样，橘橙油也可用于各种烘焙产品、糖果，并可作为风味助剂用于橙汁制品和果浆产品。橘橙油也可用于某些甜酒、香甜油和香水。

橘子油一般类似于甜橙油，可用于使用甜橙油的产品。随着果汁提取方法的改进，橘子油作为风味物质，如今已用于为不同产品提供独特香气。

识别编号

	FEMA 编号	CAS	US/CFR	E – 编号
柑橘油	2657	8008 – 31 – 9	182. 20	—
无萜烯柑橘油	—	68917 – 20 – 4	—	—
橘子油	3041	8008 – 31 – 9	182. 20	—

参考文献

Kugler, E. ; and Kovats, E. 1963. Information on mandarine peel oil. *Helv. Chim. Acta* 46, 1480 – 1513.

NIIR Board. 2009. *The Complete Technology Book of Essential Oils*. Delhi：Asia Pacific Business Press, pp. 216 – 227.

75 万寿菊

拉丁学名: *Tagetes erecta* **L**（菊科）

引言

万寿菊花朵具有诱人的橙黄色。万寿菊是花园观赏花，有时也用于制作花环。在印度，万寿菊花环流行于印度教寺庙。万寿菊是一种最容易种植的花卉，没有其他花可以像万寿菊一样能使入户花园生辉。花坛或草坪边沿常栽种小金盏花植物。旧时英语作家将这种花称为金花或"舵"花。后来人们将万寿菊与圣母玛丽亚联系在一起，到了 17 世纪，又将它与玛丽女王联系起来。也许，正是这些联系才使这种花取名为"万寿菊"。

16 世纪葡萄牙人在中美洲最先注意到这种花。目前世界上不同区域这种花有若干品种。非洲或美洲的万寿菊（*Tagetes erecta*）长至 90cm，花形很美，直径为 12 ~ 13cm。万寿菊花呈黄色。孔雀草（*Tagetes patula*）开红色或橙色小花朵。植物生长高度较低，10 ~ 40cm，其花的直径约 5cm。细叶万寿菊（*Tagetes signata*）具有黄色至橙色花簇，有凉爽柠檬香味。也有一些盆栽品种不是正宗万寿菊。

从天然色素角度看，在所有万寿菊品种中，*Tagetes erecta* 品种最重要。这种花的可提取黄色素较浓，属于类胡萝卜素类。南美、中国和印度是这种色素的主要生产国。

植物材料

万寿菊为一年生植物，其花为万寿菊色素原料（照片 21）。一般来说，这种植物容易生长，其颜色介于黄色和橙色之间。整个夏季均开花，对昆虫或微生物侵袭有较强抵抗力。万寿菊以颜色鲜艳的大花为佳。万寿菊叶很细，类似于蕨类植物。细叶万寿菊叶比万寿菊叶更细，这种品种主要用于提取色素。

提取用的花制备物

万寿菊的活性色素是叶黄素，含量范围只有 0.1% ~ 0.15%，其中近 90% 为胡萝卜素。因此，为提取这种色素，必须处理大量花卉。万寿菊花含略超过 85% 的水分，为保持其新鲜度，农民要经常洒水，以使花朵较为潮湿。

万寿菊收获因需要手工采摘，需要大量劳动力。万寿菊色素对热敏感，因此不能用非常高的温度进行干燥。对如此蓬松的鲜花进行干燥，热风干燥成本非常高。因此，

照片21　万寿菊（参见彩色插图）

要经过一个称为青贮的预处理过程。在此过程中，使花朵腐烂到其细胞解体程度，从而使其中的水分渗出。鲜花保存于大面积可排水的水泥罐中。典型贮罐可存放200t鲜花。经15d左右时间，会排出约12%水分。经22d时间，会排出13.5%水分。释放部分水分的贮料然后通过挤压装置，进一步降低水分含量。一般来说，可挤出约16%～20%水分。

释放出约50%～55%原始水分的鲜花料，再用热空气干燥。所用的设备是一种开放式带网底干燥器。鲜花料在网上铺成厚约5cm左右的料层。加热空气由底部进入。这是一种粗放穿流式干燥机。干燥结果可得到原鲜花重量7%～11%的可提取用物料。干燥花料水分含量范围在12%～13%。干燥花料的叶黄素含量在10%左右。不同阶段的脱水量见表75.1。

表75.1　　　　　　　　新鲜万寿菊制备干料过程中的水分和重量降低

	质量/kg	水分含量/%	失水量/（鲜花%）
鲜花	—	—	
经15d青贮后	—	—	12
再经22d青贮后	—	—	13.5
挤压	—	—	16～20
干燥后	28.286	10	30～35

可见，青贮过程由于碳水化合物、蛋白质及酸类固形物随水分一起流出，因此失重量相当大。

脱水操作的最大问题是污染。青贮和挤压过程会随水排出一些脂溶性营养素，导致污染性微生物生长和产生臭味。近年来，中国和印度在开展万寿菊提取活动。由于缺乏空间和污染，许多印度处理商已经停止加工万寿菊。由于某些地区大面积种植，并有适当提取技术，中国成了万寿菊色素的唯一生产国。在南美，尤其是秘鲁的万寿菊加工也一直不成功，原因是劳动力成本高。

化学组成

　　万寿菊花色素都是含氧胡萝卜素（叶黄素）。万寿菊中约90%类胡萝卜素为叶黄素（图75.1）。玉米黄质含量约5%。叶黄素以酯类形式存在，典型组成为50%叶黄素二棕榈酸酯，30%叶黄素二肉豆蔻酸酯，6%叶黄素单酯，9%其它成分（Antony 和 Shankaranarayana，2001）。也含少量二硬脂酸酯、肉豆蔻酸 – 棕榈酸酯和棕榈酸 – 硬脂酸酯。

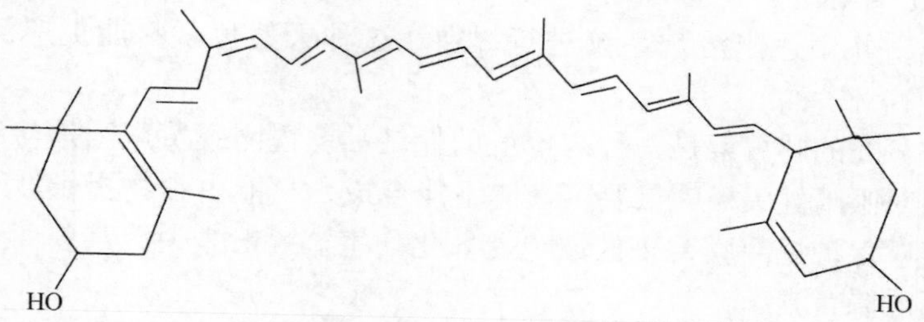

图 75.1　9 – 顺 – 叶黄素

　　万寿菊的颜色由叶黄素和其他叶黄素类提供。如果将叶黄素添加到鸡饲料中，也会在鸡蛋黄中沉积。为此，生产了大量万寿菊提取物。

　　万寿菊叶黄素在自然界以反式 – 异构体形式出现，但某些加工步骤可能会使其转化为顺式结构。不过，这两种异构体形式均对眼睛有保健作用（详见下面"用途"一节）。

萃取

　　万寿菊干粉可用己烷萃取。间歇式提取情形下，将先后得到的混合油合并在一起，再蒸馏除去溶剂，此过程不用使温度大大高于己烷沸点。大批量处理时，可用连续运转链进行萃取操作。万寿菊粉朝一个方向移动，而溶剂朝相反方向移动，浓度逐步提高。得到的提取物是一种深褐色糊状液体。这种液体具有温和万寿菊气味和青贮过程产生的典型腐臭味。产品加热至50~60℃时变得松散。

　　提取物产率约为干粉的8%~10%。该产品每千克含80~120g叶黄素。残留溶剂浓度低于3000mg/kg。

　　由于具有腐臭气味，该产品只能用作鸡饲料。真空蒸馏可使提取物溶剂残留下降，也可除去一些臭味，但产品仍不适合用于食品。鲜花分解过程有必要标准化，要精心进行部分干燥，并用己烷和丙酮混合物提取细胞中的色素。一些探索性试验已显示出有希望生产满意风味的产品。

用途

万寿菊提取物富含叶黄素，具有明亮黄橙颜色，适用于许多类型食品。所含的叶黄素也具有保健作用。这种色素在热加工过程中具有稳定性。有许多标准形式可用于不同食品，如油溶性、水分散性、喷雾干燥的，以及固体基质涂布物。这些产品可用于蛋黄酱、乳制品、糖果及烘焙食品，提供黄橙色。

然而，这种精致色素尚未完全开发成为天然食品着色剂（Sowbhagya 等，2004）。由于青贮过程产生浓重异味，现在生产的万寿菊花提取物大多用于鸡饲料。作者认为，如果小心干燥，并用适当溶剂系统进行提取，这种天然色素将能更广泛地用于食品制备。

提取物中存在的叶黄素是一种有价值的保健品。视网膜黄斑区是与年龄相关的脆弱区。叶黄素对眼睛健康极为重要，人体不能合成，只能由食物提供。叶黄素是一种抗氧化剂，能够保护视网膜黄斑区域免受氧化伤害。一般来说，某些商业制备物也会包含玉米黄质和隐黄素。

万寿菊提取物被广泛用于鸡饲料，以提高蛋黄的黄色成分。为使鸡蛋黄的黄橙色标准化，要使用大量皂化的万寿菊提取物。

分析方法

叶黄素可用 AOAC 方法估计。叶黄素用混合溶剂萃取，用分光光度计在 474nm 处读取吸光度。

识别编号

	FEMA 编号	CAS	US/CFR	E – 编号
万寿菊完全提取物	—	8016 – 84 – 0	—	—
		91770 – 75 – 1		
叶黄素	—	—	—	161b

参考文献

Antony, J. I. X.; and Shankaranarayana, M. L. 2001. Lutein. *World of Food Ingredients*, April-May, pp. 64 – 70.

Sowbhagya, H. B.; Sampathu, S. R.; and Krishnamurthy, N. 2004. Natural colorant from marigold – chemistry and technology. *Food Rev. Int.* 20（1）, 33 – 50.

76 马郁兰

拉丁学名：*Marjorana hortensis* M（唇形科）

引言

马郁兰也称为甜马郁兰，是一种对冷敏感的多年生草本植物或小灌木，具有优雅香气。牛至虽然有时也称为野马郁兰，但它是一种不同的香草；而马郁兰则属于薄荷家族。很长一段时间，马郁兰曾被称为马乔莲（*Origanum marjorana*），但目前使用的植物学名是 *Marjorana hortensis*。虽然它是一种多年生植物，但它需要每年种植。

在罗马，新婚夫妇要戴马郁兰花冠。在克里特岛，马郁兰是荣誉象征。在希腊，马郁兰名称意味着领略山脉的喜悦，这种植物代表幸福。在西西里岛，当地人认为马郁兰能够驱除不愉快。

植物材料

马郁兰是一种贴地生长的直立植物，其高度很少超过 30cm。它长得稠密，具有灰绿色椭圆形带毛叶子。其花结成束花簇。由干叶及干花部构成的香草，可作为香料使用，也可用于制备提取物。马郁兰具有甜美辛辣香气和苦味，并带有樟脑滋味和风味。

栽种该植物的国家有：法国、德国、英国、匈牙利、意大利、西班牙和葡萄牙等欧洲国家，北非的摩洛哥和突尼斯，以及南美洲和中美洲的一些国家。

马郁兰叶（以干基计）含 60% 以上的碳水化合物、7% 脂肪、13% 蛋白质、18% 纤维、矿物质和维生素。然而，这种植物最重要的成分是挥发油，它提供香气和风味。

精油

干马郁兰叶的挥发油产量在 1% 左右。挥发油的主要成分是桧烯衍生物，这是一种双环化合物（Novak 等，2008）。对来自阿尔巴尼亚的马郁兰精油进行 GC－MS 分析表明，它含 28 种挥发性物质（Jirovetz 等，2008）。其中，松油烯－4－醇占 14%，α－松油占 9%，桧烯占 8%。在埃及产精油中检测到了 30 种主要和次要化合物。主要组成物有松油烯－4－醇、里哪醇、γ－萜品烯、α－萜品烯及桧烯（El-Nakeeb 等，2006）。

根据食品化学法典，甜马郁兰油呈黄色或绿黄色，具有暖香味，其香气类似于小豆蔻和薰衣草香。它具有辛辣味并微苦。它溶于大多数固定油和矿物油。甜马郁兰油只是部分溶于丙二醇，不溶于甘油。

食品化学法典定义的马郁兰油的物理特性如下：

旋光	+14° ～ +24°
折射率（20℃）	1.470～1.475
相对密度	0.890～0.906
溶解度	2mL 80%乙醇中溶解 1mL

油树脂

粉碎的干燥马郁兰叶子用己烷萃取可得到产率 1.5%～2% 油树脂。油树脂的挥发油含量取决于马郁兰叶的质量，范围在 12%～20%（v/w）之间。

这是一种深绿褐色糊状产品，具有典型百里香和薄荷的香气和风味。它可与固定油混溶。用植物油或任何其他稀释剂稀释后，使用起来比较方便。它部分溶于丙二醇，不溶于甘油。马郁兰风味很强劲，因此要注意避免过量加入食物。因此，可首先考虑选择风味较平衡的油树脂。

用途

马郁兰油可作为风味剂用于烈酒、利口酒、酱汁和调味品。精油和油树脂都可用于各种肉制品，如香肠、鸡肉制品，也可用于特种汤类。马郁兰油可作为香料用于肥皂和香水。

识别编号

	FEMA 编号	CAS	US/CFR	E – 编号
甜马郁兰油	2663	8015 – 01 – 8	182.20	—
		84082 – 58 – 6		
马郁兰提取物/油树脂	2659	84082 – 58 – 6	182.20	—

参考文献

El-Nakeeb, M. A.; Fathy, S. M. F; and Salma, O. M. 2006. GC-MS analysis, biostatic activities and biocidal dynamics of the essential oil of *Origanum marjorana* cultivated in Egypt. *Alex. J. Pharm. Sci.* 20 (2), 150 – 156 (*Chem. Abstr.* 147：207647).

Jirovetz, L.; Bail, S.; Buchbauer, G.; Denkova, Z.; Slavchev, A.; Stoyanova, A; and Schmidt, E. 2008. Chemical composition, antimicrobial activities and olfactory evaluations of an essential marjoram oil from Albania as well as some target compounds. *Ernaehrung* 32 (5), 97 – 201.

Novak, J.; Lukas, B.; and Franz, C. M. 2008. The essential oil composition of wild growing sweet marjorana from Cyprus-3 chromotypes. *J. Essent. Oil Res.* 20 (4), 339 – 341.

77 芥末

拉丁学名：*Brassica alba* **L**，*B. nigra* **K**，*B. juncea* **L**（十字花科）

引言

　　远早于西方开始使用芥末以前，中国人就已将它作为调味料用于食品。在欧洲，芥末被作为调味品用于腌肉。冬季在肉类中使用浓重风味香料，不仅是为了保藏，而且也是为了掩蔽腐败味。据认为，有些香料具有保护消化系统作用。古希腊人将芥末作为调味料用于肉和鱼。古罗马人将这种香料（当时称为"must"）与葡萄汁混合成"mustardens"（意为必须烧）。因此，英文"mustard"很可能由此而得名。

　　这种香料有可能是由罗马士兵带到英国的，使它成为一种有价值的调味配料。芥末的两个主要级别为英式芥末和法式芥末。全球范围内，一些特殊食品特别推崇含硫风味剂，以提供芥末酱辛辣味。芥末类似于油菜籽，也是一种重要油籽，是重要固定油源。低芥酸菜籽油，英文称为"canolaoil"，是大宗脂肪油之一。因此，芥末与油菜籽成了全球范围主要作物。这也促进了芥末风味在全球传播。

植物材料

　　黑色芥末（*Brassica nigra*）和棕色芥末（*Brassica juncea*）一般统称为黑芥。这种微小果实被压缩成花序轴。种皮是一种小网状物，沾有黏液质材料。种子外表皮覆盖有薄角质层。黑色芥末在欧洲种植，但最近欧洲已开始将这种品种改换成白色品种。

　　浅色芥末是指由毛茎秆植物所产的白色或黄色芥末（*Brassica hirta* 或 *Brassica alba*）。这种植物具有不规则羽状叶，花朵发散，呈黄色。带毛的籽荚壳具有刀形喙，含有较大带凹痕种子。荚内有大量黏液质。照片 22 所示为芥菜和干芥末。

化学组成

　　芥菜籽是固定油源，其干重约 30% 为天然甘油三酯。芥菜籽是一种很好的蛋白质源，其含量水平在 25% ~ 30%。芥菜籽含约 10% 粗纤维和矿物质。

　　黑色芥末含烯丙基三硫苷，俗称黑芥子苷。芥末粉碎时，所含的黑芥子硫苷酸酶会降解黑芥子苷，有水存在时，会形成异硫氰酸烯丙酯（AITC）（图 77.1）。AITC 的沸点为 151 ~ 153℃，相对密度为 1.0175，20℃时在 1L 水中的溶解度为 2g。

(A)

(B)

照片 22　（A）开花的芥菜　（B）干黄芥末（参见彩色插图）

图 77.1　异硫氰酸烯丙酯

另一方面，白芥含有称为白芥子硫苷的芥子油苷。有水存在时，由芥子酶作用，产生 4 - 羟基苄基异硫氰酸酯，它的半衰期为一小时。这种辛辣材料降解成 4 - 羟基苄醇及只有微弱辛辣味的硫氰酸根离子。另一相关芥子油苷是芸苔葡糖硫苷，与水和酶接触时，也会产生不具刺激性的异硫氰酸。

精油

芥末只有经过硫苷酸酶作用后，才能形成芥末精油。黑芥末（B. nigra）或棕色芥末（B. juncea），含黑芥子苷，是一种合适的原料。这种原料首先经过压榨除去所有固定油。得到的滤饼，再用水处理，这样可使酶起作用，用少量丁烯基异硫氰酸酯产生 AITC。滤饼与水的比例保持在 16.5∶83.5。

此浆料然后转移到带搅拌器和夹套的蒸汽蒸馏装置。浆料预热到约 60℃保持 1h，然后打开蒸气进行蒸气 - 水蒸馏。油水混合物用冷水冷凝器冷却，用专用接收器收集相对密度大于 1 的油。得到的芥末油主要由 AITC 构成，产率只有 0.3% ~ 0.4%。

这种油通常含 85% 烯丙基和 10% 丁烯基异硫氰酸酯，其相对密度大于 1。由某些类型白芥得到的芥末油含 80% 丁烯基异硫氰酸酯和 12% AITC。这种油的相对密度和折射率与黑芥末油相比，均较小。

最近的开发工作发现，用于从果浆回收香气的纺锤锥形柱（SCC）法，可有效地从芥末中分离富含异硫氰酸盐的挥发油。除蒸馏外，所有其他操作类似。纺锤锥形柱是一种带中心旋转轴的直立不锈钢圆筒。为了促进密切接触，其中有两组倒锥。一组固定在柱子的内壁，另一组固定在中心轴上。与轴相连的锥体随轴旋转，而固定在筒壁上的锥体交替夹在转动锥体中间。

淤浆从顶部流向底部，产生的蒸汽从底部流向顶部。当蒸汽经过浆液薄层时，会吸收挥发性成分，一起进入冷凝器。无挥发性成分液浆向下流动被收集起来。

经过冷凝器后，挥发油和水的混合物通过一系列分离器。由于油较重，可在底部收集。由于芥末油非常昂贵，而且产量低，一般在此最后分离过程中，全部水液要静置过夜，使所有挥发油沉淀后再排除上面的水。

冷凝作用得到的挥发油产率比传统蒸馏的高。据认为，新品种加拿大黄芥末富含 AITC，产油率可达 0.8% ~ 1%。这种冷凝做法的缺点是，固定资产投资成本较高。

芥末油具有高度挥发性和刺激性，因此具有危险性。它需要特殊包装（如铝罐），置于低碳钢套内，并用木盒保护。这种操作会产生污水，需要特殊处理。有报道称，传统制造方法中，有工人受到过不良影响而生病。

根据食品化学法典，芥末油是一种淡黄色液体，具有强辛辣气味和味道。它不具有旋光度。高级芥末油的 AITC 含量须高于93%。

食品化学法典定义的芥末油的物理特性如下：

折射率（20℃） 　　　1.524~1.534

相对密度 　　　　　　1.008~1.019

油树脂

芥末油很少用来制造油树脂。这方面已经有过一些零星且非系统的工作。目前尚不清楚，提取前是否可以不经过初步挤压，而用水处理使酶激活。如果是这样，有可能使过程简化，成本降低，并且比较安全。但用有机溶剂萃取时，浆料中存在太多的水处理起来比较棘手。

饱和及不饱和脂肪酸组成可用 GC-MS 分析（Liu 等，2001）。Gan 等人（2005）用近红外反射光谱分析过甘蓝型油菜和芥菜型油菜中的赖氨酸含量。

用途

芥末油可用于芥末酱及其他需要辛辣味的菜肴。许多日本食品使用芥末油。

很多加工肉制品，如红肠、法兰克福肠和萨拉米香肠需要芥末味。芥末也可用于色拉酱、调味品和汤料。

识别编号

	FEMA 编号	CAS	US/CFR	E-编号
芥末油（AITC）	2034	57-06-7	172.515	—
芥末提取物		8007-40-7	182.20	—

参考文献

Gan, Li; Pan, Zhe; Zhao, Li; Xu, Jiuwei; Zhang, Yu; and Fu, Tingdong. 2005. Analysis of lysine contents by near-IR reflectance spectroscopy in *Brassica napus* and *Brassica juncea*. *Zuowu Xuebao* 31（7），944-947（Chinese）（*Chem. Abstr.* 145：313310）.

Liu, Qian; Li, Zhanjie; Xie, Mandan; and Zhu, Yufan. 2001. Component analysis of fatty acids in mustard seed. *Fenxi Ceshi Xuebao* 20（3），49-50（Chinese）（*Chem. Abstr.* 136：150051）.

78 肉豆蔻

拉丁学名：*Myristica fragrans* **H**（肉豆蔻科）

引言

据认为，肉豆蔻原产于现代印度尼西亚的班达群岛。古罗马人用它作为香烧。当时，豆蔻被视为昂贵香料。在古代英国，有人相信肉豆蔻能抵御疾病，如鼠疫。

在中世纪，阿拉伯商人将肉豆蔻作为昂贵奢侈品卖给意大利人。16 世纪后，通过大探险活动，葡萄牙人控制了印尼的肉豆蔻贸易。一两个世纪后，荷兰人以及后来的英国人控制了肉豆蔻贸易。

印度吠陀文献已提到肉豆蔻在阿育吠陀疗法中的重要性。9 世纪末，英国人引入肉豆蔻进行大面积商业化栽培。

植物材料

肉豆蔻果实长在一种茂密的常绿乔木上，这种乔木高 10～15m。由范围超过 2～3m 茂密树叶构成的半球形树冠引人注目。肉豆蔻树为雌雄异体，分别有雄性和雌性树。只有雌树能结出形如桃子的果实，这种果实具有厚外皮。内核是商业肉豆蔻，其外层是硬薄壳。内核略呈椭球形，直径 2～4cm。肉豆蔻壳外的黄红色软质开裂干假种皮是另一种香料（详见第 73 章）。参见照片 23。

肉豆蔻的主要生产国是印度尼西亚。历史上美洲的肉豆蔻产于格拉纳达岛。该地区所产的肉豆蔻被称为西印度肉豆蔻，而印尼所产的则称为东印度肉豆蔻。如今，斯里兰卡和印度是肉豆蔻主要生产国，但所产的肉豆蔻油酷似西印度肉豆蔻油。

干肉豆蔻一般价格高，但用于制造提取物的原料级别称为 BWP（意指破碎的、虫蛀的和松软的），这种原料价格较便宜。

化学组成

肉豆蔻约含 6% 蛋白质、35% 脂肪，近 50% 碳水化合物及 4% 粗纤维。含有矿物质和一些维生素，包括少量维生素 A。

肉豆蔻脂肪的主要脂肪酸为肉豆蔻酸，这是一种 14－碳饱和脂肪酸。约 75% 甘油三酸酯是甘油三肉豆蔻酸酯。由于含有大量饱和甘油酯，肉豆蔻脂肪是一种半固体产品。这种产品由于均匀性好，因此通常称为肉豆蔻脂。

照片 23　　（A）树上的肉豆蔻果　　（B）展示肉豆蔻皮的开口果
　　　　　　（C）肉豆蔻与肉豆蔻皮（参见彩色插图）

　　肉豆蔻精油的特征成分是肉豆蔻醚，即 3 - 甲氧基 - 4，5 - 亚甲二氧基 - 烯丙基苯（图 78.1）。

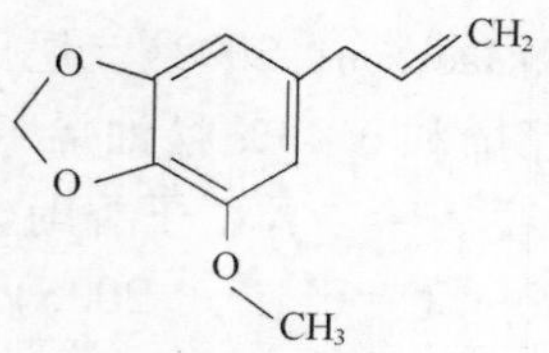

图 78.1　肉豆蔻醚

精油

　　利用辊磨机将肉豆蔻粗粉碎后，装入不锈钢容器中，并在底部通入蒸汽。从水中分离出来的冷却精油产率是 6% ~ 12%。精油的质量取决于含氧重二环萜肉豆蔻醚的含量。虽然西印度、斯里兰卡和印度肉豆蔻油含约 2% 肉豆蔻醚，但印度尼西亚肉豆蔻油的肉豆蔻醚含量更高，有时含量高达 9% ~ 10%。在相同条件下，印度尼西亚、斯里兰卡和印度去壳肉豆蔻的精油产率分别为 9.5%、8% 和 5% ~ 6%。

　　表 78.1 所示为印度、斯里兰卡及印度尼西亚肉豆蔻油的分析结果。虽然桧烯和蒎烯是主要组分，但含量不很显著。

表 78.1　　　　　　　　　　　　来自三个地区的肉豆蔻油组成

组分	肉豆蔻油（面积%）		
	印度尼西亚	斯里兰卡	印度
α - 崖柏烯	4 ~ 6	2 ~ 5	2 ~ 4
α - 蒎烯	14 ~ 17	12 ~ 16	13 ~ 17
莰烯	0.3 ~ 0.8	0.2 ~ 0.6	0.3 ~ 0.8
桧烯 + β - 蒎烯	20 ~ 30	35 ~ 45	37 ~ 45
δ - 3 - 蒈烯	1.5 ~ 3	2 ~ 4	2 ~ 4
柠檬烯	2 ~ 53	3 ~ 6	3 ~ 5
β - 水芹烯	3 ~ 5	2 ~ 4	4 ~ 6
对 - 异丙基甲苯	1.5 ~ 3	0.5 ~ 1.5	1 ~ 3
α - 松油烯	8 ~ 11	4 ~ 8	6 ~ 9
松油烯 - 4 - 醇	6 ~ 10	5 ~ 8	5 ~ 8
黄樟素	1 ~ 2	0.7 ~ 1.5	1.0 ~ 1.5
香叶醇	<0.5	<0.5	<0.5
甲基丁香酚	1 ~ 2	0.3 ~ 0.8	0.5 ~ 1
肉豆蔻醚	6 ~ 10	2 ~ 3	1.5 ~ 2.5
榄香素	0.2 ~ 0.8	1 ~ 2	1.5 ~ 2.5

肉豆蔻油是一种几乎无色至淡黄色的液体，具有肉豆蔻特有的辛辣香气。

一项对西印度肉豆蔻油与东印度肉豆蔻油进行比较的研究中，注意到了牙买加肉豆蔻油的苯丙素、肉豆蔻醚和黄樟素含量较低。此外，在牙买加肉豆蔻油中还注意到，罗勒烯有三种异构体（Simpson 和 Jackson，2002）。尼日利亚肉豆蔻油含 49.09% 桧烯、13.19% α - 蒎烯、6.72% α - 水芹烯和 6.43% 松油烯 - 4 - 醇（Ogunwande 等，2003）。结合硅胶柱分离分析发现，除了脱氢 - 二异丁子香酚、肉豆蔻醚、榄香素及一些非挥发性成分外，肉豆蔻油还存在异香草醛（Li 等，2006）。最近另一项对肉豆蔻精油采用无溶剂微波萃取与 GC – MS 结合的分析，发现了 42 种组分，占肉豆蔻精油的 98.62%。主要挥发性成分为桧烯（23.93%）、肉豆蔻醚（11.06%）、α - 蒎烯（9.52%）、β - 蒎烯（8.95%）、4 - 松油醇、柠檬烯、榄香素、对异丙基甲苯和黄樟素（Zheng 等，2007）。一项对来自东印度、西印度和巴布亚的肉豆蔻油的研究发现，这些油的挥发物组成有相似性。东印度肉豆蔻油中的主导性香气化合物是肉豆蔻醚，而西印度肉豆蔻油为榄香素，巴布亚油为黄樟素（Ehlers 等，1998）。

根据食品化学法典，肉豆蔻油为无色或淡黄色液体，具有肉豆蔻特有的气味和味道。市场上的肉豆蔻油有两种类型，东印度油和西印度油。它易溶于乙醇。

食品化学法典定义的肉豆蔻油物理特性如下：

	东印度肉豆蔻油	西印度肉豆蔻油
旋光度	+8° ~ +30°	+25° ~ +45°
折射率（20℃）	1.474 ~ 1.488	1.469 ~ 1.476
相对密度	0.880 ~ 0.910	0.854 ~ 0.880
溶解度	3mL 90% 乙醇溶解 1mL	4mL 90% 乙醇溶解 1mL

油树脂

脱油肉豆蔻含 15% ~ 24% 肉豆蔻酯，这种酯主要是甘油三肉豆蔻酸酯。它可用己烷萃取。斯里兰卡和印度尼西亚肉豆蔻植物比印度肉豆蔻植物的提取率高。与肉豆蔻油混合，可以得到含适当挥发油的肉豆蔻油树脂。一般情况下，30% ~ 40% 含油量最常见，但油树脂的含油量可在 10% ~ 90% 范围选择。

肉豆蔻油树脂可有浅黄至红褐不等的颜色，如果用无壳肉豆蔻提取，则颜色较浅。

用途

肉豆蔻精油和油树脂可广泛用于肉制品。它们也可用于焙烤食品、甜酒、口香糖、糖果和汤。大量肉豆蔻精油被用于可乐基软饮料。

肉豆蔻醚是一种天然存在于植物界的杀虫剂。它具有轻微神经毒性作用，是一种单胺氧化酶抑制剂。对于这种物质的开发利用，仍有研究空间。

在阿育吠陀疗法中，肉豆蔻被认为是一种针对以下症状的解药：消化功能紊乱、呕吐和腹泻引起的脱水，感冒及相关疾病。肉豆蔻油和含油树脂可用于针对以上病症的现代医药配方。

识别编号

	FEMA 编号	CAS	US/CFR	E - 编号
肉豆蔻油	2793	8008 - 45 - 5	182. 20	—
		84082 - 68 - 8		
肉豆蔻油树脂（包括 CO_2 萃取物）	—	84082 - 68 - 8	182. 20	—

参考文献

Ehlers, Dorothea; Kirchhoff, Jolanta; Gerard, Dieter; and Quirin, Karl-Werner. 1998. High performace liquid chromatography analysis of nutmeg and mace oils produced by supercritical CO_2 extraction—comparison with steam distilled oils—comparison of East Indian, West Indian and Papuan oils. *Int. J. Food Sci. Technol.* 33 (3), 215 – 223.

Li, Xiufang; Wu, Lijun; Jia, Tianzhu; Yuan, Zimin; and Gao, Huiguan. 2006. Chemical constituents from *Myristica fragrans* Houtt. *Shenyang Yaoke Daxue Xuebao* 23 (11), 698 – 701, 734 (Chinese) (*Chem. Abstr.* 147：308487).

Ogunwande, I. A.; Olawore, N. O.; Adeleke, K. A.; and Ekundayo, O. 2003. Chemical composition of essential oil of *Myristica fragrans* Houtt (nutmeg) from Nigeria. *J. Essent. Oil-Bearing Plants* 6 (1), 21 – 26.

Simpson, Gregory I. C.; and Jackson, Yvette A. 2002. Comparison of the chemical composition of East Indian, Jamaican and other West Indian essential oils of *Myristica fragrans* Houtt. *J. Essent. Oil Res.* 14 (1), 6 – 9.

Zheng, Fuping; Sun, Baoguo; Xie, Jianchun; Liu, Yuping; Du, Dandan. 2007. Analysis of nutmeg oil by GC-MS coupled with solvent-free focused microwave extraction. *Shipin Kexue* 28 (9), 484 – 487 (Chinese) (*Chem. Abstr.* 150：442068).

79 洋葱

拉丁学名：*Allium cepa* **L** （葱科）

引言

洋葱具有悠久的历史，其存在痕迹已在公元前 5000 年的人类定居点发现。据认为，洋葱起源于西亚。这是一种最古老的栽培作物。洋葱栽培可能出现在公元前 3000 年左右，有证据表明埃及金字塔建造者食用过洋葱。埃及人将洋葱当作永恒生命象征来崇拜。在希腊，运动员食用洋葱以净化血液，而古罗马角斗士涂擦洋葱使其肌肉坚硬。据认为，旧时的医生曾经用洋葱治疗许多病症，例如，调节排便和男性性功能，以及缓解头痛、咳嗽、毒蛇咬伤，甚至脱发。

种类繁多的食物使用洋葱，洋葱既是一种香料，又是一种蔬菜。洋葱还具有刺激眼睛的作用，这种缺点促进了包括洋葱抽提物在内的洋葱加工制品发展，用作香料和调味料。事实上，"不流泪洋葱"是某洋葱提取物生产商的一句营销口号。

植物材料

洋葱是一种二年生球茎植物（照片 24）。虽然它长在地下，但其用于存储植物营养的却是发芽部分，而不是块根。由于应用广泛，因此，世界有适合不同地区气候条件的若干洋葱品种。农业研究已经开发出不同大小、不同颜色（由白色到红色），及有不同总固形物含量的洋葱品种。由于洋葱被广泛用做蔬菜，以及大规模加工成脱水产品，只有洋葱产量有很大盈余的国家，有能力利用洋葱加工成提取物。由于质构质量的重要性，特别是当用作蔬菜的洋葱，因此，对洋葱提取物的要求仅仅是能作为纯风味剂使用。

据联合国粮农组织（FAO），世界洋葱年总量为 64101t，其中中国产约 10000t，印度产 5500t。其次的洋葱生产国有美国、土耳其、巴基斯坦、俄罗斯、韩国、日本、埃及和西班牙。

化学组成

洋葱（以干基计）含 70%～75% 碳水化合物、约 10% 蛋白质、矿物质，和一些水溶性维生素，当然，这些营养特性与所用的提取物没有关系。

洋葱的风味已经得到详细研究。分离出的风味前体物质包括 L - 半胱氨酸亚砜的甲

照片24 洋葱，显示结构的洋葱切口（参见彩色插图）

基－丙基和丙烯衍生物。由这些衍生物，可以形成硫代磺酸盐和硫代磺酸酯，这些物质在新鲜洋葱被切断或粉碎时会产生洋葱气味。当洋葱煮沸时，进一步分解导致形成二硫化物和三硫化物。炒洋葱时会形成二甲基噻吩。据认为，洋葱的催泪作用是由于风味前体S－丙烯基砜断裂所致；洋葱撕裂时可能产生不稳定的丙烯次磺酸。这种不稳定物质在90～100s内分解成丙硫醛S－氧化物，并随后转成丙醛。

　　许多研究者对导致风味和裂解产物的反应进行了研究。Abraham 等（1976）及 Arnault 和 Aunger（2006）对此作过一些有用的综述。

精油

　　洋葱的挥发油含量取决于洋葱品种。一般来说，印度品种含油量可以忽略不计。某些品种，通过水蒸馏可得到深褐色精油，这种油容易结晶。产油率为 0.01%～0.02%。据报道，某些中国品种可生产洋葱油。其主要成分是 N－丙基和甲基－N－丙基二硫化物。由于产油率非常低，并且成本高，因此，较实用的做法是使用油树脂。

　　根据食品化学法典，洋葱油为一种介于琥珀－黄色至琥珀色－橙色的清晰液体，具有洋葱特有的强烈刺激性气味和滋味。洋葱油溶于大多数固定油、矿物油和酒精。它不溶于水、甘油和丙二醇。

　　食品化学法典所建议的洋葱油物理特性如下：

折射率（20℃）　　　　　　1.549～1.570
相对密度　　　　　　　　　1.050～1.135

油树脂

洋葱提取物集中分为两大类：水溶性成分和脂溶性非极性成分。前者可以通过以下方式获得：粉碎物料，并与水混合，倾析水相。可重复此步骤，但为保持风味强度，最好将最大产率控制在15%以下。萃余物可用正己烷之类非极性溶剂萃取。为了提高效率，有可能需要从底部泵入溶剂，并从顶部收集混合油。合并的混合油脱除溶剂后，可添加到水溶性部分，得到一种水溶性"绿色"或新鲜洋葱油树脂。或者，作为初始步骤，先用己烷对此混合油进行萃取，再进行水提取。如果需要油溶性油树脂，可用固定油或单甘酯和双甘酯对己烷萃取物稀释，同时加入如丙二醇之类稀释剂，以降低强度和单位成本。可以注意到，沸腾时洋葱风味会失去新鲜感，因此，提取时不宜采用沸水。

洋葱烘烤会产生一种非常诱人的风味。上述过程可以在碎洋葱用 $100 \sim 120℃$ 烘烤15min 后再进行。这样也可以如"绿色"油树脂那样，制成水溶性和油溶性油树脂。风味强度取决于稀释过程。洋葱风味来自含硫风味化合物裂解产物及包括有机硫化物在内的挥发性油。

近年来，人们对洋葱的挥发性成分已经进行了一些有趣研究。新鲜洋葱汁中的催泪因子硫丙醛硫－氧化物已得到分析，并对硫代亚磺酸酯和洋葱硫环烷（zwiebelanes）进行定量。另一方面，冷冻和冷冻干燥洋葱会失去催泪因子，但是其他组分分析类似（Mondy 等，2002）。冷冻干燥洋葱用水蒸气蒸馏，再用二氯甲烷提取挥发性物质，含有24种含硫化合物，占总挥发性化合物36.87%（Takahasghi 和 Shibamoto，2008）。这些挥发物，以及馏分中水溶性组分具有抗炎活性。槲皮素及其苷代表了洋葱中的黄酮醇（Lombard 等，2002；Zielinska 等，2008）。

识别编号

	FEMA 编号	CAS	US/CFR	E－编号
洋葱油	2817	8002－72－0	182.20	—
		8054－39－5		
洋葱提取物/油树脂	—	—	182.20	—

参考文献

Abraham, K. O.; Shankaranarayana, M. L.; Raghavan, B; and Natarajan, C. P. 1976. Alliums varieties, chemistry and analysis. *Lebensm. -Wiss. Technol.* 9, 193－200.

Arnault, lngrid; and Aunger, Jacques. 2006. Seleno－compounds in garlic and onion. *J. Chromatogr. A* 1112 (1－2), 23－30.

Lombard, Kevin A.; Geoffriau, Emmanuel; and Peffley, Ellen. 2002. Flavonoid quantification in onion by spectrophotometric and high performance liquid chromatography analysis. *Hortscience* 37 (4), 682 – 685.

Mondy, N.; Duplat, D.; Christides, J. P.; Arnault, I.; and Auger, J. 2002. Aroma analysis of fresh and preserved onions and leek by dual solid-phase microextraction – liquid extraction and gas chromatographymass spectrometry. *J. Chromatogr. A* 963 (1 – 2), 89 – 93.

Takahashi, Mizuho; and Shibamoto, Takayuki. 2008. Chemical composition and antioxidant/anti – infiammatory activities of steam distillate from freeze-dried onion (*Allium cepa* L) sprout. *J. Agric. Food Chem.* 56 (22), 10462 – 10467.

Zielinska, D.; Nagels, L.; and Piskula, M. K. 2008. Determination of quercetin and its glycosides in onions by electrochemical methods. *Anal. Chim. Acta* 617 (1 – 2), 22 – 31.

80 橙

拉丁学名：*Citrus sinensis* **L**（芸香料）

引言

据认为，甜橙是溪蜜柚（*Citru smaxima*）和蜜橘（*Citrus reticulata*）的天然杂交水果。这种橙子起源于南亚洲，大概是印度和巴基斯坦。中国西南地区及前印度支那国家一定生长过橙。虽然曾是一种野生植物，橙已经在全球不同地区商业种植。据信，16世纪，葡萄牙人从印度或（香港附近的）澳门将橙引入到了欧洲。哥伦布在其第二次远航期间将甜橙与柠檬一起引入美洲。橙在西印度和佛罗里达州能良好生长。1769年圣地亚哥建立第一个传教机构时，橙传入了加利福尼亚州。葡萄牙人及其他南美国家的西班牙人，将甜橙引入巴西。二次大战前，栽培甜橙数量最多的国家和地区按递减顺序依次为美国、西班牙、巴西、中国、日本、意大利、巴勒斯坦、北非和南非、巴拉圭及西印度群岛（NIIR Board，2009）。

甜橙是栽培和使用最广泛的柑橘类水果。由于通过天然杂交并传播到不同农业气候条件区域，因此，橙有无数亚种。除了甜橙以外，还有归类为酸橙（*Citrus auranti-um*）的苦味橙。

橙子无论作为甜味水果还是用作深受喜爱的果汁原料，均有可口的味道。橙汁、果肉橙，及橙皮果酱均是流行加工产品。同样，橙皮中的精油具有风味剂价值。在所有精油中，橙油目前的产量可能占据首位。

植物材料

甜橙是一种修剪常绿树，具有圆形均匀发展的树冠。该树生长高度范围在6~9m间，树冠直径范围在4~6m间。橙树的叶子具有光泽和革质感，呈椭圆形。橙树叶长约10cm。橙树叶柄带细小翼叶。橙树在春天开花，其花为白色，并成束开放。新花开放时，前季水果有可能还仍留在树上。

橙树因其滋味甜美而在全球得以广泛栽种。美国加利福尼亚州品种有脐橙及瓦伦西亚橙等。1820年间，发生在巴西的一次单一突变诞生了脐橙品种。该突变导致在原来果实上形成第二级橙子。它们犹如连体双胞胎，但外观却像人类肚脐，因此得名。血橙是带红色条纹的橙子，其果汁呈深颜色。鲜红脐橙是一种二次突变品种。由于脐橙品种由突变得到，因此，这种水果无籽。脐橙的传播可能通过嫁接和插枝实现。瓦伦西亚橙是一种晚熟品种，极为适合用于榨汁。

佛罗里达州生产大量橙汁，产生的果渣可用于提取橙油。非洲的法属几内亚是另个大量生产甜橙的区域。20 世纪前半叶甜橙产量增长最快。巴西栽培橙树始于 16 世纪，具有悠久的历史。但只是到了第二次世界大战前，巴西才成为主要橙生产国，并成为橙、橙汁，及橙皮油出口国。西班牙的橙树主要种植区域，位于地中海沿岸马拉加和卡斯特利翁之间的窄长地带。瓦伦西亚橙品种高度流行。西班牙足球队球衣所用颜色是一种名为纳兰希托（意为小橙）橙子的颜色，这种橙成了 1982 年西班牙世界杯足球赛的官方吉祥物。

巴勒斯坦具有理想气候条件，是主要橙子生产国。据报道，那里一些橙树每季能产 2000 枚水果。第二次世界大战期间，日本橙子产业得到增长，当时日本必须自产以满足自我需求。虽然橙子在印度相当流行，但只有大果汁加工商生产冷榨橙油。

苦橙是一种常绿树，带有无毛树干。其生长高度为 10m。它具有长而不尖的刺，并盛开芬芳花朵。苦橙果实味苦且酸。

精油

橙皮中的挥发油可通过对油细胞穿刺方式分离，也可通过压榨方式分离，此过程同时将油和果汁挤出。此混合物可通过离心方式将较轻的橙油从水相中分离出。大量橙油也通过对食用时剥下的橙皮进行蒸馏得到。

在美国，最早除油的方法是整果压榨得到一种由果汁和油构成的乳状液，然后用离心方式将两者分离。但是，这种过程有若干缺点。许多橙油被束缚在海绵状内皮中。有些油的碳氢化合物会进入果汁中，由于萜烯烃氧化变化，对果汁质量产生影响。

最近，高度精制的机器可从洗过切碎的水果中分离果汁和果渣，产生的果皮可用于橙油分离。在开发的机器中有布朗自动柑橘果汁提取机和 FMC 整果提取机。经去除果汁和果渣后，余下的果皮，既可用双滚轮压榨机，也可用锥形螺旋压榨机以冷榨方式榨油。可通过离心方式从水相中分离出清澈的橙油。

许多种植橙子地区，曾经用手工方式收集橙油，如海绵法或勺子刮取法。海绵方法中，手工将切碎水果中的果渣取出，而后用手工压榨装置将果皮中的油榨出。在法属几内亚，橙子皮表面用锋利的勺子刮下，渗出油由小勺收集。在日本，橙子被切成四大块，用手取出果肉。橙皮浸入温水中，然后经过两个以 20 ~ 30r/min 旋转的不锈钢滚轮挤压。通过物再经帆布袋挤压，以除去固体颗粒。

在巴西和欧洲国家，如西班牙和意大利，早期也采用手工提取方法。后来逐渐引入机械化操作。这些操作包括用移动针对果皮细胞穿刺，手持水果利用机械滚轮刮取橙油，以及利用机械方式锉下整果外皮。如今，全球使用精制机械取油；巴西目前是最大的橙加工国。主要生产果汁和果浆；橙油是一种副产品。

这里仅介绍了某些主要提取原理。进一步细节，建议读者参阅有关柑橘加工的专门书籍。

苦橙皮所含的精油可用冷榨方式提取。此类橙树的叶子及小树枝可通过蒸馏方式，得到产率 0.2% 苦橙叶油。这种橙树的新鲜花朵，通过水蒸气蒸馏，可生产橙花油。橙油储存不当，其中的烃类柠檬烯会氧化，产生樟脑气味。

　　除去橙油中的萜烯烃类（如柠檬烯）可生产无萜橙油。这种方式使产生良好香气的含氧萜烯富集。同时，除去可氧化的柠檬烯。脱萜过程通过真空分馏操作实现。

　　橙油的主要组分是柠檬烯，它通常占橙油的 90%。橙油还含有某些醛类、香豆素类、酸类、酯类和其他含氧衍生物。苦橙油也主要含柠檬烯。许多方面，苦橙油的化学组成类似于甜橙油，但它含有苦味成分。某些存在于果皮中的黄酮类化合物（如橙皮苷和新橙皮苷）相当苦。

　　Moufida 和 Marxouk（2003）对不同橙子（如血橙、甜橙和苦橙）中的挥发性化合物和甲基酯类进行过分析。柠檬烯是含量最丰富的成分。他们还在果汁中确定了 18 种脂肪酸，主要是不饱和酸。

　　Auerhach（1995）利用透析/渗透汽化系统、超滤/透析，及真空蒸馏制备得到浓缩橙油。其中柠檬烯含量从 95.60% 降到 76.40%，而总含氧化合物从 1.90% 增加到了 19.50%。鉴于柠檬烯是橙油的重要成分，Lawrence（2009）对有关橙油微小组分研究的论文进行了综述。希望详细研究橙油组成的读者可从此综述中得到很好启发。

　　根据食品化学法典，冷榨橙油是一种强黄色、橙色，或深橙色油，具有甜橙外皮特有气味和风味。它可与无水乙醇和二硫化碳混溶，可溶于冰醋酸。食品化学法典允许有抗氧化剂存在，但建议不使用带松节油气味的橙油。

　　食品化学法典推荐的冷榨橙油物理特性如下：

旋光度　　　　　　　　　　+94° ~ +99°

折射率（20℃）　　　1.472 ~ 1.474

相对密度　　　　　　0.842 ~ 0.846

　　橙皮量积累到足够多时，可用蒸汽蒸馏生产蒸馏橙油。根据食品化学法典，蒸馏橙油是一种无色至淡黄色液体，具有温和柑橘和花卉气味。它可溶于大多数固定油，可溶于矿物油，也可成浑浊状溶于乙醇。它不溶于甘油和丙二醇，但可加入抗氧化剂。

　　食品化学法典推荐的蒸馏橙油的物理特性如下：

旋光度　　　　　　　　　　+94° ~ +99°

折射率（20℃）　　　1.471 ~ 1.474

相对密度　　　　　　0.840 ~ 0.844

　　根据食品化学法典，冷榨苦橙油是一种淡黄色或黄褐色液体，具有塞维利亚橙特有的芳香气味，并具有芳香性苦味。它可与无水酒精及等体积冰醋酸混溶。它可溶于固定油和矿物油。它微溶于丙二醇，基本不溶于甘油。它易受光影响，其酒精溶液在石蕊中呈中性。它可含适当抗氧化剂。

　　食品化学法典定义的冷榨苦橙油的物理特性如下：

旋光度　　　　　　　　　　+88° ~ +98°

折射率（20℃）　　　1.472 ~ 1.476

相对密度　　　　　　0.845 ~ 0.851

用途

　　橙油可能是应用最广泛的天然风味物质之一。它可用于许多产品，如糖果、硬糖、曲奇饼干（尤其是加奶油的）、冰淇淋、乳制品，甚至可用于巧克力基甜食。它在全球范围流行用于橙基软饮料。橙油的另一项重要用途是作为风味助剂，用于橙汁食品或橙浆食品，例如果汁、糖浆和马茉莱。

　　苦橙油也可用于上述部分用途。此外，它还可用于利口酒、调味品及开胃小菜。橙花醇和苦橙叶油可作为廉价柑橘风味剂使用，也可用于化妆品和洗浴用品。

　　脱萜过程中出现的柠檬烯是风味化合物香芹酮的启动材料。柚皮苷和新橙皮苷也可用于制造某些人造甜味剂。

　　橙油还具有抗炎症性和抗菌活性，因此，也可用于药物制剂。包括橙花醇和苦橙叶油在内的橙油也可作为风味剂用于某些药品。

识别编号

	FEMA 编号	CAS	US/CFR	E - 编号
冷榨苦橙油	2823	68916 - 04 - 1	182. 20	—
		72968 - 50 - 4		
蒸馏橙油	2821	68606 - 94 - 0	182. 20	—
浓缩橙油	—	8028 - 48 - 6	182. 20	—
冷榨甜橙油	2825	8028 - 48 - 6	182. 20	—
无萜橙油	2822	8008 - 57 - 9	182. 20	—
		8028 - 48 - 6		
无萜烯甜橙皮油	2826	68606 - 94 - 0	182. 20	—
		94266 - 47 - 4		
橙萜烯类		8028 - 48 - 6	182. 20	—
天然橙萜烯		68647 - 72 - 3		—
苦橙水		72968 - 50 - 4		—

参考文献

Auerbach, M. H. 1995. A novel membrane process for folding essential oils. In C. T. Ho, C. T. Tan, and C. H. Tong, eds. , *Flavor Technology: Physical Chemistry. Modifications and Processes*, ACS Syrup Series 610. Washington, DC: American Chemical Society, pp. 127 - 138 (see Lawrence, Brian M. , Progress in essential oils. *Perfumer Flavorist*, 2009, 34 (1), 48 - 57).

Lawrence, Brian M. 2009. Progress in essential oils. *Perfumer Flavorist* 34 (1), 48 - 57; (3), 52 - 56.

Moufida, Saidani; and Marzouk, Brahim. 2003. Biochemical characterization of blood orange, sweet orange, lemon, bergamot and bitter orange. *Phytochemistry* 62 (8), 1283 - 1289.

NIIR Board. 2009. *The Complete Technology Book of Essential Oils*. Delhi: Asia Pacific Business Press, pp. 70 - 113.

81 牛至

拉丁学名: *Origanum vulgare* **L** (唇形科)

引言

干牛至草比新鲜牛至草更具辛辣味。古代欧洲的医疗人员认为这种香草可以净化大脑,并提供更好的视觉。它也被认为是一种对付毒蜘蛛和蝎子咬伤的解药。

牛至被广泛用于希腊、西班牙和土耳其烹饪。意大利人在比萨饼中使用牛至已有几百年历史。20世纪50年代初,由于世界兴起的比萨饼狂热,促进了牛至的生产和销售。在菲律宾南部,牛至被用来掩盖牛肉气味,使其产生爽快香味。

现代医学之父希波克拉底认为牛至是一种防腐剂,并具有治疗消化系统和呼吸系统疾病的功能。

植物材料

牛至属于薄荷家族。它原产于地中海沿岸国家和邻近中亚国家。它与马郁兰密切相似,从而产生了一些混淆。

牛至是多年生直立草本植物,生长高度20~30cm它具有微小叶,可提供愉快气味。牛至茎秆呈红色,绿色卵形叶相对生长。干牛至草呈灰绿色。

牛至包含一些甘油三酸酯、蛋白质和矿物质。但其最显著的成分是精油,赋予干牛至草香气和风味。

精油

新鲜牛至草的精油产率为0.15%~0.4%。由于油比水轻,不会产生特殊蒸馏问题。牛至油可能会与马郁兰油混淆,但它们的旋光度差异很大,可很容易将它们区别开来。

根据各种研究报道,以干基计,牛至精油产率范围在3%~4%之间。这种精油的主要成分是香芹酚和麝香草酚(Berghold等,2008;Stoilova等,2008)。还报道了许多其他萜烯和大量倍半萜烯。

根据食品化学法典,西班牙型牛至油是一种黄红色到暗棕红色液体,具有百里香般刺鼻辛辣香气。牛至油溶于大多数固定油和丙二醇。它可以混浊状态溶于矿物油,但不溶于甘油。牛至油中酚的体积含量范围应在60%~75%间。

食品化学法典定义的牛至油的物理特性如下:

旋光度	$-2° \sim +3°$
折射率（20℃）	$1.506 \sim 1.512$
相对密度	$0.935 \sim 0.960$
溶解度	2mL 70% 酒精中溶解 1mL

油树脂

粉末状干牛至草用己烷萃取可得到 3% ~ 4% 产率的油树脂。这种产品的挥发油含量在 30%（v/w）左右。

地中海牛至油树脂是一种深绿褐色粘稠液体，具较强百里香般气味和温和苦味。牛至油树脂的重要性在于大量倍半萜类化合物不可能全部通过蒸汽蒸馏提取出。此外，它还包含许多有价值的非挥发性成分，其中有些是抗氧化剂。报道的化合物有熊果酸、齐墩果酸、原儿茶酸、田蓟甘、箭藿苷、胡萝卜苷、β - 谷甾醇和豆甾醇（Wu 等，2000）。

用途

牛至风味广泛用于欧式烹饪。它可成功地用于酱汁和番茄制品、肉制品和烤猪肉、牛肉、羊肉、鸡肉、奶酪涂布物、汤、各种蔬菜制品和各种比萨饼。牛至油和油树脂在上述加工食品中使用起来非常方便。

识别编号

	FEMA 编号	CAS	US/CFR	E - 编号
牛至油树脂/提取物	2827			—
		84012 - 24 - 8		

参考文献

Berghold, H.; Wagner, S.; Mandl, M.; Thaller, A.; Muller, M.; Rakowitz, M.; Pasteiner, S.; and Boechzelt, H. 2008. Yield, content and composition of the essential oil of 5 oregano strains (*Origanum vulgare* L) depending on the developmental stage. *Zeitschrift fuer Arznei Gewuerzpflanzen* 13 (1), 36 – 43 (*Chem. Abstr.* 149：219356).

Stoilova, I.; Bail, S.; Buchbaur, G.; Krastanov, A.; Stoyanova, A.; Schmidt, E.; and Jirovetz, L. 2008. Chemical composition, olfactory evaluation and antioxidant effects of an essential oil of *Origanum vulgare* L from Bosnia. *Nat. Prod. Comm.* 3 (7), 1043 – 1046.

Wu, Rui; Ye, Qi; Chen, N.; and Zhang, G. 2000. Chemical constituents of *Origanum vulgare* L. *Tianran Chanwu Yanjiu Yu Kaifa* 12 (6), 13 – 16 (*Chem. Abstr.* 135：2915).

82　红辣椒

拉丁学名：*Capsicum annuum* **L**（茄科）

引言

　　红辣椒是一种颜色鲜艳的微刺激性辣椒，产自一年生植物。本品种可生产辣味椒（干红辣椒）。红辣椒是新世界带给旧世界的礼物。西班牙探险家来到美洲时，对这种诱人的红色"水果"着了迷。在欧洲寒冷气候条件下，只有鲜艳温和的辣椒能茁壮生长，不像亚洲炎热气候条件，当地可很好地生长强辛辣味辣椒。

　　红辣椒是匈牙利和其他邻近中东欧国家的重要农作物。西班牙、摩洛哥、美国、南非和以色列也生产可整个利用的高级红辣椒。这类辣椒对颜色和风味要求高，可用整只辣椒干燥，或制成干辣椒粉。提取用的辣椒价格较低，除了红色和典型风味外，对外观要求较低。

　　匈牙利科学家 Albert Szent-Gyorgyi 因发现红辣椒中的抗坏血酸（维生素 C）含量而成为 1937 年诺贝尔奖得主，红辣椒也因此而受到人们重视。事实上，辣椒果实的抗坏血酸含量比柑橘类水果的还高。

植物材料

　　红辣椒是一年生草本植物，木质主茎带有分支结构。单朵白花最终结成起初为绿色，但成熟时变成红色的辣椒果实。红辣椒有不同形状，例如，10～15cm 长的尖形辣椒，或皮厚且端较平的圆形柿子椒。匈牙利红辣椒形状逐渐变细尖，具有亮红颜色，而西班牙圆形辣椒外观不太吸引人。

　　西班牙红辣椒曾经是重要的油树脂原料。西班牙提取业将原料生产拓展到北非国家，如摩洛哥。由于原料好，津巴布韦和南非生产的红辣椒一段时间曾主导市场，但近几年一直没有取得很大进展。同样，墨西哥开始用当地种植的辣椒原料生产油树脂，但这个行业没有取得很好进展。美国是稳定的红辣椒油树脂生产国，主要供自己使用。近年来，印度、中国和秘鲁均已成为红辣椒油树脂原料生产国。印度的红辣椒原料含有一些辣椒素，但通过成功地将其分馏出，印度已成为红辣椒油树脂主要供应国。这不仅使红辣椒油树脂能类似于甜椒油树脂，而且回收了辣椒素，取得一定经济优势。中国有广大的红辣椒种植面积、理想的寒冷气候以及政府对提取业的鼓励，有可能成全球最大的红辣椒油树脂生产国。秘鲁的红辣椒提取业有一定发展势头，但增长不稳定。

印度有两个主要品种：巴德格椒（Byadege）和番茄椒（Tomato Chili）。两者均含少量辣椒素和同系物二氢辣椒素和降脱氢辣椒素（化学结构，详见第 25 章辣椒）。最近印度引入了微辣红椒（Wonder Hot）品种，它的油树脂产率低，但含较多红色素。

表 82.1 所示为不同国家红辣椒原料的分析结果。颜色吸收比和其他单位在颜色单位一节解释。每一品种主要根据颜色可以分为低、中、高三个级别。因此，颜色值应作为趋势来理解，而不能作为绝对值来理解。由表可了解来自津巴布韦、南非、中国（II 和 III）、西班牙和阿塞拜疆产红辣椒的辣椒素水平。印度品种含有高水平辣椒素。在色素含量方面，巴德格椒与印度以外品种相比具有优势。但巴德格椒的吸收比较低，说明红色素含量水平较低。微辣红椒和番茄椒的吸收率均特别好。但两者油树脂产率和色值均较低，从而使其成为成本较高的红辣椒原料。通过引入分馏方法去除辛辣成分，现在巴德椒成了世界上最重要的红辣椒油树脂原料之一。

表 82.1　　　　　　　　　　不同地区红辣椒的辣椒素和色素含量

品种	辣椒素含量/%	辣椒的 ASTA 色值	10 万色值油树脂的产率	油树脂吸收率
巴德格椒	0.1	198.8	6.5	0.975
番茄辣椒（印度）	0.08	133.4	4.0	0.982
微辣红椒（印度）	0.07	118.5	3.1	0.998
南非	0.03	221.0	6.3	0.968
津巴布韦	0.007	288.0	7.6	0.960
中国 I 号	0.08	107.0	3.5	0.981
中国 II 号	0.04	212.4	7.1	0.980
中国 III 号	0.05	164.2	5.3	0.978
西班牙（低级）	0.02	100.7	4.4	0.974
秘鲁	0.06	188.0	5.7	0.974
埃塞俄比亚	0.06	161.4	5.2	0.965
莫桑比克	0.05	171.0	4.4	0.960
阿富汗	0.09	177.7	5.5	0.974
阿塞拜疆	0.04	156.0	4.7	0.962

注：1ASTA 单位色值 =40.2 色值。

化学组成

一般而言，干红椒荚含有 15% 蛋白质、8% 脂肪、55%～58% 碳水化合物和 20%～22% 纤维。红辣椒富含抗坏血酸，也含少量 B 族维生素、维生素 A 和维生素 E。红辣椒不含精油。

红辣椒及其油树脂的最重要成分是叶黄素，这是一种含氧胡萝卜素。根据早期研究（Govindarajan，1987），红辣椒所含各种成分可概括成表82.2。虽然胡萝卜素为黄色，但其含氧衍生物却为橙色和红色。其中，红色的辣椒红素和辣椒玉红素非常重要。这些红色色素不仅可为产品提供诱人的红色，而且也会在消费含有这些色素饲料的鸡蛋黄中沉积下来。这些色素化合物的化学结构如图82.1所示（Fisher和Kocis，1987）。匈牙利一项有关成熟红辣椒荚色素形成的研究显示，红辣椒含有34种胡萝卜素，含量约为1.3g/100g（以干基计）。其中，辣椒红色素占37%，玉米黄质占8%，辣椒玉红素占3.2%，以及β-胡萝卜素占9%。要对红辣椒色素进一步了解，可参见Deli和Molnar（2002）综述。

表82.2 红辣椒中的类胡萝卜素色素

不同成熟度存在的组分	薄层色谱板上的颜色	成熟红辣椒皂化提取物的相对量/%
叶绿素 a	绿	
叶绿素 b	绿	
β-胡萝卜素	黄	11.6~18.6
β-胡萝卜素5-6环氧化物	黄	
β-胡萝卜素5，6，5′，6′双环氧化物	黄	
β-隐黄素	橙	4.2~12.3
β-隐黄素，单-和双环氧化物	黄	
异黄素	黄	
叶黄素	橙	
玉米黄质	橙	2.3~6.5
花药黄质	黄	1.6~9.2
紫黄质黄	黄	7.1~9.9
黄黄素 a	黄	
黄黄素 b	黄	
玉米黄二呋喃素	—	
新叶黄素	黄	
隐辣椒质	橙	1.8~5.1
辣椒红色素	红	31.7~38.1
辣椒红色素环氧化物	红	0.9~4.2
辣椒红色素异构体	红	
辣椒玉红素	红	6.4~10.3
辣椒玉红素异构体	红	

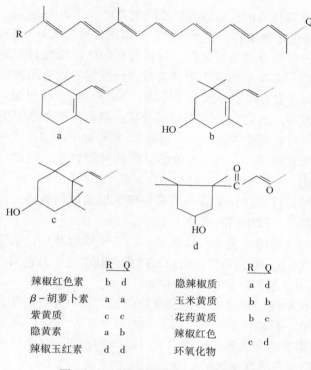

	R	Q			R	Q
辣椒红色素	b	d		隐辣椒质	a	d
β-胡萝卜素	a	a		玉米黄质	b	b
紫黄质	c	c		花药黄质	b	c
隐黄素	a	b		辣椒红色		
辣椒玉红素	d	d		环氧化物	c	d

图 82.1 红辣椒中的类胡萝卜素色素

颜色单位

红辣椒油树脂的强度以"颜色值"（色值）表示。此值为经验值，最初用于表示在标准条件下可见到颜色的最高稀释度。但现在这种主观判断，已经由分光光度法在 460nm 处的读数取代。红辣椒果实的颜色一般表示为 ASTA 单位；1ASTA 单位等于 40.2 色值。

近 40% 产量的红辣椒油树脂用于混合需要红色素的鸡饲料。红色素和反式-辣椒红色素以总类胡萝卜素百分含量表示，两者可分别用分光光度计和高效液相色谱估计。但可用一种简单分光光度法估计红色素水平，该法以 470nm 处吸光度对 455nm 处吸光度之比值判断，比值越高，红色素含量越高。0.96 值表示红色素含量水平较低。

油树脂

由于红辣椒种子不含色素，因此要将种子脱除。辣椒皮精细粉碎后可以得到较高提取率。但为避免形成沟流，最好将辣椒粉末制成颗粒，用垂直渗滤器以逆流方式进行萃取。采用粉末链式连续移动提取，不用造粒就可取得较好效果。西班牙、中国和印度以外的其他国家，采用正己烷作溶剂进行萃取。萃取到的混合物，经油脱除溶剂后便成为油树脂，10万色值油树脂的产率范围在7%~8%之间。

巴德格椒之类印度红辣椒有一定刺激性，辣椒素含量在0.1%左右。这种辣椒可用（25:75）的丙酮-己烷混合物进行萃取。这样得到的油树脂含有带颜色的辣椒素。这种油树脂随后用20%~30%甲醇或乙醇水溶液进行洗涤，以脱除其中的辣椒素。这种处理可除去大部分辣椒素，得到辣椒素含量低于200mg/kg的油树脂。这种油树脂可与西班牙甜椒油树脂媲美。通常10万色值巴德格椒油树脂的产率范围在5%~6%间。回收得到的辣椒素是一种有价值的副产品。如第25章辣椒中所述，这种富含辣椒素的馏分，通常称为有色刺激馏分，在固定油中的分散性可能较差。因此，可以低比例方式加入常规辣椒油树脂。

正是这种在红辣椒提取过程中除去稍有辣味辣椒素的创新措施，使得印度成为辣椒油树脂主要供应国，尽管中国的产量正在超过印度。

红辣椒油树脂是一种暗红色油状清澈液体，几乎没有辣味，也没有任何酸败异味或霉味。交易量最大的是10万色值级别的油树脂，其次是4万色值的油树脂。其它色值范围在2万~16万的油树脂交易量较小。

如上所述，鸡饲料级油树脂的红色素含量应当高，因为它们要在蛋黄中沉积。一般来说，可接受反式-辣椒红素含量下限是总胡萝卜素的38%。这意味着，每千克10万色值红辣椒油树脂中的反式辣椒红色素应当超过24g。表82.3所示为红辣椒油树中的β-胡萝卜素和辣椒黄质含量水平。

通常，抗氧化剂可用于延长色素的保质期。早期加工商曾添加的乙氧喹是一种廉价抗氧化剂。然而，由于有毒性，这种添加剂现在已经不再使用。迷迭香是一种天然抗氧化剂，已得到广泛接受（详见第86章）。生育酚是一种非常有效的抗氧化剂。发现有抗氧化剂作用的酚类化合物，按效能从大到小依次为：BHT、α-生育酚、表-没食子儿茶素、没食子儿茶素、没食子酸酯、槲皮素、迷迭香酸和3-咖啡酸（Cuvellier和Berset，2005）。

红辣椒色素与姜黄素之类其他天然色素相比，对光比较稳定，但油树脂需要贮存在避光阴凉处。100℃以上的热处理对色素有所破坏。

表82.3   **红辣椒原料的胡萝卜素和辣椒红素分析**

品种	β-胡萝卜素含量/%（面积%）	反式-辣椒红色素含量/%（面积%）	顺式-辣椒红色素含量/%（面积%）
巴德格椒（印度）	10~13	35~38	14~17
番茄椒（印度）	8~10	37~40	16~18
微辣红椒（印度）	5~8	38~43	18~22
中国	7~11	38~42	11~14
南非	11~13	39~41	12~14
津巴布韦	10~12	35~38	15~17

分析方法

色素以 ASTA 单位估计，估计 ASTA 的方法是在 460nm 处测量指定稀释油树脂的吸光度。油树脂制造商参照的是蛋黄沙拉酱制造商提出的标准方法（MSD10 法）。该方法将 1g 油树脂用丙酮稀释 10000 倍，在 462nm 处读取吸光度。如此得到的吸光度乘以一个 66000 因子。

红辣椒油树脂的红色百分比，根据 495nm 和 422nm 处吸光度，用下面公式确定：

$$红色 = \frac{495nm\ 处吸光度}{422nm\ 处吸光度} \times 72.5 - 24.5\ （\%）$$

反式 – 辣椒红素的百分比，根据反式辣椒红素面积与总面积之比确定，其中油树脂通过高效液相色谱硅胶柱，用（80：20）比例的己烷：丙酮混合物作洗脱液。吸光度之比以"颜色单位"形式给出。

用途

红辣椒油树脂可作为天然色素，广泛用于各种食品，如肉类、海鲜、蔬菜、汤料、蘸料和酱汁。由于是一种天然色素，因此也可用于不鼓励使用人工色素的乳制品。红辣椒色素在许多专门肉制品中非常有吸引力，如香肠、法兰克福香肠和博洛尼亚香肠。由于红辣椒本质上是一种香料油树脂，因此可用于对番茄酱颜色进行标准化，特别适用于由颜色较差番茄制成的番茄酱。

红辣椒的主要用途之一是与鸡饲料混合，生产偏红色蛋黄。这类鸡蛋在日本、韩国和墨西哥某些地方生产。叶黄素皂化有助于改善蛋黄颜色（Galobart 等，2004）。

带有 3 – 羟基 – k – 端基团的辣椒红素和辣椒玉红素，对单态氧具有强淬灭活性，并具有抑制脂质过氧化物活性。这种色素具有抗肺癌作用，因此是一种很好的癌症预防物（Maoka 等，2004）。

识别编号

	FEMA 编号	CAS	US/CFR	E – 编号
辣椒红色素	2834	84625 – 29 – 6	—	160c
胡萝卜素和 β – 胡萝卜素	—		—	160a

参考文献

Cuvellier, Marie-Elisabeth; and Berset, Claudette. 2005. Phenolic compounds and plant extracts protect paprika against UV-induced discoloration. *Int. J. Food Sci. Technol.* 40 (1), 67 – 73.

Deli, Jozsef; and Molnar, Peter. 2002. Paprika carotenoids: analysis, isolation, structure elucidation. *Curr.*

Org. *Chem.* 6 (13), 1197 – 1219.

Fisher, Carolyn; and Kocis, John A. 1987. Separation of paprika pigments by HPLC. *J. Agric. Food Chem.* 35, 55 – 57.

Galobart, J.; Sala, R., Rincon-Carmyo, X., Manzanilla, E. G., Vila, B.; and Gasa, J. 2004. Egg yolk color as affected by saponification of different natural pigmenting sources. *J. Appl. Poult. Res.* 13 (2), 328 – 334.

Govindarajan, V. S. 1987. Capsicum – production, technology, chemistry and quality: part Ⅲ. *CRC Crit. Rev. Food Sci. Nutr.* 24 (3), 245 – 355.

Maoka, Takashi; Enjo, Fumio; Takuda, Harukuni; and Nishino, Hoyoku. 2004. Biological function and cancer prevention by paprika (*Capsicum annuum* L.) carotenoids. *Food Food Ingredients J. Jpn.* 209 (3), 203 – 210 (Japanese) (*Chem Abstr.* 141: 33170).

83 欧芹

拉丁学名: *Petroselinum crispum* **Miller**（伞形科）

引言

欧芹被用于欧洲、美国和中东烹饪。欧芹如香菜叶一样也可用于各种制品。然而，欧芹与香菜相比风味较温和。据认为，欧芹起源于撒丁岛。

早期医生，如迪奥斯科里季斯和泰奥弗拉斯，均提到欧芹的医疗用途。调味用的这种香草具有卷曲叶子，不同于平叶品种欧芹（*Petroselinum neapolitanum*）。还有一个为获取粗根部而种植的欧芹品种，称为汉堡根欧芹，主要用于中欧和东欧。然而，这些品种的欧芹一般不用于制造提取物。

植物材料

欧芹是一种寒冷气候植物，因此它被种植在温带国家。在亚热带地区，这种植物可在温度仍然较低的高海拔地区很好生长。欧芹的主产区是欧洲地中海、北非的阿尔及利亚、美国路易斯安那州和加利福尼亚州。西欧、加拿大、日本和中东国家也有种植。

欧芹是一种两年生植物，具有绿色主茎和许多分支。该植物的高度在 60~65cm。叶子有时开岔，有时非常卷曲。这种香草经过干燥，呈现淡绿颜色，具有令人愉快的辛辣香气。欧芹具有典型刺激性辛辣味。

欧芹精油可提供优良风味。它也含脂肪油，其中的伞形花子油酸含量最高可达 75%，并具有工业用途。干欧芹含 22% 蛋白质、52% 碳水化合物、5% 脂肪、10% 纤维，以及矿物质，尤其是钙和钾。

精油

欧芹香草油可由含未成熟果实地上部分得到。精油产率只有 0.25%。由开花顶部得到的挥发油具有优良香气特性，但产率非常低，仅为 0.06% 左右。

另一方面，如果允许这种植物生长，就可使果实成熟。经过干燥，可以得到欧芹种子。以商业规模对这种种子蒸馏 40~45h，可得到产率为 2.5% 欧芹籽油。

欧芹香草精油含有芹菜脑，这是一种酚醚，它对风味有明显贡献。这种精油也含烃类萜烯、α-蒎烯和少量肉豆蔻醚。这种香草油也含某些含氧化合物。

　　Prakash（1990）对各种调查研究进行过综述，报道存在于精油的物质有肉豆蔻醚、
α - 蒎烯，少量醛类、酮类和酚类，并含 β - 水芹烯。大量挥发性较低的组分也被报道
过（Kasting 等，1972），这些物质在挥发油中含量可能不显著，但在油树脂中可能含量
突出。

　　埃及人利用 GC 和 GC - MS 研究的结果显示，欧芹草油含：月桂烯（23.75%）、
β - 水芹烯（19.47%）和肉豆蔻醚（8.79%）（El - Nikeety 等，2000）。已检测到的其
它化合物包括 5 - 十一碳烯 - 3 - 炔、环己烯、1 - 甲基 - 4 -（5 - 甲基 - 1 - 亚甲基 -
4 - 己烯基）及 2 - 氨基吡啶 - 4 - 甲基香豆素。贮藏研究证明，这种精油的最佳贮存条
件是用深色玻璃瓶或铝瓶装，并保持在冷冻温度下。

　　欧芹籽油含 0.5% ~ 1.5% α - 蒎烯、3% ~ 5% β - 蒎烯、1% ~ 2% 月桂烯、35% ~
40% 柠檬烯及 15% ~ 20% 芹菜脑。欧芹籽含芹菜苷，这是一种芹菜素与葡萄糖和芹菜
糖基构成的甘油酯。

　　商业化生产的欧芹籽挥发油呈淡绿色。它具有辛辣香气，并有微苦味道。

　　根据食品化学法典，欧芹香草油是一种黄到淡棕色流动液体。它可溶于脂肪油、
矿物油，并可以混浊状溶于乙醇。它微溶于丙二醇，但不溶于甘油。

　　由食品化学法典定义的欧芹香草油的物理特性如下：

旋光度　　　　　　　　　　+1° ~ -9°
折射率（20℃）　　　　　1.503 ~ 1.530
相对密度　　　　　　　　0.908 ~ 0.940

　　根据食品化学法典，欧芹籽油是一种黄色至淡棕色油状液体，其溶解特性类似于
欧芹香草油。

　　食品化学法典定义的欧芹籽油物理特性如下：

旋光度　　　　　　　　　　-4° ~ -10°
折射率（20℃）　　　　　1.513 ~ 1.522
相对密度　　　　　　　　1.040 ~ 1.080

油树脂

　　干欧芹香草粉碎后用丙酮提取可得到提取率 4% 左右的油树脂。这种油树脂含
2% ~ 6% 挥发油。该油树脂是一种油性粘稠物，带辛辣香气和苦味。这种油树脂通常
稀释后使用，以方便处理。

　　利用二氯化乙烷或丙酮 - 己烷混合物作溶剂对欧芹籽进行提取，可得到产率为
12% ~ 14% 油树脂，其中挥发油含量约 18%。

　　脱油欧芹籽粉用己烷提取可得到产率约为 12% 的树脂。可用前面得到的挥发油根
据需要与此树脂混合。

　　欧芹籽油树脂是一种稍带绿色背景的深褐色油状液体。它具有愉快辛辣香气，味
微苦。

用途

欧芹已被用于各种肉制品、沙拉酱、小吃和烘焙食品。它在一些饮料和调味品中也很受欢迎。上面所述对象的加工食品使用精油和油树脂都很方便。据报道，欧芹可引起皮肤反应，然而，这可通过使用不含过敏原的提取物而加以避免。这种香草被认为具有许多医用性质，其中有些存在于油树脂。

识别编号

	FEMA 编号	CAS	US/CFR	E－编号
欧芹叶油	2836	8000－68－8	182. 20	—
欧芹籽油	—	8000－68－8	182. 20	—
欧芹籽提取物/油树脂	2837	8000－68－8	182. 20	—
		84012－33－09		

参考文献

El-Nikeety, M. M. A. ; El-Akel, A. T. M. ; EI－Hady, M. M. I. Abd; and Badei, A. Z. M. 2000. Changes in physical properties and chemical constituents of parsley herb volatile during storage. *Egypt J. Food Sci.* 1998－2000, 26－28, 35－49 (*Chem. Abstr.* 133：42449).

Kasting, R. , Anderson, J. ; and Von Sydow, F 1972. Volatile constituents in leaves of parsley. *Phytochemistry* 11, 277－280.

Prakash, V. 1990. *Leafy Spices.* Boston：CRC Press, pp. 65－68.

84 胡椒薄荷

拉丁学名：*Mentha piperita* **L**（唇形科）

引言

薄荷具有悠久历史，早期最流行的薄荷是胡椒薄荷。虽然它不如留兰香用得多，但却是一种众所周知的流行糖果简单风味，特别是它的清凉效果。在现用成熟产品流行之前，简单胡椒薄荷糖果很受儿童欢迎。

迪奥斯科里季斯和普林尼两位医生建议过利用胡椒薄荷治疗各种疾病。旧时，薄荷枝被用来迎接胜利角斗士（Farrel，1990）。罗马人和犹太人曾在其神殿旁种植这种植物。

胡椒薄荷原产于地中海沿岸国家。像日本薄荷一样，胡椒薄荷油含有很大比例薄荷脑。本名词"胡椒"部分可能源于这种薄荷的刺鼻味道。

植物材料

如其他薄荷一样，胡椒薄荷的干燥地上部分是提供精油的香草。美国是重要的胡椒薄荷生产国，虽然这种植物也在许多欧洲、南美和亚洲国家及澳大利亚种植。

商业化种植的胡椒薄荷有两个品种：英国薄荷（或黑薄荷）和白薄荷。黑薄荷是一种耐寒植物，产量较高，因此更具商业价值。白薄荷很少种植，但该品种油的质量较好。黑薄荷有紫棕色茎干，而白薄荷的茎干为绿色。这两个品种在其他方面都类似。

胡椒薄荷茎直立，分枝，呈四边形，光滑，或只有很少毛状覆盖物（Aktar 等，1988）。胡椒薄荷叶子相对而生，具有叶柄，呈卵形至长椭圆形，为披针形。叶长 3～7cm，带锯齿边缘，无毛或沿其主茎络带短柔毛，并分散出现小油珠。胡椒薄荷叶表面光滑，呈深绿色。胡椒薄荷花呈浅紫色，花朵沿穗状花序排列。花萼无毛有斑点；花冠呈紫色，无毛，长约 5mm。

该植物开始开花时，应收获地上部分（Prakash，1990）。这可确保油和薄荷醇产率最大。薄荷花盛开阶段过后，由于叶片脱落，会影响产油率。事实上，延迟收获造成的油损失要大于提前收获造成的油损失。首先形成的化学物是薄荷酮，它再转化为薄荷醇。油含量上升到一定阶段后会出现下降。在此期间，游离薄荷醇含量会增加。因此，收获时间至关重要。

对薄荷干燥要谨慎进行，以降低油损失。直接日晒产生的蒸发和树脂化作用，可导致高达 24% 油损失（Prakash，1990），所以要在阴凉处干燥，这样可将油损失限制在10%以内。一般，4～5天可取得满意的部分干燥效果。处理过的干薄荷草较经济，并且方便使用，由于油细胞受到弱化处理，出油更快。

胡椒薄荷草采用水蒸气蒸馏，可以获得0.8%～1%产油率。虽然胡椒薄荷的薄荷醇含量高，但制造纯薄荷醇晶体宜采用日本薄荷。（有关薄荷醇的化学结构，详见第62章日本薄荷）。薄荷油约含50%产生清凉效果的L-薄荷醇。薄荷酮的重要性次之。然而，最近一项越南人（Nguyen，2003）研究报道，胡椒薄荷油的主要成分为L-薄荷酮，含量水平为47.60%。薄荷酮占24.10%、薄荷呋喃占6.07%、1，8-桉叶素占5.55%，而长叶薄荷酮占4.22%。另一项研究（Orav等，2004），对欧洲不同地区产的胡椒薄荷油组成差异进行过分析。干胡椒薄荷草的产油率在0.8%～3.3%。已经鉴定出的46种化合物占油的90%以上。主要组分有薄荷酮（11.2%～45.6%）、薄荷醇（1.5%～39.5%）、异薄荷酮（1.3%～15.5%）、乙酸薄荷酯（0.3%～9.2%）、柠檬烯（1.0%～5.9%）和反式-桧烯水合物（痕量到6.2%）。不同地区样本之间有差异。薄荷醇与薄荷酮的比例介于0.04～2.8，而1，8-桉叶油素与柠檬烯的比例介于0.3～5.0。希腊和匈牙利薄荷油中，薄荷醇为主要成分（37%～40%）。俄罗斯胡椒薄荷油只含1.5%薄荷醇，但薄荷酮（38.2%）、异薄荷酮（15.5%）和胡薄荷酮（13.0%）含量高。爱沙尼亚胡椒薄荷油中，胡薄荷醇（31.6%～35.8%）和薄荷酮（37.9%～39.5%）含量均较高。一项伊朗的水蒸气蒸馏研究也发现主要成分为薄荷醇（36.24%）和薄荷酮（32.42%）（Behnam等，2006）。一些研究还证明薄荷精油具有弱抗真菌活性。

来自南印度半干旱条件地区的胡椒薄荷油主要成分为薄荷醇（40.08%），其它成分有柠檬烯、薄荷酮、薄荷呋喃、胡薄荷酮、乙酸薄荷酯，样品共有62个峰及25个主峰（Kaul等，2001）。

根据食品化学法典，胡椒薄荷油是一种无色至淡黄色液体，具有胡椒薄荷特有的强刺激性气味特性，吸入口中会产生刺激性清凉感。胡椒薄荷油可以通过蒸馏调整。它易溶于乙醇和大多数植物油，但不溶于丙二醇。

食品化学法典定义的胡椒薄荷油的物理特性如下：

旋光度	−18°～−32°
折射率（20℃）	1.459～1.465
相对密度	0.896～0.908
溶解度	3mL 70%酒精中溶解1mL

用途

薄荷叶在亚洲、小亚细亚、欧洲和美国被广泛作为配菜使用。对于加工食品，使用薄荷油较为方便。

胡椒薄荷油历来是受人欢迎的风味剂，可用于口香糖、糖果、冰淇淋和调味汁。它还可用于牙科制剂和治疗消化功能紊乱的药剂。由于其清凉感觉，它被用于烟草制品。同样，这种薄荷油可用于非酒精性饮料、软饮料和曲奇饼（如奶油饼干）。

识别编号

	FEMA 编号	CAS	US/CFR	E – 编号
胡椒薄荷油	2848	8006 – 90 – 4	182. 20	—
		98306 – 02 – 6		—
胡椒薄荷油树脂/提取物	2848	8006 – 90 – 4	—	—
胡椒薄荷水/完全提取物	—	98306 – 02 – 6	—	—

参考文献

Aktar, Husain; Virmani, O. P. ; Sharma, Ashok; Kumar, Anup; and Misra, L. N. 1988. *Major Essential Oil-Bearing Plants in India.* Lucknow, India: Central Institute of Medicinal and Aromatic Plants, pp. 167 – 181.

Behnam, S. ; Farzaneh, M. ; Ahmadzadeh, M. ; and Tehrani, A. Sharifi. 2006. Composition and antifungal activity of essential oils of *Mentha piperita* and *Lavendula augustifolia* on post-harvest phytopathogens. *Commun. Agric. Appl. Biol. Sci.* 71 (3b), 1321 – 1326 (*Chem. Abstr.* 148: 2456).

Farrell, Kenneth T. 1990. *Spices, Condiments and Seasonings.* New York: Chapman and Hall, pp. 133 – 136.

Kaul, EN. ; Bhattacharya, A. K. ; Singh, K; Rajeswara Rao, B. R. ; Mallavarapu, G. R. ; and Ramesh, S. 2001. Chemical investigation of peppermint (*Mentha piperita* L) oil. *J. Essent. Oil-Bearing Plants* 4 (2 – 3), 55 – 58.

Nguyen, Thi Phuong Thao. 2003. Chemical components of the essential oil of Mentha piperita L; collected from Sapa-Lao Cai and now cultivated in Co Nhue Tu Liem district. *Tap Chi Duoc Hoc* (6), 13 – 16 (Vietnamese) (*Chem. Abstr.* 140: 326575).

Orav, Anne; Raal, Ain; and Arak, Elmar. 2004. Comparative chemical composition of the essential oil of *Mentha piperita* L from various geographical sources. *Proc. Estonian Acad.* Sci. Chem. 53 (4), 174 – 181 (English) (*Chem. Abstr.* 142: 182771).

Prakash, V. 1990. *Leafy Spices.* Boston: CRC Press, pp. 49 – 57.

85 紫檀

拉丁学名：*Pterocarpus santalinus* **L**（豆科）

引言

紫檀是一种大型树木，其树干含诱人天然食品色素。这种树在阿育吠陀疗法中具有非常重要地位，因为它具有显著医疗性能。紫檀是一种名贵木材，可用来制作高档家具和手工艺品。紫檀木材份量重，其致密木质使其与其他有价值的木材（如柚木和红木）一起归为同类。紫檀是一种需要多年才能长成完全成熟的树，因而自然资源保护主义者正关注它的数量。目前紫檀是一种受保护的植物，所以近来用它进行提取操作已经成为问题。因此，紫檀色素的重要性日益下降。较好育林方法，并开发利用手工艺品制作过程产生的碎片和木屑副产品，可延长紫檀色素的寿命。19 世纪中叶，Pelletier 对这种色素进行过研究，而 E. Merek 则从 20 世纪 60 年代起将这种色素推向市场（Verghese，1986）。

植物材料

紫檀是引人注目的大型落叶乔木。其高度在 10m 以上，带有发达的树干和树枝。树干有呈现方块裂纹的黑棕色树皮。木心呈深紫色（Warrier，1995）。

紫檀树有 3 ~ 5 片小叶构成的复叶。这些小叶呈宽椭圆形，叶端圆钝，叶底呈淡绿色。叶片表面由细绒覆盖。紫檀开黄花，具有单花，或少量分枝花，或总状花序。果实为斜状籽荚，缩成荚柄，籽荚成双。籽荚中央硬质部分包含红棕色光滑种子。

据认为，紫檀木和果实均有医药作用。小片紫檀木具有良好深红色天然色素。粉状紫檀木散发出类似于鸢尾根的淡雅气味。

紫檀树非常硬，有很好的修复能力。它可生长在海拔 250 ~ 700m 的岩石或干旱山区，有时也可生长在炎热干燥气候的陡峭山坡，最好生长在排水良好无内涝的地方。

化学组成

紫檀色素由紫檀素 A 和紫檀素 B 构成（图 85.1）。紫檀素 B 与紫檀素 A 相比，多了一个甲基。还有一种称为紫檀素 C 的同系统物，其结构不确定（Verghese，1986）。紫檀木具有精油和鞣酸。

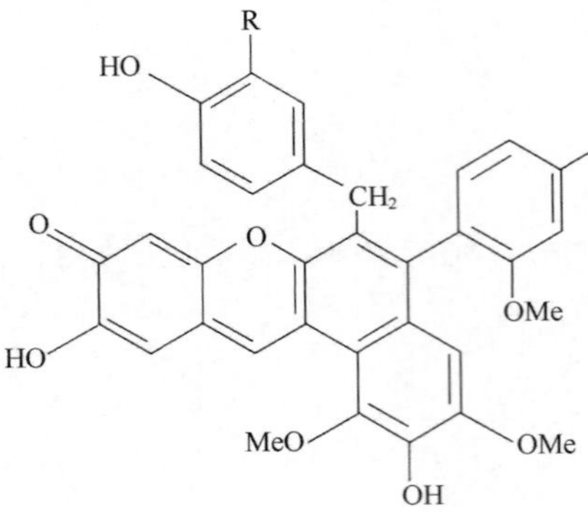

图 85.1　紫檀素
紫檀素 A：R = OH；紫檀素 B：R = 甲基。

提取物

通常要求紫檀素呈坚实结晶粉末状。对于贸易纯度，用 0.01% 紫檀素结晶粉配成的乙醇溶液在 475nm 处的吸光度测量值不应小于 1。这不仅需要提取，而且也要避免脂质和水溶性物质的干扰。

将紫檀干木材切成小块，然后用锤式粉碎机粉碎成粗粉状。紫檀木粉加入到垂直间歇式渗滤器，然后将己烷溶剂浇入顶部进行洗涤，使其在重力作用下进行渗滤。取出脂质提取物，进行溶剂回收。提取得到 1% 左右的脂质主要是挥发油。粉末残渣中含有未被己烷提取的物质，可再用甲醇通过重力渗滤进行提取，直至清洗液没有任何明显颜色为止。脱除合并甲醇混合油的溶剂，得到的树脂状物质再加水煮沸。抛弃水提取物。反复进行此过程，直至残留物成为结晶固体，该固体应具有如上所述的良好颜色特性和吸收值。经验表明，经约四次洗涤，可得到所需坚实紫檀素强度。根据客户要求，可对紫檀素固体进行干燥和粉碎。

为便于处理，有时紫檀素可以液体形式提供。这可在除去甲醇后，但在水洗涤之前通过加入等重量丙二醇实现。

紫檀素结晶在 223 ~ 268℃ 温度间软化，具体温度与纯度有关，但在 270℃ 温度下会变成碳素，因为它们在熔融时会分解。

用途

紫檀提取物可作为天然色素用于食品和酒精饮料。印度一直在用未精炼的紫檀色素。直到最近，欧洲对此色素需求量仍非常大，它被用于当地水果制品、饮料和糖果。然而，欧盟委员会却尚未为此色素分配 E - 编号。事实上，出于对紫檀树养护原因，这种色素在印度的使用已经受到限制，这有可能使这种诱人的色素变得越来越少。

在阿育吠陀疗法中，紫檀有许多医疗功能，例如可用作退热药和驱虫药。将其制成糊状，可用于减轻炎症、眼胀和脓疮。食用紫檀粉与牛奶混合物，可治疗痔疮出血。紫檀木膏被用作润滑剂和皮肤净化剂。

分析方法

工业界普遍使用的经验方法是测量 475nm 处吸光度。如果 0.01% 色素结晶粉的乙醇溶液读数为 1，则可认为结果令人满意。

识别编号

	FEMA 编号	CAS	US/CFR	E − 编号
檀香红	—	84650 − 41 − 9	172. 510	166

参考文献

Verghese, James. 1986. Santalin—a peerless natural colourant. *Cosmet. Toiletries* 101, 69 − 71.

Warrier, P. K. 1995. *Indian Medicinal Plants*. Madras: Orient Longman, vol. 4, pp. 384 − 387.

86 迷迭香

拉丁学名：*Rosmarinus officianalis* **L**

引言

迷迭香的历史和浪漫故事与此香草本身一样迷人。它可用作风味剂、香料和药料，最近几年，也用作抗氧化剂。

剑桥三圣学院（Trinity College）图书馆有一则故事，说的是菲利帕女王的母亲，海诺尔特伯爵夫人首先将这种植物发送到英国。迷迭香从此在英国繁衍生息。在西班牙，人们相信，这种灌木是圣母玛丽亚前往埃及途中的遮风避雨物，因此，人们将其荣称为罗梅罗，意为香客花，从此该名称开始流行。在地中海国家，据信，迷迭香可保护人们免受巫婆和其他邪恶精灵伤害。该植物各部分被认为均可用于治疗某些疾病，并可起保健和提神作用。

古代人使用迷迭香是因为相信它能强化记忆力，并起忠诚信物作用。人们在婚礼和葬礼上使用迷迭香。迷迭香也被种在菜园，以作为女主人支配性影响力象征。在莎士比亚《哈姆雷特》中，欧菲将迷迭香花当作纪念象征分发。迷迭香叶曾作为风味物用于茶和酒。迷迭香因具有医药作用而被引入许多疗效食谱。

植物材料

迷迭香是一种常绿小灌木，生长在地中海沿岸国家，如西班牙、葡萄牙、意大利、前南斯拉夫、土耳其、突尼斯、阿尔及利亚及美国。这种带有大量分支的植物生长高度 2m 左右。它具有 2~3cm 长的针样叶子，这种叶子形似弯曲松针。该植物开淡蓝色小花。

迷迭香通过播种、扦插和分根方式传播。据报道，播种繁殖的植物最健康。迷迭香最适合于轻质微干性土壤。它略喜欢阴影。这种香草干燥时呈棕绿色，并具有茶香味。然而，粉碎的迷迭香的香气更令人愉快，带有辛辣和樟脑气味。迷迭香具有刺激性香辛滋味，略带苦味。

化学组成

干迷迭香含 4.5% 蛋白质、17.5% 脂肪、47.5% 碳水化合物和 19% 粗纤维，含 6% 灰分，其中包括钙、磷和铁，含抗坏血酸、维生素 A 和一些 B 族维生素。

迷迭香含约 1% ~ 2% 精油。近年来，迷迭香提取物已经成为宝贵的抗氧化剂。Chen 等人（1992）用不同溶剂提取迷迭香油，并研究了各种化合物的抗氧化性能。这些化合物包括卡诺醇、迷迭香醇、鼠尾草酸、迷迭香二酚和熊果酸。含量比鼠尾草酸低的迷迭香酸已经引起人们重视，因为它具有各种生物学特性，包括抗菌性、抗炎作用及抗氧化性能。迷迭香酸是一种水溶性强抗氧化剂，可用于水产品、天然色素提取物、化妆品制剂及包装食品。迷迭香酸是一种橙红色粉末，也溶解于有机溶剂。它是咖啡酸与 3，4 - 二羟基苯基乳酸形成的酯。鼠尾草酸和迷迭香酸的结构分别如图 86.1 和图 86.2 所示。超临界 CO_2 萃取可获得较高浓度迷迭香酸。

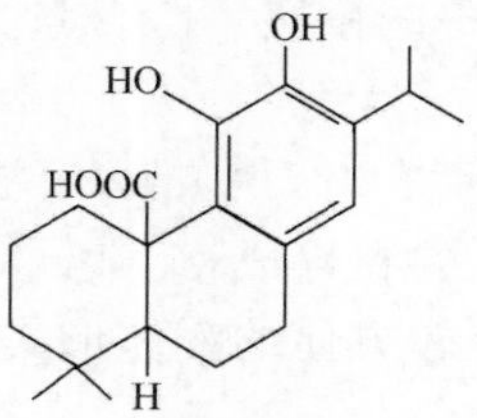

图 86.1　鼠尾草酸 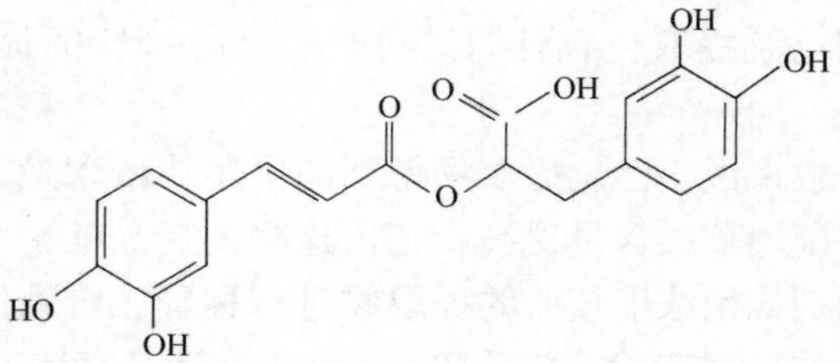　　　　　图 86.2　迷迭香酸

精油

用锤式粉碎机将迷迭香干草粉碎，然后再用辊磨机研压干草粉粒，以便蒸汽或溶剂浸入。然后，将香草粉粒装入不锈钢蒸馏器，蒸汽由蒸馏器底部通入，连续蒸馏 18h。用佛罗伦萨瓶接收精油，精油得率约 1.5%。

迷迭香精油是一种无色至淡黄色油，带有温和樟脑味。通常用这种植物上株部分蒸馏，但按照英国药典，只有开花顶部得到的油才算是优级精油。

一项对 24 个品种的研究显示，迷迭香油由 34 种化学成分构成（Tucker 和 Marciarello，1986）。最近一项研究表明，这种精油的主要成分是 α - 蒎烯（40% ~ 45%）、1，8 - 桉叶素（17.4% ~ 19.4%）、莰烯（4.7% ~ 6.0%）和马鞭草酮（2.3% ~ 3.9%）（Atti-Santos 等，2005）。

根据食品化学法典，迷迭香油是一种无色或淡黄色液体，具有迷迭香特有的气味和温和樟脑味道。它可溶于大多数植物油，但不溶于乙醇和丙二醇。

食品化学法典定义的迷迭香油的物理特性如下：

旋光度	−5° ~ +10°
折射率（20℃）	1.464 ~ 1.476
相对密度	0.894 ~ 0.912
溶解度	1mL 90% 乙醇中溶解 1mL

油树脂

　　迷迭香粉经适当干燥后，可提取树脂部分。用己烷作溶剂，提取产率为 3% ~ 4%。但如果用丙酮提取，产率可提高到 13% ~ 14%。这种树脂可与前面收集的精油混合。迷迭香油树脂是一种粘性液体，呈绿褐色，具有特征性香草香气。

　　采用前面所述的两级萃取法，虽然可获既含风味成分又含香料成分的油树脂，但如今强调的是迷迭香的抗氧化性。为此，最好直接提取，因为提取精油所需的蒸馏过程中，会有接近 50% 鼠尾草酸损失。作为抗氧化剂使用，油的存在并不重要。直接用己烷提取，有可能得到产率 5% ~ 6% 的提取物，其中的鼠尾草酸含量为 20% 左右。

　　一般来说，己烷提取物得到的鼠尾草酸含量为 18%。利用 30% 甲醇水溶液提取，可以将鼠尾草酸含量提高一倍。这样的产品几乎为固体，需要粉碎成粉。也可加入适当添加剂或用浓度较低的提取物进行稀释，得到使用起来比较方便的液体形式。其他成分，如鼠尾草酸、熊果酸、迷迭香酸还具有抗氧化性能。

用途

　　迷迭香油既可作为风味剂，也可作为香料使用。由于油树脂具有较好平衡性，因此在食品中使用较方便。迷迭香风味可用于地中海传统美食。生产加工食品时，使用精油和油树脂更稳定，更实用。

　　近年来，迷迭香最重要的用途是作为抗氧化剂使用。目前，除合成抗氧化剂 BHT 和 BHA 外，3% ~ 5% 鼠尾草酸是最有效的天然抗氧化剂。迷迭香提取物可作为抗氧化剂用于辣椒油树脂。迷迭香酸具有某些生物特性，如抗菌性、抗炎性和抗氧化特性。

分析方法

　　含鼠尾草酸的迷迭香提取物溶于甲醇中，然后注射入 HPLC 的 C_{18} 柱（流动相为比例为 70∶30 的乙腈和含 0.5% 乙酸的酸化水）。检测波长为 230nm，根据 Sigma-Aldrich 公司鼠尾草酸标准样计算。迷迭香酸测定，使用上述色谱柱，溶剂系统为 25∶75 比例的乙腈和含 0.03% 三氟乙酸酸化水。检测波长为 280nm，根据 Sigma-Aldrich 公司迷迭香酸标准样计算。AOAC 没有这方面的测定方法。

识别编号

	FEMA 编号	CAS	US/CFR	E – 编号
迷迭香绝对	2992	8000 – 25 – 7		—
迷迭香油	2992	8000 – 25 – 7	182. 20	—
		84604 – 14 – 8		
萜油	—	68917 – 54 – 4		—
迷迭香油树脂/提取物	2992	84604 – 14 – 8	182. 20	
迷迭香水	—	84604 – 14 – 8		—

参考文献

Atti-Santos, A. C.; Rossato, Marcelo; Pauletti, G. E; Rota, L. Duarte; Rech, J. C.; Pansera, M. R.; Agostini, F.; Serafini, L. A.; and Moyna, P. 2005. Physico-chemical evaluation of *Rosmarinus officinalis* L essential oils. *Braz. Arch. Biol. Technol.* 48 (6), 1035 – 1039 (*Chem. Abstr.* 145: 502251).

Chen, Q., Shi, H., and Ho, C. 1992. Effect of rosemary extracts and major constituents on lipid oxidation and soybean lipoxygenase activity. *J. Am. Oil Chem. Soc.* 69 (10), 999.

Tucker, A. O.; and Marciarello, M. J. 1986. The essential oils of some rosemary cultivars. *Flavour Fragrance J.* 1 (5), 137 – 142.

87　藏红花

拉丁学名：*Crocus sativus* **L**（鸢尾科）

引言

藏红花常被称为"金色香料"。藏红花可提供丰富色彩和优雅风味。干藏红花被普遍认为是最昂贵的香料。它由干花柱和花顶构成。1kg 干藏红花需要 5 万～10 万花柱头，因此可以想象这种香料的高成本。

藏红花首次被人使用可能是因为其具有强烈着色力。后来，希腊人和罗马人将它们用于豪华浴室是因其优良香味品质。涂抹埃及法老身的油带有藏红花及其他昂贵香料香气（Farrell，1990）。至 8 世纪末，征服西班牙的摩尔人将藏红花引入了西班牙和欧洲。西班牙是这种昂贵香料的重要生产国。

据认为，藏红花的种植历史已有 3000 多年。目前栽培的藏红花品种的前身是卡莱番红花（*Crocus cartwrightianus*）。藏红花耕种者在选择长柱头进行杂交时产生了新突变。有人认为，公元前 7 世纪亚述人有过藏红花记载。

从发现的记载可以看出，这种香料在过去四千年间曾被用来治疗某些疾病。从公元前 1500 年的绘画可以见到人们将藏红花作为药物使用的情形。有记载提到，埃及艳后曾用藏红花洗澡，以变得更为动人。古代地中海地区的调香师、医生，甚至普通老百姓也使用藏红花。

植物材料

藏红花是一种较小植物，生长高度不到 12cm。它具有挺拔细茎及地下球茎。家庭种植的藏红花通常在野外难以见到，主要是因为其繁殖需要人类辅助。据我们所知，家庭种植的藏红花是人工选择的柱头较长的品种。这种植物已成为不育品种。这种植物开紫色花，但所结的种子不能发芽。该植物具有 5～12 片狭窄绿叶，这种叶垂直长度约 40cm。

藏红花通过切割地下球茎重新栽种。藏红花球茎是存储淀粉的褐色小球，完全成熟时直径为 4～5cm。这种球茎可生存一个季节，然后被切成 6～10 个小茎块。这些茎块都可成长新的植物。藏红花球茎有须根。每朵花具一个三叉体。每个三叉体都带一根长度通常为 25～30mm 的深红色柱头。

藏红花植物可生长在地中海或北美干旱或半干旱地区。然而，藏红花需要某种程度浇灌。在克什米尔这样降雨良好的地区，不一定要浇灌。藏红花可耐受夏季微风、冬季霜冻和短时积雪，但持续潮湿或炎热天气对这种作物有害。它不能在阴凉处正常生长，因此要种植在朝阳坡面。

　　藏红花通常在 6 月份完成种植。夏季后，这种植物处于休眠状态，球茎开始长出地上部分，特别是叶子。初秋开始出芽，中秋开始开花。藏红花在短短 1 周或 2 周时间内盛开。因此收获时间短暂。此外，黎明开出的花朵，会在白天枯萎。因此，要在短时间内完成手工收获繁琐过程。1kg 花产新鲜藏红花 72g，烘干后得到干藏红花 12g（照片 25）。

照片 25　藏红花（参见彩色插图）

　　西班牙是主要藏红花生产国。藏红花也生长在许多其他欧洲地中海国家，以及印度、伊朗和中国。

化学组成

　　干藏红花平均组成为：水分 15.6%、碳水化合物 13.35%、固定油 5.63%、挥发油 0.6%、粗纤维 4.48% 及灰分 4.27%（Pruthi，1976）。也有报道提到藏红花含较高水平精油（1.37%）和固定油（13.4%）。

　　这种香料含 100 多种对香气有贡献的挥发性成分。报道的大量非挥发性化合物大多数属于类胡萝卜素。其中包括玉米黄素、番茄红素、α - 和 β - 胡萝卜素。藏红花特有的黄色，由 α - 藏红花素（图 87.1）所产生，它是反式藏红花素的原色素。这种苷元本身为水溶性。因此，较亲水的甘油酯可方便地用于为水基食品着色。

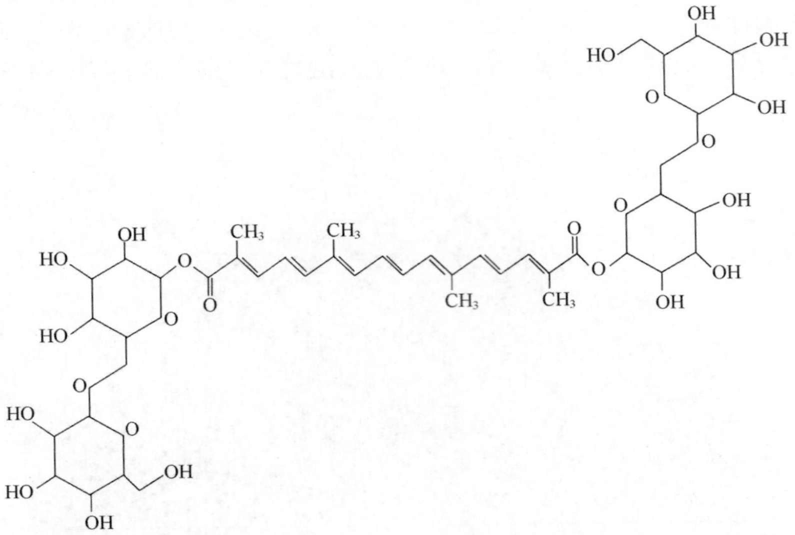

图 87.1　α - 藏红花素

藏红花另一显著成分是藏红花苦苷（图 87.2），它使这种香料产生苦味。藏红花苦苷是藏花醛与 β - D - 葡萄糖形成的酯。当藏红花受热处理（如干燥）时，藏红花苦苷会产生游离藏花醛和葡萄糖。藏花醛具有挥发性，为藏红花提供某种宜人风味。藏花醛是藏红花挥发性馏分的主要成分（70%），它不如藏红花苦苷那么苦。另一种同样重要的香气化学物质是 2 - 羟基 - 4，4，6 - 三甲氧基苯，2，5 - 环己二烯 - 1 - 酮。尽管此组分含量低于藏花醛，但却是藏红花"桔草"香气的主要贡献者。

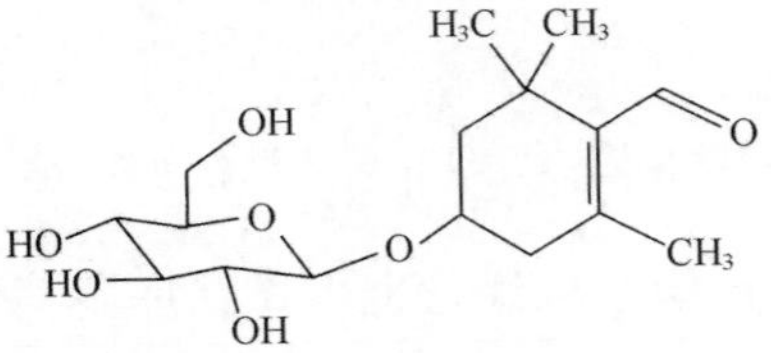

图 87.2　藏红花苦苷

Zareena 等（2001）对经 γ 射线照射灭菌保藏的藏红花，进行过香气和色素成分变化研究。辐照并未引起明显品质变化，但训练有素的品尝组人员仍然发现，5kGy 剂量样品的品质有轻微劣化。Gregory 等（2005）研究过干燥时间和温度对藏红花醛含量的影响；先在 80 ~ 90℃较高温度下干燥 20min，再在 43℃下干燥，可使用藏红花醛得到较好保留。

提取物

由于藏红花价格高昂，因此，无论是提取精油还是提取油树脂都不切实际。报告表明，藏红花提取物产量非常少。藏红花可提供产率1%左右的挥发油。藏红花挥发油含有羟基－三甲氧基－环己二烯－酮及藏花醛这两种特征香气化合物。由于藏红花含有多种非挥发性成分，如藏花素（染料）、番红花苦苷及许多类胡萝卜素，因此，用来制备提取物可能更现实。但这种香料的高成本仍然令人望而却步。尽管如此，藏红花香料本身仍然是一种很好的风味剂和着色材料。

用途

由于藏红花是一种昂贵风味品，因此通常只在特殊场合用于异国情调菜肴。它特别适合于米饭和糖果着色和调味。使用这种昂贵香料的菜肴例子有西班牙海鲜饭、印度香饭、斯堪的纳维亚焙烤食品及一些欧美国家的特殊肉制品。如果价格合适，藏红花也是很好的添加剂，可用于饮料、冰淇淋、糖果、烘焙食品和肉类。藏红花的高成本促使人们在食品中使用各种替代品，如姜黄或红花（有时也自称为"藏红花"）。

然而，行家们欣赏的是藏红花的奇异风味及其"金属味"蜂蜜和枯草味道，因此，藏红花是不可替代的。尽管如此，人们还是认为藏红花是一种人为嗜好品。

识别编号

	FEMA 编号	CAS	US/CFR	E－编号
藏红花提取物	2999	84604－17－1	182.20	—

参考文献

Farrell, Kenneth T. 1990. Spices, *Condiments and Seasonings*. New York: Chapman and Hall, pp. 182–185.

Gregory, Mathew J.; Menary, Robert C.; and Davies, Neol W. 2005. Effect of drying temperature and air flow on the production and retention of secondary metabolites in saffron. *J. Agric. Food Chem.* 53 (15), 5969–5975.

Pruthi, J. S. 1976. *Spices and Condiments*. Delhi: National Book Trust of India.

Zareena, A. V.; Variyar, Prasad; S. Gholap, A. S.; and Bongirwar, D. R. 2001. Chemical investigation of gamma-irradiated saffron, *Crocus sativas* L. *J. Agric. Food Chem.* 49 (2), 687–691.

88 鼠尾草

拉丁学名：*Salvia officinalis* **L**（唇形科）

引言

多数人直到最近还只知道鼠尾草是一种药草，而不知道它是一种调味料。鼠尾草的属名 *Salvia*，取自拉丁词"*salvere*"，意为保存。

鼠尾草有着悠久异国用途历史，如用于辟邪、用作蛇毒解毒剂，也用于增加妇女生育。罗马人认为该香草有许多疗效。在中世纪，由于鼠尾草具有疗效而被种植在修道院花园。药用鼠尾草有若干品种。但这里要讨论的是用于调味的鼠尾草品种。

植物材料

据认为，鼠尾草原长于欧洲地中海地区：最好的鼠尾草品种来自克罗地亚达尔马提亚。除了许多地中海地区欧洲国家种植以外，英国、葡萄牙、土耳其和美国也种植鼠尾草。然而，美国也从南斯拉夫和阿尔巴尼亚进口一些鼠尾草。

鼠尾草植物具有略带木质的白色茎干，高约30cm。鼠尾草的叶子呈椭圆形，具有灰至银绿色颜色，有无数通常为紫色的鲜花，但有时花朵偏蓝或发白。该植物属于薄荷家族。花开足前的植物嫩叶风味最佳，精油产率也最高。为了保持天然颜色和香味，要将鼠尾草晾干。

粉碎的鼠尾草叶子具有芬芳的辛辣香气。其草本和香醋风味中带有苦涩味。

精油

摩洛哥鼠尾草干粉在商业不锈钢蒸馏装置中蒸馏32h可得到1.1%产率的精油。为控制缓慢蒸馏速率，要保持非常低的蒸汽压力。据报道，影响出油率的因素有地区、气候条件和采摘季节。

鼠尾草所含萜烃包括 α - 和 β - 蒎烯、莰烯、月桂烯和柠檬烯。除了一些 β - 石竹烯外，还含有20%以上的1，8 - 桉叶素和莰酮。报道的主要成分是侧柏酮。

埃及鼠尾草精油含28种挥发性物质，其中最突出的是莰酮（25%）、α - 侧柏酮（22%）和 β - 侧柏酮（18%）（Edris 等，2007）。突尼斯鼠尾草水蒸馏物的主要成分是1，8 - 桉叶素和 α - 侧柏酮（Fellah 等，2006）。研究人员利用 GC - MS，已经从鼠尾草精油中鉴定出50多种化合物。这些化合物包括1，8 - 桉树脑、莳酮、芳樟醇、乙醇芳樟酯、桧烯、乙酸桧酯、α - 和 β - 侧柏酮（Jirovetz 等，2006）。

根据食品化学法典，达尔马提亚型鼠尾草（*Salvia officinalis*）精油是一种黄色至黄绿色液体，具有温和樟脑和侧柏酮气味和风味。它溶于大多数固定油和矿物油，微溶于丙二醇，但基本上不溶于甘油。

食品化学法典定义的达尔马提亚型鼠尾草精油的物理特性如下：

旋光度　　　　　　　　+2° ~ +29°
折射率（20℃）　　　　1.457 ~ 1.469
相对密度　　　　　　　0.903 ~ 0.925
溶解度　　　　　　　　1mL 80% 乙醇中溶解 1mL

根据食品化学法典，西班牙型鼠尾草（*Salvia lavandulaefolia* 或 *Salvia hispanarium*）精油是一种无色至微黄色油，具有带桉树脑韵味的樟脑气味。溶于大多数固定油和甘油。可溶性于矿物油和丙二醇，但通常呈浑浊状。

食品化学法典定义的西班牙型鼠尾草精油的物理特性如下：

旋光度　　　　　　　　-3° ~ +24°
折射率（20℃）　　　　1.468 ~ 1.473
相对密度　　　　　　　0.909 ~ 0.932
溶解度　　　　　　　　2mL 80% 乙醇中溶解 1mL

油树脂

脱油鼠尾草用己烷萃取可得产率 2.2% 的树脂，这种树脂可以与先前得到的挥发油混合成所需规格的油树脂。

用己烷直接提取粉碎的干鼠尾草可得到产率 5% 的油树脂，其挥发性油含量在 10% 左右。用己烷和丙酮（30∶70）混合物提取，可得到产率 7% 的油树脂，其挥发性油含量降低到 6% ~ 7%。

鼠尾草油树脂是一种深褐色黏稠液体，带有花香气味，并带有薄荷香气和温和甜味。

用途

鼠尾草可用于许多肉制品。鼠尾草确实是一种广泛使用的香药，尤其在西方烹饪中。鼠尾草叶子可撒于蔬菜制品和奶酪。鼠尾草油和油树脂均非常适用于上述食品的加工制品。

鼠尾草的各种药疗功能，使其油树脂成为受人欢迎的配料。鼠尾草油树脂还具有良好的抗氧化性能。鼠尾草精油也可作为香料用于家用杀虫剂和清洁制剂。

识别编号

	FEMA 编号	CAS	US/CFR	E – 编号
鼠尾草油	3001	8022 – 56 – 8	182. 20	—
西班牙鼠尾草油	3003	8016 – 65 – 7	182. 20	—
		90106 – 49 – 3		
达尔马提亚鼠尾草油	—	8016 – 64 – 6		—
鼠尾草油树脂/提取物	3002	8022 – 56 – 8	182. 20	—
		97952 – 71 – 1		
西班牙鼠尾草完全提取物	—	8016 – 65 – 7		

参考文献

Edris, A. E. ; Jirovetz, L. ; Buchbauer, G. ; Denkova, Z. ; Stoyanova, A. ; and Slavchev, A. 2007. Chemical composition, antimicrobial activities and olfactory evaluation of *Salvia officinalis* L (sage) essential oils from Egypt. *J. Essent. Oil Res.* 19 (2) , 186 – 189.

Fellah, S. ; Diouf, P. N. ; Petrissans, M. ; Perrin, D. ; Ramdhane, M. ; and Abderrabba, M. 2006. Chemical composition and antioxidant properties of *Salvia officinalis* L oil from two culture sites in Tunisia. *J. Essent. Oil Res.* 18 (5) , 553 – 556.

Jirovetz, L. ; Buchbauer, G. ; Denkova, Z. ; Slavchev, A. ; Stoyanova, A. ; and Schmidt, E. 2006. Chemical composition, antimicrobial activities and odour descriptions of various *Salvia sp.* and Thuja sp. essential oils. *Ernaehrung (Vienna)* 30 (4) , 152 – 159.

89 风轮菜

拉丁学名：*Satureja hortensis* L（唇形科）

引言

风轮菜是一种已经在欧洲使用很长时间的香料。它有两个品种：夏季风轮菜和冬季风轮菜。虽然两者叶子均可用于调味，但前者是主要栽培品种，一般认为夏季风轮菜较好。

古代文献经常提到风轮菜。据信，风轮菜是由罗马人引入英伦三岛的，成了当地花园流行的植物品种。风轮菜的优雅风味早已深受人们喜爱，一千多年前就已经成为许多药膳配料。欧洲人征服东方前，尽管辣椒之类香料较为流行，但风轮菜之类香菜在烹饪中已具有重要地位。早期医生也提到了风轮菜的许多疗效。

植物材料

夏季风轮菜是一年生植物，生长高度 1m 左右。它具有粗壮主根。叶子呈线性（长 1~1.5cm）、椭圆形，相对而生，带有深凹腺体。夏季风轮菜具有腋生聚伞花序小花，呈带小红点白色。

褐绿色干风轮是提取用的原料。它具有温和宜人的药香味，并有温和胡椒滋味。这种干香草含约 7% 蛋白质、55% 碳水化合物、15% 粗纤维、矿物质及某些 B 族维生素。它含有精油。

风轮菜具有治疗绞痛和胀气功能，可起祛痰作用。这是一种适用于添加到药剂的理想风味剂，但其主要用途是食品风味剂。

精油

风轮菜经水蒸气蒸馏可得到黄褐色流动液体，香气类似于麝香草酚。Rakash（1990）对风轮菜挥发油成分进行过研究。该研究涉及不同地区来源精油。虽然报道了一些熟悉的萜烯及其含氧衍生物，但要对精油研究结果进行总结，并给出简单组成并不容易。过去十年间这方面的研究很少。

最近一项有关波兰风轮菜的研究中，得到的挥发油产率范围在 2.3%~3.8% 间（Lis 等，2007）。除了香芹酚（39%~52%）外，还存在 γ-松油烯（31%~39%）。分析结果显示，克里米亚风轮菜包含 33 种确定了的组分，含量突出的有香芹酚、对伞花烃、1，8 - 桉叶素（Misharina 等，1999）。未见有关风轮菜油树脂生产的报道。

用途

风轮菜精油具有独特香气，因而是一种良好的风味剂，可用于利口酒、苦味酒和其他特殊含酒精饮料、焙烤食品，甚至糖果。

识别编号

	FEMA 编号	CAS	US/CFR	E - 编号
夏季风轮菜油	3013	8016 - 68 - 0	182. 20	—
		84775 - 97 - 3		
冬季风轮菜精油	3016	8016 - 68 - 0	182. 20	—
夏季风轮菜油树脂	3014	8016 - 68 - 0	182. 20	—
冬季风轮菜油树脂	3017	90106 - 57 - 3	182. 20	—

参考文献

Lis, A.; Piter, S.; and Gora, J. 2007. A comparative study on the content and chemical composition of essential oils in commercial aromatic seasonings. *Herba Polonica* 53 (1), 21 - 26 (Chem. Abstr. 149: 174595).

Misharina, T. A.; Golovnya, R. V.; and Beletskii, I. V. 1999. Determination of volatile components in the essential oil of summer savory by capillary gas chromatography. *J. Anal. Chem.* 54 (2), 198 - 201.

Prakash, V. 1990. *Leafy Spices*. Boston: CRC Press, pp. 89 - 93.

90 留兰香

拉丁学名：*Mentha spicata* **L**（唇形科）

引言

留兰香是最流行和常用的薄荷品种。箭牌和吉百利之类大型制造商，通过将留兰香风味加入流行于美国、加拿大、澳大利亚和欧洲的系列口香糖，已使留兰香风味成为年轻人喜爱的风味。近年来，曼妥思留兰香味糖果已遍布包括亚洲在内的世界各地。

留兰香的清凉风味在牙膏中流行，甚至早于其在上述知名糖果中应用。留兰香是摩洛哥相当流行的栽培植物。留兰香具有清晰刺激性，并具有温和香气，当地将留兰香当茶使用。留兰香也可用于一些非酒精饮料，如冰茶。据信，留兰香输液有可能用于治疗包括女性面部发毛和体毛在内的雄性特征。它可能有助于控制血液中游离睾酮水平，但这一发现尚未得到证实。

植物材料

美国曾经是留兰香主要生产国，留兰香栽培遍及印第安纳州、密歇根州和俄勒冈州。如今，华盛顿州成了留兰香产区。留兰香也在欧洲生产，最近印度也开始生产留兰香。

留兰香是一种多年生植物，其生长高度为 30~60cm。这是一种直立带分枝的植物。叶无柄，光滑，披针形或椭圆披针形，带尖锐锯齿。叶子长 6~7cm，上表面光滑，下表面带有颗粒（Aktar 等，1988）。留兰香花呈窄长形，具有类似长矛尖点，故取名"spearmint"（直译意为长矛薄荷）。带毛或光滑萼齿上长出约 3cm 长的花冠。留兰香植物的茎秆或带毛或光滑。美国有一种与这种植物密切相关的薄荷（*Mentha cardiaca* SF Gray）。这种植物称为苏格兰留兰香，栽培范围有限。印度勒克瑙药用和芳香植物中央研究所，对从美国收集的留兰香和苏格兰留兰香植物进行了克隆改进。

留兰香生长在用农家肥混合的肥沃土壤。通过植物分裂繁殖，虽然留兰香植物可连续数年产叶子，但为了使植物健康生长，并取得良好产率，最好每年再种植。

精油

留兰香叶子和花顶构成了该植物提取精油的地上部分，平均产油率为 0.6%。这种精油呈无色、黄色或绿黄色，具有特殊诱人香气和风味。据认为，这种香气和风味随着株龄增长而提高（Prakash，1990）。留兰香的香气被描述为清新、具有穿透力、薄荷型、刺激性，但有宜人芳香，带有草本植物味。

留兰香精油的主要成分是 L - 香芹酮，这种成分也存在于葛缕子油和莳萝油。不同于日本薄荷，留兰香不含大量薄荷醇。来自孟加拉国样品的化学研究显示，这种植物精油含 73.29% 香芹酮、7.59% D - 柠檬烯和 3.83% 二氢黄蒿萜酮（Chowdhury 等，2007）。同样，两个品种的苏格兰留兰香精油分析显示，分别含 69.3% 和 66.7% 香芹酮（Liu 等，2005）。还有人注意到留兰香精油存在大量柠檬烯。一份伊朗样品含 28 种组分，其中香芹酮只含 22.40%；另外还发现存在芳樟醇（11.25%）和柠檬烯（10.80%）（Hadjiakhoondi 等，2000）。中国的一项研究未发现香芹酮是主要成分（Xu 等，2003）。在 39 种成分中，主要成分有氧化胡椒烯酮、1，8 - 桉叶素、dl - 柠檬烯、β - 月桂烯和 β - 蒎烯。然而，Chen 等（2003）在另一项中国研究中发现主要成分为香芹酮、柠檬烯和二氢黄蒿萜酮。

Lawrence（2008）对来自世界各地的大量研究分析数据进行过综述。来自他自己的美国数据表明，香芹酮含量介于 58.47% 和 69.44% 之间。如需详细了解存在的许多微量成分，读者可参见此综述。

食品化学法典将留兰香油描述为一种无色、黄色或绿黄色液体，具有留兰香特有的气味和味道。

食品化学法典定义的留兰香油物理特性如下：

旋光度	-48° ~ -5°
折射率（20℃）	1.484 ~ 1.491
相对密度	0.917 ~ 0.934
溶解度	在 1mL 80% 乙醇中溶解 1mL

一般不用留兰香生产油树脂。不过，FEMA 和 CAS 为这种提取物分配了编号，表明有人在生产这种产品。有报道指出，留兰香油树脂存在包括迷迭香酸在内的黄酮类和酚类化合物（Zheng 等，2006）。

用途

留兰香油可作为风味剂，用于口香糖、糖果、焙烤甜食、甜点、果冻，以及各种其他甜品。薄荷风味口香糖和硬糖特别受欢迎。

因留兰香油具有口腔清新品质，因此是牙膏中使用最广的风味之一。同样，它也可用于漱口水和一些口腔制剂。

识别编号

	FEMA 编号	CAS	US/CFR	E - 编号
留兰香油	3030	84696 - 51 - 5	182. 10	—
留兰香油（无萜烯）	—	8008 - 79 - 5		—
苏格兰留兰香油	—	91770 - 24 - 0		—
		8008 - 79 - 5		—
		91770 - 24 - 0		
留兰香提取物	3031	84696 - 51 - 5	182. 20	—

参考文献

Aktar, Husain; Virmani, O. P. ; Sharma, Ashok; Kumar, Anup; and Misra, L. N. 1988. *Major Essential Oil-Bearing Plants of India*. Lucknow, India: Central Institute of Medicinal and Aromatic Plants, pp. 167 – 181.

Chen, Jing-wei; Wu, Zhen; Yan, Peng – fei; and Wang, Yu-ling. 2003. Study of chemical constituents of essential oil from *Mentha spicata* L. *Harbin Shangye Daxue Xuebao*, *Ziran Kexueban* 19 (1), 72 – 74 (*Chem. Abstr.* 141: 203287).

Chowdhury, Jasim Uddin; Nandi, Nemai Chandra; Uddin, Minhaj; and Rehman, Majibur. 2007. Chemical constituents of essential oils from two types of spearmint (*Mentha spicata* L) and *M. cardiaca* L introduced in Bangladesh. *Bangladesh J. Sci. Ind. Res.* 42 (1), 79 – 82.

Hadjiakhoondi, Abbas; Aghel, Nasrin; Zamanizadeh-Nadgar, Nasrin; and Vatandoost, Hassan. 2000. Chemical and biological study of *Mentha spicata* L essential oil from Iran. *J. Fac. Pharm.* 8 (1 & 2), 19 – 21 (*Chem. Abstr.* 135: 97190).

Lawrence, Brian M. 2008. Progress in essential oil. *Perfumer Flavorist* 33 (4), 36 – 38.

Liu, Shaohua; Qin, Qingyun; Yang, Weihao; and Zhang, Xiangmin. 2005. Analysis on chemical constituents of essential oils from *Scotch Mentha spicata*. *Zhongcaoyao* 36 (4), 505 – 506 (Chinese) (Chem. Abstr. 146: 189884).

Prakash, V. 1990. *Leafy Spices*. Boston: CRC Press, pp. 49 – 57.

Xu, Pengxiang; Jia, Weimin; Bi, Liangwu; Liu, Xianzhang; and Zhao, Yufen. 2003. Studies on chemical components of the essential oil from *Mentha spicata*. *Xiangliao Xiangjing Huazhuangpin* (4), 14 – 16 (Chinese) (*Chem. Abstr.* 141: 265544.).

Zheng, Jian; Gao, Huiyuan; Chen, Guangtong; Yang, Xiaoke; Wu, Bin; and Wu, Lijun. 2006. Chemical constituents of the active parts of *Mentha spicata* II. *Shenyang Yaoke Daxue Xuebao* 23 (4), 212 – 215 (Chinese) (Chem. Abstr. 146: 468845).

91 八角

拉丁学名：*Illicium verum Hooker*（木兰科）

引言

八角是一种星形果实，风味形类似于茴香。中国是八角主要生产国。中国民间有许多有关八角形状和精致香气的传说。八角近来正流行于世界各地美食。

植物材料

八角是一种常绿乔木干果实，这种乔木生长高度 10~15m，主干粗 25cm。其椭圆形尖头叶子长 10~15cm，宽 3~5cm。八角的单开花朵呈白色或红色。微红褐色果实呈八角星形，成熟和干燥过程打开。每个质地坚硬的子囊呈船形，表面有皱纹，内含光滑、坚硬黑色种子。子囊具有茴香般香气。八角种子也有香气，但强度较弱。这种香料以星形整果实形式交易。一般市场上没有八角粉供应，可能原因是香气容易损失。在中国，其收获季节在 3~5 月之间。

该香料原产于中国南部和越南北部。它流行应用于亚洲烹饪，尤其是中国。八角是印度热咖喱粉配料（照片 26）。

照片 26　八角（参见彩色插图）

据认为，八角也有某些药性。它可作为治疗风湿病药使用，可当茶喝。它也可以餐后咀嚼，以助消化。尽管有人认为它可用作绞痛药物，但不建议这样使用。主要由八角成分茴香脑衍生而成的莽草酸是制作抗流感药物的成分。据报道，与中国八角有近缘关系的日本八角（*Illicium anisatum*），能引起神经系统和胃肠道毒性（Ize-Ludlow等，2004）。

八角脱皮种子中含 55% 固定油，这种油的皂化值为 194.5，碘值为 88.4，乙酰值为 8.4。主要脂肪酸是油酸（63.2%）、亚油酸（24.4%）、硬脂酸（7.9%）和肉豆蔻酸（4.4%）。

精油

水蒸气蒸馏干八角可产生 3%～3.5% 挥发油。如茴香一样，八角油的主要成分是茴香脑，其含量水平在 85%～90%（详见第 16 章茴香）。

报道的八角油的物理特性如下：

旋光度　　　　　　　-2°～+1°
折射率（20℃）　　 1.5530～1.5582
相对密度（25℃）　 0.978～0.987

根据最近一项 GC－MS 研究发现，八角成分中含有反式－茴香脑（94.37%）、甲基佳味醇（1.82%）和顺茴香脑（1.59%）（Singh 等，2005）。中国最近一项基于超临界流体萃取和溶剂萃取的 GC－MS 研究显示，八角油的主要化合物为茴香脑（Wang等，2007）。

用途

中国人将八角用于肉制品，尤其是猪肉和鸡肉。八角油可作为替代品用于加工制品。八角也可用于世界其他地区利用茴香或茴香油的食品。

八角油可作为配料用于治疗胃和消化系统疾病的药剂。八角也是茴香脑良好来源，茴香脑还有其他用途（详见第 16 章）。

识别编号

	FEMA 编号	CAS	US/CFR	E－编号
八角油	2096	8007－70－3	182.10	—
		84650－59－9		—
八角提取物	2096	8007－70－3	182.10	—

参考文献

Ize-Ludlow, Diego; Ragone, Sean; Bernstein, Jeffrey N.; Bruck, Isaac S.; Druehowny, Michael; and Garcia Pena, Barbara M. 2004. Chemical compositiofi of Chinese star anise (*lllicum verum*) and neurotoxicity in infants. *JAMA* 291 (5), 562 – 563.

Singh, Gurdip; Maurya, Sumitra; de Lampasona, M. P.; and Catalan, Cesar. 2005. Chemical constituents, antimicrobial investigations and antioxidant potential of volatile oil and acetone extract of star anise fruits. *J. Food Sci. Agric.* 86 (1), 111 – 121.

Wang, Qin; Jiang, Lin; and Wen, Qibiao. 2007. Study on chemical components analyzed by GC-MS and antioxidation of star anise extracts. *Zhongguo Tiaoweipin* (3), 38 – 42 (English) (*Chem. Abstr.* 149: 103057).

92 菖蒲

拉丁学名：*Acorus calamus* **L**（天南星科）

引言

菖蒲（英文有两种称呼"sweet flag"和"calamus"）历来被视为男性爱情象征。菖蒲的英文名称（sweet flag）在希腊神话中指男性生殖器。这种象形描述出现于 19 世纪英国诗歌。曾有人认为，菖蒲的肉穗花序与人类阴茎形状相似是这种象形描述的原因。在日本，菖蒲剑形植物叶子代表武士战斗精神。英文"sweet flag"名称来自这种植物叶子甜美香气及其波浪形边缘，类似于飘扬旗帜。

菖蒲在医学上一直有着重要地位，在香水中应用也有重要地位。在古代以色列，菖蒲油作为受膏油用于礼拜场所。在埃及和一些亚洲国家，菖蒲具有春药声誉。在欧洲，这种根茎被加入葡萄酒和其他特色饮品。在北美，土著美国人发现它是一种兴奋剂。将菖蒲嚼成糊状，涂在脸上，被认为有助于抑制在战场上出现的激动和恐惧情绪。可通过温液灌输、漱口或嚼咀根方式治疗咽喉肿痛。在阿育吠陀疗法中，菖蒲被视为恢复活力的物质。菖蒲在各种传统草药治疗中有着悠久而有趣的历史。

植物材料

菖蒲是一种半水栖、根状茎、多年生草本植物。菖蒲一般生长于池塘边和沼泽地。该植物具有波浪形边缘的剑形厚叶。叶从根茎长出，因此无明显茎干。

菖蒲叶为绿色，中间增厚。菖蒲开浅棕色花，密实地抱成无柄圆柱形花序。其果实为椭圆形鼻甲浆果，具有金字塔形顶。菖蒲果实内种子很少，垂饰在子实腔顶端（Wsttirt，1994）。根茎是菖蒲有价值部分。菖蒲根茎有许多分枝，这些分枝呈圆柱形或略微压缩状，有中指一般粗细。根茎外部为浅棕色或粉褐色，内部为白色，有海绵感。

通常，菖蒲棒状根茎被横切成直径 1~1.5cm 的圆片。根茎的上表面带有三角形叶痕。这种根茎片具有浓厚气味，并具有特征性辛辣和芳香味道。

精油

干根茎粉碎并用水蒸气蒸馏，可以得到一种黄色芳香性挥发油，得率在 1.5%~4.6%。报道的旋光度相当高，在 +9° 至 +35° 之间，折射率为 1.500~1.508（Pruthi，1976）。一些较早报道的成分中有 β-细辛脑、顺-甲基丁香酚、细辛醛、卡拉烯、芳樟醇、白菖醚、白菖脑、丁香酚、甲基丁香酚、莫烯、蒎烯、桉树脑和樟脑。菖蒲的主要组分为 β – 细辛醚，含量为 76%（Leung 和 Foster，1996）。事实上，报道的中国菖蒲精油的 β – 细辛醚含量在 85% 以上。据报道，β – 细辛醚可能致癌。一些其他次要成分包括：倍半萜、菖蒲香酮、白菖蒲酮和异白菖蒲酮。菖蒲根茎还含有菖蒲定、2，4，5 – 三甲氧基苯甲醛、2，5 – 二甲氧基苯醌和一些非挥发性成分。

作者实验室实现的菖蒲精油商业化产率为 2.8%。干菖蒲根茎先用锤式粉碎机粉碎，再用辊式粉碎机粉碎。然后在低压下蒸汽蒸馏 35h。由于菖蒲油较沉重，最好用载料量不超过 200kg、总高 1m 左右的小蒸馏器蒸馏，而不要用总高超过 2 米的大蒸馏器蒸馏。得到的精油是一种黄棕色略显黏稠的油，具有清爽宜人香气。

由食品化学法典定义的菖蒲精油物理特性如下：

旋光度　　　　　　　　 $-0°45' \sim +1°15'$

折射率　　　　　　　　1.5430 ~ 1.5525

相对密度　　　　　　　1.0350 ~ 1.1050

GC – MS 分析表明，菖蒲根茎含 β – 细辛醚（47.53%）、L – 卡拉烯（9.75%）、异菖蒲烯二醇（5.41%）和前异菖蒲烯二醇（3.53%）。然而，根茎油含有某些不同组分。菖蒲根茎油含卡拉烯（20.00%）、马兜铃烯（15.71%）、菖蒲二烯（14.19%）、顺 – 异榄香脂素（9.51%）（Gong 等，2007）。另一项 GC – MS 分析发现了 36 种化学成分，占 98.05% 挥发油（Zhang 等，2007）。用超临界二氧化碳萃取得到的挥发油（3.5%），经过分析发现含菖蒲烯酮（13.4%）、异菖蒲酮（11.6%）、倍半熏衣草醇（11.0%）、脱羟异水菖蒲二醇（7.7%）和 β – 细辛醚（5.5%）（Marongiu 等，2005）。

菖蒲油树脂的需求量和生产量均很少。已从菖蒲的石油醚提取物分离出 2，4，5 – 三甲基苯甲醛（Hossain 等，2008）。这种物质对面粉甲虫和水稻象鼻虫进行试验时具有很好杀虫性能。

用途

菖蒲油作为食品风味剂的用量有限，其医药性质是受到应用的主要原因。

据报道，β – 细辛脑有致癌性，因此，1968 年美国食品与药物管理局（FDA）规定禁止菖蒲及其精油在食品中使用。然而，印度香料委员会将菖蒲列入了安全香料清单。

菖蒲油的最大用途是作为香味成分用于各种化妆品和洗浴用品。菖蒲根油可用于头发滋补剂及去头屑制剂。

识别编号

	FEMA 编号	CAS	US/CFR	E - 编号
菖蒲油	—	8015 – 79 – 0	—	—
		84775 – 39 – 3		

参考文献

Gong, Xianling; Dian, Linghui; Zhang, Lijian; and Cai, Chun. 2007. Study on chemical constituents of volatile oil in rhizome and root of *Acorus calamus* L. *Zhongguo Yaofang* 18（3）, 176 – 178 （Chinese）（*Chem. Abstr.* 149：351138）.

Hossain, Md. Shahin; Zaman, Shahed; Haque, A. B. M. Hamidul; Bhuiyan, Mohammed P. I. ; Khondkar, Proma; and Islam, Md. Robiul. 2008. Chemical and pesticidal studies on *Acorus calamus* rhizomes. *J. Appl. Sci. Res.* 4（10）, 1261 – 1266.

Leung, Albert Y. ; and Foster, Steven. 1996. *Encyclopedia of Common Natural Ingredients*, 2nd edition. New York：John Wiley and Sons, pp. 111 – 113.

Marongiu, Bruno; Piras, Alessandra; Porcedda, Silvia; and Scorciapino, Andrea. 2005. Chemical composition of the essential oil and super critical CO_2 extract of *Commiphora myrrh* （Nees） Engl. and *Acorus calamus* L. *J. Agric. Food Chem.* 53（20）, 7939 – 7943.

Pruthi, J. S. 1976. *Spices and Condiments.* New Delhi：National Book Trust, pp. 215 – 217.

Warder, P. K. 1994. *Indian Medical Plants.* Madras：Orient Longman, pp. 51 – 54.

Zhang, Yan-ni; Yue, Xuan-feng; and Wang, Zhe-Zhi. 2007. GC-MS analysis of chemical constituents of Acorus calamus volatile oil. *Zhongchengyo* 29（1）, 124 – 126 （Chinese）（*Chem. Abstr.* 147：455793）.

93 罗望子

拉丁学名：*Tamarindus indica* **L**（豆科）

引言

　　罗望子树果实是印度烹饪中一种非常有用的风味物。它可作为酸味剂使用。所有使用的酸性调味料中，罗望子是最流行的材料之一，尤其在印度南部，罗望子是酸豆汤和酸辣咖喱鸡之类菜肴必备的配料。

　　尽管印度是罗望子主要生产国，但据认为，罗望子却起源于东非，尤其是苏丹。据介绍，罗望子是多年以前引入印度的，虽然具体细节不太确定。正因为如此，许多人误以为罗望子是印度本土植物。印度成为这种作物的主要生产国更加深了这种观点。

　　发现新大陆后，罗望子被引入到美洲大陆。罗望子在墨西哥是野生植物。罗望子也生长于南亚和东南亚国家，如泰国、印度尼西亚和斯里兰卡。

植物材料

　　罗望子树喜欢生长在半干旱或略潮湿的热带地区。它具有某种程度御寒性，但不能抵御严寒，尤其在非常年轻阶段。罗望子是一种生长缓慢的树，高约25m，树冠范围 8~10m。具有明亮而茂密枝叶的罗望子树相当引人注目。生长在美国的罗望子树一般较小。

　　罗望子树叶是常绿羽状复叶。每厘米长有 10~20 张小叶。小叶在日落时关闭。在非常干燥地区和很温暖条件下，有些树叶会脱落。开在小总状花序上、大小 2~3cm 的五瓣花，具有带橙色或红色条纹的黄颜色。由于通常四张萼片的外部为粉红色，因此花蕾看起来也呈粉红色。花朵打开时，这些萼片会掉落。

　　罗望子果实长 10~15cm，宽约 2cm，呈稍弯曲条形。大量不规则弯曲果实沿新枝生长。果实外壳呈小鹿色，并有五六个球状突出物。随着豆荚成熟，内部充满汁液。这些汁液变成浆液，颜色由浅黄褐色变成红棕色。果实完全成熟时，浆液进一步稠化成糊状质地。整个糊状物中，有一些长纤维硬丝朝纵向增长。糊状物可食用，是这种香料的主要部分，它具有甜味和强烈酸味，因此自然含有糖和酸。

　　罗望子豆荚的可食用浆内嵌有扁平有光泽的巧克力色硬种子。一般来说，长条果实突起数目代表里面所含种子的数量。印度罗望子果实一般既大又长，含 6~9 粒种子，而美国罗望子荚很短，只有 3~6 粒种子。照片 27 所示为长在树上的印度罗望子果实。

照片27　树上的罗望子果实（参见彩色插图）

罗望子砧木通过种子传播，虽然有时也采用嫁接传播。发芽发生在一星期左右的时间。种植时应该牢记，罗望子会长成大树。这类树结果期为6~8年，通过嫁接的树结果期较早。

罗望子树可在各种土壤苗壮成长，最好栽种在排水良好的微酸性土壤。罗望子树适应干燥条件，但年轻阶段浇水有利于其生长。

去荚果实包含55%果浆，33%种子和12%纤维。一般含水18%的罗望子浆中，含9.8%酒石酸、38.2%总糖、2.8%果胶和19.2%粗纤维（Pruthi，1976）。

酒石酸是罗望子浆特征性酸。罗望子浆所含的游离糖中，70%为葡萄糖，30%为果糖，只含痕量蔗糖。

罗望子浆可以不同形式出售。大多数连同种子和纤维一起制成块状。较精制的产品不含种子和纤维。

提取

罗望子无精油。然而，浓缩汁日益流行用于家庭和工业。

罗望子可通过加水煮沸并除去浆状成分方式进行精制。可用布或筛子滤去种子和纤维。此加水煮沸和过滤操作重复2~3次，直到所有汁液物质提完为止。收集到的全部汁液提取物用蒸汽夹层锅蒸发浓缩。一般情况下，提取液浓缩到用折光仪测量总可溶性固形物浓度达到60~70°Bx为止。也可以采用真空浓缩工艺，以获得更精制产品，但成本较高。

提取到的汁液，也可利用淀粉之类粘合剂，制成颗粒粉末；这样便于家庭使用，因为这种粉末没有黏性，能自由流动。罗望子汁浓缩物可作某些调整，成为不含种子和纤维、方便使用的酸化剂。

在泰国和印尼，罗望子经短时发酵后，再用乙醇溶液提取。蒸发除去酒精和大部分水，得到 60°Bx 以上的浓缩物。这种产品的风味会略有不同。

种子/内核

罗望子种子富含淀粉，可用于纺织上浆。由于这种淀粉上浆比较便宜，也可供黄麻业上浆用。罗望子淀粉也有可能作为膏化剂用于橡胶和胶乳加工，或用于食品质构加工。

用途

用水提取的不含种子、纤维和粗粒（通常称为"棉塞"）的罗望子浆浓缩物，可作为有效酸味剂，供家庭和工业应用。在泰国和印度，酸甜球形软糖越来越受欢迎。几千吨罗望子提取物由印度出口到中东、美国和欧洲，用于酱汁（如辣酱油）。罗望子浓缩提取物，可满足居住在西方的南亚和东南亚人制备罗望子风味菜肴需求。

识别编号

	FEMA 编号	CAS	US/CFR	E – 号
罗望子提取物	—	—	182. 20	—

参考文献

Pruthi，J. S. 1976. *Spices and Condiments*. New Delhi：National Book Trust，pp. 217 – 219.

94 龙蒿

拉丁学名：*Artemisia dracunculus* **L**（菊科）

引言

龙蒿（英文也称为"tarragon"，或称为"dragon's wort"）的历史不长。龙蒿的优良风味品质由 13 世纪阿拉伯植物学家和医生 IBr Baithar 首先注意到。后来，法国人将这种香草用于法式烹饪。龙蒿也是流行于俄罗斯和亚美尼亚、格鲁吉亚和乌克兰等周边国家碳酸饮料的风味物。

植物材料

龙蒿最初在俄罗斯商业化种植，后来蔓延到欧洲南部国家、亚洲和北美。俄罗斯品种风味被认为较具刺激性，而法国品种风味较柔和。

龙蒿是一种多年生灌木。其生长高度为 1 ~ 1.5m，带有许多细长支茎。它具有明亮绿色披针形树叶，长 3 ~ 8cm，宽 2 ~ 6cm。三四十朵直径 2 ~ 4mm 的小花集束开放。这种小花朵呈绿黄色至浅黄色。该植物通过根扦插或分枝传播。

干龙蒿香草含24%蛋白质、45%碳水化合物、7%脂肪和7%纤维。它含有矿物质，少量维生素 A，及一些 B 族维生素。

精油

有关龙蒿油的参考文献很少。龙蒿油呈黄中带绿颜色。干龙蒿叶精油产率范围在 0.3% ~ 1.3%（Prakash，1990）。龙蒿油的主要成分是甲基佳味醇（Pruthi，1976），虽然也含水芹烯和罗勒烯。

龙蒿的挥发性油状物的物理特性如下：

旋光度	+2° ~ +10°
折射率（20℃）	1.5028 ~ 1.5160
相对密度（15℃）	0.9 ~ 0.981
溶解度	在6mL 80%乙醇中溶解 1mL

报道的龙蒿挥发油含 α - 蒎烯、莰烯、β - 蒎烯、柠檬烯、顺式 - 、反式 - 罗勒烯、甲基佳味醇、对甲氧基肉桂醛、4 - 莰烯、α - 水芹烯和芳樟醇（Thieme 和 Tarn，1972）。Vestrowsky 等（1981）的 GC - MS 研究发现了大量萜烃类和含氧衍生物。其中

主要有桧烯（38.81%）、甲基佳味醇（17.26%）和甲基丁香酚（28.87%）。然而，在俄罗斯龙蒿油中鉴定到的化合物有反式榄香素、异榄香素、丁子香酚、丁子香酚甲酯和反式甲基异丁子香酚（Brass 等，1983）。一些分析报道了龙蒿油中甲基佳味醇的含量水平高于70%（Prakash，1990）。

用己烷萃取得到的龙蒿油树脂是一种黏稠液体，带深绿色。其中的挥发油含量取决于原料，介于8%~16%之间。挥发油和含挥发油的油树脂，均具有这种香草特有的茴香气味。

用途

龙蒿在法国烹饪中被认为是一种优雅的风味物。它可用于肉、鱼和蛋制品。新鲜龙蒿香草也可用于风味醋，用于烹饪。

龙蒿是一种极好的风味剂，可用于一些蔬菜制备物、肉类、调味料和汤。如果上述菜肴制成加工食品，最好使用提取物做风味添加剂。龙蒿醋生产中，使用挥发油非常方便。

参考文献

Brass, M.; Mildan, G.; and Jork, H. 1983. Neue substanzen and Esterischen Oelen Verchiedener Artemisia species 5 Milt Elemicin Sowie Weitre Phenyl propen-Derivate. *GIT Suppl.* 3, 35–42 (cf. Prakash 1990).

Prakash, V. 1990. *Leafy Spices.* Boston: CRC Press, pp. 95–98.

Pruthi, J. S. 1976. *Spices and Condiments.* New Delhi: National Book Trust, pp. 220–221.

Thieme, H.; and Tarn, N. T. 1972. Accumulation and composition of essential oils in *Satueria hortensis*, *Satueria montana* and *Artemisia drecunculus. Pharmazie* 27, 255–265 (Chem. Abstr. 77: 58851).

Vestrowsky, O., Michaelis, K.; Ihm, H.; Zitland, R.; and Knoblock, K. 1981. Uber die Komponenton des Actherischen Oels and Esteragon (*Artemisia dracunculus* L). *Z. Lebensm. Unters. Forsch.* 173, 365–367 (cf. Prakash 1990).

95 茶

拉丁学名：*Camellia sinnsis* **L**（山茶科）

引言

茶是一种由茶植物叶子和芽构成的植物产品。茶通常用热水冲泡成热饮消费。据信，除白水以外，茶是世界上消耗最多的饮料。虽然茶有许多专门品种，但最重要的是绿茶和红茶。

茶起源于东南亚、印度东北部、缅甸北部与中国西南地区交汇处以及西藏。茶植物已经从这些地区被引种到五十多个国家。中国人将绿茶当饮料消费已有数千年历史。绿茶也流行于亚洲其他国家和地区，如日本、韩国、中国台湾、泰国和越南。

印度阿萨姆通过发酵和热处理开发出红茶，热处理使茶颜色变深。南印度、斯里兰卡和肯尼亚采用同样的工艺。英国人曾帮助过红茶的发展。印度还开发出了香气浓厚的高海拔茶，这种茶主要集中在东北印度的大吉岭和南印度的尼尔吉里斯。近年来，非洲和南美洲也已开始大量生产茶叶。

英国自17世纪90年代中期开始进口茶叶。虽然美国人喝咖啡较多，但茶在美国也很受欢迎。波士顿倾茶事件是美国人反对英国新税收议案的行动。1773年12月16日，美国人将英国东印度公司船上的茶叶箱抛入了波士顿港。

植物材料

茶是一种常绿植物，主要生长在热带和亚热带地区。这种植物，如果条件许可，可长成高达9~15m的大树。为方便收获茶叶，人们将茶树的高度修剪保持在1m左右。叶子为互生，椭圆形或披针形，带锯齿边缘形状。茶叶通常无毛革（Warrier，1994）。茶树开白色花朵，一到四朵花成束开放，并有一定香味。茶树果是含三颗种子的三角形籽囊。

这种植物每年需要约125cm降雨量。优质茶生长在1500m高海拔地区。茶树植物在高海拔地区生长缓慢、均匀，容易形成良好香气。嫩叶和嫩芽由3~5mm长植物材料构成，称为新茶。只有采摘的新茶才是茶原料。采茶时节，茶植物每7~10d会长出一批新茶。

化学组成

红茶和绿茶约含3%咖啡因，这是一种消费后可刺激中枢神经系统的生物碱。茶还含有其他相关黄嘌呤生物碱，如可可碱、茶碱、黄嘌呤和黄嘌呤二甲酯。关于咖啡因结构，请参见第 41 章咖啡。

茶叶虽然含一定量碳水化合物、蛋白质、脂肪和少量维生素，但其特征性化合物则是多酚类物质，这类物质为茶叶提供涩味。近年来，茶多酚作为抗氧化剂已经引起人们重视，这种物质具有保健作用，也可预防细胞氧化损伤引起的疾病。其中最重要的酚类物质是（﹣）表没食子儿茶素没食子酸酯，在茶叶所含的 25%～30% 总多酚中，约占 10%。其他成分有（﹣）表儿茶素没食子酸酯、（﹣）表没食子儿茶素、（﹣）表儿茶素、（＋）儿茶酸和（＋）没食子儿茶素。茶叶也含某些黄酮醇、无色花青素、游离氨基酸和有机酸。

自 E. A. H. Roberts 在上世纪五六十年代的开创性工作以来，人们对茶多酚构成及在红茶制造过程中的变化已经有了相当全面的了解。茶中的酚类物质首先在所含多酚酶作用下转换为邻醌类物质。随后在加热终了阶段反应形成双黄酮和茶黄素，从而形成深色茶红素，此类物质为红茶提供颜色。最近，Takashi 等人（2005）从红茶中分离得到的一种新的多酚——*N* - ethyl pyrrolidinonyl teasinensin A。

红茶的滋味是多酚类物质、氨基酸、咖啡因、茶黄素和茶红素共同作用的结果。香气中的重要组分为某些简单含氧萜烯、酯类、醇类、醛类和酮类物质。绿茶的滋味主要是由各种儿茶素引起的涩味，包括表没食子儿茶素没食子酸，这是绿茶的重要抗氧化物质。

绿茶的挥发油已受到过 GC - MS 分析，已经报道过若干化合物，其中包括芳樟醇、香叶醇、香茅醇（Yang 等，2002）、4 - 甲基 - 1 - （1 - 甲基乙基）- 3 - 环己 - 1 - 醇、1 - 甲基 - 4 - （1 - 甲基乙基）- 1，4 - 环己二烯、桉叶油素和（＋）- 4 - 蒈烯（Liang 等，2003）。

提取物

无论是红茶还是绿茶，均可用热水提取制成速溶茶。速溶茶是一种方便形式的热茶饮料。但它也可用于制备冷茶饮料。由于温度低，因此浸出物应具有冷水可溶性。对红茶提取时，先制备水萃取物，然后在 5℃ 温度下静置沉淀，并用 100～250μm 适当尼龙滤布过滤或用超速离心机除去沉淀物。该提取物可制成喷雾干燥粉末。

绿茶提取过程中，提取物颜色可能会加深。为了防止这种情形出现，要用蒸汽处理新鲜绿茶，同时用螺旋压榨机榨取酶钝化了的漂烫提取物。为了用于冷饮料，要使提取物冷却至 5℃，使其析出沉淀物。然后通过适当超离心除去较重颗粒。该产品可喷雾干燥。

绿茶提取物主要作为富含抗氧化剂的饮料使用。因此，可用 50% 的乙醇水溶液提取。这处提取物还要经过冷置去沉积处理。去除乙醇的提取物冷却至 5℃，并过滤。得到的清澈提取物既可以喷雾干燥成粉，也可加乙醇使其成为 20%～25% 的保藏液。

用途

茶是最流行的热饮料。喷雾干燥的提取物可用于冷饮，如柠檬茶。茶提取物也可用于一些含酒精的饮料、冷冻乳制品甜点、糖果、焙烤食品和布丁（Leung 和 Foster，1996）。

绿茶是目前公认的一种具有抗氧化性能的保健品，因此，绿茶提取物可用于保健食品。

识别编号

	FEMA 编号	CAS	US/CFR	E－编号
绿茶提取物（包括绝对）	—	84650－60－2	182.20	—
咖啡因	2224	58－08－2	182.1180	—

参考文献

Leung, Albert Y.; and Foster, Steven. 1996. *Encyclopedia of Common Natural Ingredients*. New York: John Wiley and Sons, pp. 489－492.

Liang, Zhenyi; Luo, Shengxu; and Feng, Yuhong. 2003. Study of chemical constituents of the essential oil from *Camella sinensis*, *Tianran Chanwu Yanjiu Yu Kaifa* 15 (5), 423－425 (Chinese) (*Chem. Abstr.* 143: 382798).

Takashi, Tanaka; Sayaka, Watarumi; Miho, Fujieda; and Isao Kouno. 2005. New black tea polyphenol having N-ethyl-2-pyrrolidone moiety derived from tea amino acid theanine: isolation, characterization and partial synthesis. *Food Chem.* 93 (1), 81－87.

Warrier, P. K. 1994. *Indian Medical Plants*. Madras: Orient Longman.

Yang, Xiao-Hong; Liu, Hai-Bo; and Jiang, Ke. 2002. GC/MS analysis of the chemical constituents of volatile oil from Hubei Changyang green tea. *Wuhan Huagong Xueyuan Xuebao* 23 (3), 23－26 (*Chem. Abstr.* 138: 319892).

96 百里香

拉丁学名：*Thymus vulgaris* **L**（唇形科）

引言

所谓百里香香草由干叶和花梢构成。某些地区用作风味料的百里香家族有许多成员，但其生产和使用有限。

古埃及人用百里香防腐。古希腊人视百里香为勇敢象征，并将其用于浴室，或在礼拜场所当香焚烧。罗马人也将百里香作为净化剂，并将它作为风味剂用于奶酪和酒精饮料之类特殊食品。中世纪欧洲人认为，身边摆一小枝百里香有助于避免睡觉时做噩梦。妇女曾将能亲手将小枝百里香赠送给战士以提高其士气视为一种荣耀。希腊医师迪奥斯科里季斯认为百里香有助于为哮喘病人清理喉咙。

植物材料

百里香源于中国和印度尼西亚等东方国家。现在栽种这种植物的地区有欧洲、北美、北非、澳大利亚、中国和俄罗斯。

百里香的最佳生长条件是：气候温暖、阳光充足及排水良好的土壤。百里香可通过种子、扦插，或分根繁殖。该植物能抵御霜冻，有些甚至能抵御某种程度干旱。

百里香是一种多年生匍匐灌木，生长高度一般不超过半米。它具有灰白色分支和无柄窄叶。百里香的紫色花朵成束开放。

新鲜百里香以配对叶、小花簇及木质小嫩枝形式出售。新鲜叶子和花梢可作为新鲜香料使用。但所有其地上部分经干燥后可成为提取用香草原料。分析发现，百里香干香草含7%蛋白质、5%脂肪、44%碳水化合物和24%纤维。百里香含矿物质、维生素A、维生素C，以及B族维生素。

精油

百里香香草经粉碎后进行水蒸气蒸馏可得到产油率2%～3%的精油。该油是一种无色、黄色或浅黄红色流动液体，具有百里香特有的香草气味，并具有略带苦味的香料风味。

百里香油树脂也被认为是一种深绿色至棕色略带黏性的液体，有时以半固体形式存在，其中精油含量为50%（Farrell，1990）。

近年来，人们对来自不同地区的百里香进行了一些分析。表96.1所示为报道的分析结果，百里香精油主要成分是百里酚、香芹酚和对甲基异丙基苯。

表96.1　　　　　　　　　　不同地区百里香油分析　　　　　　　单位：%

参考文献	Micza and Baher 2003	Asllanl and Toska 2003	Raal etal 2005	Porte and Godov 2008	Sakovlc et al 2009	Jaafarl et al 2007
地区	伊朗	阿尔巴尼亚	欧洲	巴西	前南斯拉夫	摩洛哥
百里香酚	39.1	21.38~60.15	0.9~75.7	44.7	48.9	42
香芹酚	—	1.5~3.04	1.5~83.5			85
β-石竹烯	11.1	1.3~3.07	0.5~9.3	—	—	—
对伞花烃	10.5	7.76~43.75	4.3~34.4	18.6	19.0	23
松油烯-4-醇			痕量至3.8			
γ-松油烯		4.2~27.62	0.9~19.7	16.6		

Raal 等人（2005）对欧洲百里香油的研究表明，荷兰和爱沙尼亚百里香精油的主要成分为百里酚，含量分别为65.5%和75.7%。希腊百里香精油含较多香芹酚。亚美尼亚百里香精油中百里香酚含量较低（17.0%），但富含橙花醛和香茅醇（32.5%）、茨醇（4.3%）、香茅醛（4.0%）、1，8-桉叶素（4.0%）、甲基丁香酚和麝香草酚乙酸叔丁酯（7.5%）。巴西百里香精油的95.1%被发现由39种成分构成，其中28种已经得到鉴定（Porte 和 Godoy，2008）。前南斯拉夫百里香精油样本显示出抗菌活性（Sakovic 等，2009）。Lawrence（2008）对收集到的意大利、德国、立陶宛、巴西、约旦和古巴百里香油组成进行了汇编。γ射线照射或电子束电离作用对百里香油组成没有任何影响。

根据食品化学法典，百里香油是一种无色、黄色或红色液体，具有百里香特有的宜人气味和刺激性，及持久性滋味。它易溶于乙醇、丙二醇及大多数固定油。

食品化学法典定义的百里香精油的物理特性如下：

旋光度　　　　　　　　　$-3°~0.1°$

折射率（20℃）　　　　　1.495~1.505

相对密度　　　　　　　　0.915~0.935

溶解度　　　　　　　　　2mL 80%乙醇中溶解1mL

百里香的主要特征成分为百里酚，其熔点在49~51℃。百里酚以白色结晶形式存在，易溶于水、乙醇、丙二醇和多数植物油。

油树脂

干粉状百里香用正己烷进行工业化提取可得到2.5%百里香油树脂。其挥发油含量为35%~40%，当然，还可根据客户要求进行稀释。百里香油树脂是一种微黄色到褐色黏稠液体，具有典型百里香香草气味，并具有略带苦味的香料风味。

百里香油树脂也被描述为深绿色、棕色，有点粘稠，有时呈半固态，含油量为50%（v/w）（Farrell，1990）。

用途

　　克里奥尔人和法国烹饪均使用百里香；对于这种类型的加工食品，使用油树脂较为方便。百里香也用于蒜香沙拉、炸鸡、家禽馅和涂抹酱料（Farrell，1990）。百里香可很好地与特种酱汁、汤类和肉制备物、蔬菜和海鲜混合。

　　百里酚是百里香油的主要成分，可用于药物及化妆品。百里酚也可用于饮料、汤料、焙烤食品和糖果。

识别编号

	FEMA 编号	CAS	US/CFR	E – 编号
百里香油	3064	8007 – 46 – 3	182. 20	—
		84929 – 51 – 1		
百里香提取物	—	8007 – 46 – 3	182. 20	—
香里香酚	3066	89 – 83 – 8	172. 515	—

参考文献

Asllani, Uran; and Toska, Vilma. 2003. Chemical compositions of Albanian thyme oil (*Thymus vulgaris* L). *J. Essent. Oil Res.* 15 (3), 165 – 167.

Farrell, Kenneth T. 1990. *Spices, Condiments and Seasonings*, 2nd editon. New York: Chapman and Hall, pp. 199 – 203.

Jaafari, Abdeslam; Air Mouse, Hassan; Rakib, EI – Mostapha; Air Mbarek, Lehcen; Tilaoui, Mounir; Benbakhta, Chouaib; Boulli, Abdelali; Abbad, Aziz; and Zyad, Abdelmajid. 2007. Chemical composition and antitumor activity of different wild varieties of Moroccan thyme. *Rev. Bras. Farmacogn.* **17** (4), 477 – 491 (*Chem. Abstr.* **150**: 437850).

Lawrence, Brian M. 2008. Progress in essential oils. *Perfumer Flavorist* 33 (5), 58 – 64.

Mirza, M.; and Baher, Z. E 2003 Chemical composition of essential oil from *Thymus vulgaris* hybrid. *J. Essent. Oil Res.* **15** (6), 404 – 405.

Porte, Alexandre; and Godoy, Ronoel L. O. 2008. Chemical composition of *Thymus vulgaris* L (thyme) essential oil from Rio de Janeiro State (Brazil) . *J. Serbian Chem. Soc.* **73** (3), 307 – 310.

Raal, A; Arak, E.; and Orav, A. 2005. Analysis of chemical composition of essential oil in the herb of thyme (*Thymus vulgaris* L) grown in S. E. Poland. *Herba Polonica* **51** (1/2), 10 – 17 (*Chem. Abstr.* 146: 23569).

Sakovic, Marina D.; Vukojevic, Jelena; Marin, Petar D.; Brkic, Dejan D.; Vajs, Vlatka; and Van Griensven, Leo J. L. D. 2009. Chemical composition of essential oils of *Thymus* and *Mentha* species and their antifungal activities. *Molecules* **14** (1), 238 – 249 (*Chem. Abstr.* **150**: 232668).

97 番茄

拉丁学名：*Solanum lycopersicum* **L**（茄科）

引言

番茄是一种主要用作蔬菜的果实。番茄不是很甜，但具有很好的略酸风味。这些特性使其成为受人喜爱的食材。其植物学同义词还有 *Lycopersicon lycopersicum* 和 *Lycopersicon esculentum*。"Lyco"意为"狼"，而"persium"，意为"桃子"，它用"狼"作前缀，是因为这种植物来自茄科，因而被误以为有毒。

番茄是欧洲征服美洲后由新世界传到旧世界的一件礼物。这种果实的祖先，可能是生长在秘鲁高原上草本绿色植物所结的绿色小果实。早在公元前 500 年，阿兹特克和其他文明就已经在烹饪中使用番茄。1521 年西班牙征服者科尔特斯占领特诺奇蒂特兰城（现墨西哥城），这种黄色小番茄可能从此首先传到欧洲。然而，其他人认为，番茄是由克里斯托弗·哥伦布在 1493 年带到欧洲的。

但直到最近几年，人们才开始重视这种水果所具有的宝贵色素原料价值。番茄红素是番茄的特征性色素组分，也被认为是一种宝贵保健品。

植物材料

番茄是一种多年生植物，具有弱木质主茎，生长高度为 1 ~ 3m。番茄叶子长度范围在 10 ~ 25cm，羽状复叶，每一叶柄有 5 ~ 9 张小叶。每张叶子具有锯齿边缘。茎和叶均带毛。直径 1 ~ 2cm 的黄色花朵开在 3 ~ 12 支聚伞花序上。

番茄是全世界各地均种植的流行蔬菜。不同农业气候条件下，番茄植物和果实特性有许多差异。根据联合国粮农组织（FAO）统计数据，2007 年世界番茄产量超过12.6 亿 t，其中中国产量超过 33.6 百万 t，美国 11.5 百万 t，土耳其 9.92 百万 t，印度8.59 百万 t，埃及 7.55 百万 t。大量番茄被制成番茄酱，番茄酱无疑是世界消耗量最大的酱料。只有少部分番茄用于生产胡萝卜素。当然，红色品种番茄是最流行的胡萝卜素原料。

化学组成

番茄红素是番茄的主要色素，占 80% ~ 90% 总类胡萝卜素（图 97.1）。虽然它属于烃类，却具有强烈色彩。它的 β – 胡萝卜素两端没有碳环，是一种脂肪族化合物，具有 13 个双键，所有双键均为反式。像其他类胡萝卜素一样，番茄红素稳定，但贮存时需要注意避光。由于番茄红素的浓度只要略高于 100mg/kg 便容易结晶，因此它只有在非常低浓度下才溶于油。

番茄红素可合成生产，它以深红色到紫色晶体形式存在。

图 97.1   番茄红素

提取物

红色番茄用乙酸乙酯或己烷之类溶剂提取，可得到番茄红素提取物。富含类胡萝卜素的番茄会含 200mg/kg 的番茄红素。合并后的提取混合油，经蒸发脱除溶剂后，可以获得富含番茄红素的提取物（Emerton，2008）。

在 14 ~ 28MPa 压力范围和 40 ~ 80℃ 温度范围操作条件下，可利用超临界二氧化碳提取熟番茄浆和皮中的番茄红素和 β - 胡萝卜素。利用适当操作条件组合，可得到含 87% 番茄红素和 13% β - 胡萝卜素的提取物（Cadoni 等，1999）。在流量 4kg/h、温度 55℃ 和压力 30MPa 条件下，利用添加 5% 乙醇作为助溶剂的超临界二氧化碳萃取，可得到 53.93% 番茄红素的提取物（Baysal 等，2000）。

Rozzi 等（2002）从番茄加工废弃的番茄皮和籽中提取番茄红素。采用不同压力和 32 ~ 86℃ 温度范围条件进行实验，结果表明番茄红素提取量随提取温度和压力的提高而增加，可得到含量为 61% 的番茄红素提取物。

最近，环保型溶剂乳酸乙酯已被建议作为提取反式和顺式番茄红素的优良溶剂使用。使用 α - 生育酚之类的抗氧化剂，可提高提取过程效率和提取物的营养价值（Ishida 和 Chapman，2009）。

分析方法

食品化学法典描述了分光光度法测定合成番茄红素的方法，该方法将番茄红素溶解在环己烷中，并在 476nm 处测量吸光度。

用途

番茄提取物可提供几乎纯番茄红素，因为它含 80% ~ 90% 类胡萝卜素。它已被授予一个 E - 编号，因此可以作为天然色素使用。作为一种含 13 个双键的碳氢化合物，它具有强烈色彩和良好油溶性。油悬浮液可用于膨化食品、焙烤制品、奶酪、黄油和其他涂布物、面食、汤、肉汁和调味汁（Emerton，2008）。

利用聚山梨酯或甘油单油酸酯之类乳化剂，可使番茄红素提取物能够分散于水中。这种水溶性色素可用于饮料、冰淇淋、乳品甜点、糖果、肉制品、汤和肉汁。番茄红素唯一不足之处是，有可能产生不希望有的番茄味。

识别编号

	FEMA 编号	CAS	US/CFR	E – 编号
番茄提取物	—	90131 – 63 – 8	—	—
番茄红素	—	—	—	160d

参考文献

Baysal, T.; Ersus, S.; and Starmans, D. A. J. 2000. Supercritical CO_2 extraction of β – carotene and lycopene from tomato paste waste. *J. Agric. Food Chem.* 48 (11), 5507 – 5511.

Cadoni, M. Enzo; De Giorgi, Rita; Medda, Elena; and Poma, Gianluca. 1999. Supercritical CO_2 extraction of lycopene and β – carotene from ripe tomatoes. *Dyes Pigm.* 44 (1), 27 – 32.

Emerton, Victoria, ed. 2008. *Food Colours.* Oxford, UK: Leatherhead Publishing and Blackwell Publishing, pp. 75 – 81.

Ishida, Betty K.; and Chapman, Mary H. 2009. Carotenoid extraction from plants using a novel environmentally friendly solvent. *J. Agric. Food Chem.* 57 (3), 1051 – 1059.

Rozzi, N. L.; Singh, R. K.; Vierling, R. A.; and Watkins, B. A. 2002. Supercritical fluid extraction from tomato processing byproducts. *J. Agric. Food Chem.* 50 (9), 2638 – 2643.

98 姜黄

拉丁学名：*Curcuma longa* L（姜科）

引言

姜黄作为一种香料，在国际市场上，其亮黄色价值与风味剂价值相比更受人们重视。然而，姜黄在印度自古以来作为调味剂、着色剂和药疗作用而得到重用。正因为如此，它被视为吉祥材料，甚至连印度教宗教仪式都使用姜黄。古印度阿育吠陀疗法经过 Caraca 和 Sasruta 这样的大师系统性开发后，姜黄的地位更加提高。

姜黄如其他香料一样，也许是通过地中海国家由东方传向西方的。姜黄出现在公元前 600 年亚述人的药材名单中。迪奥斯科里季斯编译《药材》一书中已经收录姜黄。在 13 世纪，马可·波罗曾提到中国福建地区生长的姜黄。他指出姜黄与藏红花颜色相似，因此，在中世纪时代，姜黄被称为印度藏红花。姜黄作为食品色素虽然被认为不如藏红花，但它具有药性价值。

据信，姜黄植物起源于印度西南的西加特丘陵地区，并由此传播到印度其他地区和东南亚。有可能是西班牙人将姜黄从那里带到了中国、加勒比地区和南美洲。姜黄有可能通过殖民列强传播到一些非洲地区。

姜黄曾经在东、西方棉布和丝绸染色方面起过重要作用。这种染料虽然没有腐蚀性，但很快会退色，尤其是暴露在阳光下。合成染料的发展使姜黄很快失去了用做染料的价值。

虽然许多南亚和东南亚国家，以及其他热带地区都种植姜黄，但印度仍然是姜黄主要生产国。若干姜黄品种生长在印度南部。主要贸易品种包括阿勒皮（Alleppey）、艾洛德（Erode）、桑利（Sangli）、拉吉普利（Rajapuri）和尼扎马巴德（Nizamabad）。

植物材料

姜黄是一种多年生草本植物（照片 28），生长高度为 0.5~1m。姜黄的碧绿色阔叶两端变尖。姜黄花呈淡黄色，由叶腋伸出两个花蕾。姜黄根茎是主要产品。姜黄通过种植根茎切块进行繁殖。由于每年收获有价值的根茎需要从地下拔出植物，因此应当将姜黄当一年生植物对待，需要每年再植。

根茎分两部分：一部分是管状主块茎，称为"母"姜黄；另一部分是由母姜黄生出的圆柱状分枝二级块茎，被称为"指"姜黄。两部分均有横向叶痕和根疤凹痕。根茎处也出现真根。

照片28　（A）整株生长姜黄植物　（B）连根拔起的姜黄
（C）前：姜黄粉，左：干姜黄姜，右：新鲜指姜黄（参见彩色插图）

　　姜黄根茎勉强地与上一季节的干种植材料连在一起。由于收获将植物拔出地面，因此这部分材料仍然会留在地下，而不会随根茎拔出。长期以来，这部分材料不加以回收。然而，近年来，印度泰米尔纳德邦一些地区的农民开始挖掘这种地下材料。这种材料很容易干燥，是富含姜黄色素的派嶂加利（Pazhangali）级姜黄资源，姜黄油树脂生产厂商会收购这种材料。其它地区不收获这种材料，当地农民抱怨挖掘回收成本高，不值得收获。

　　由于刚收获的根茎含有大量淀粉，因此不容易干燥。为了便于干燥，可将根茎用水煮沸约一小时，使淀粉糊化。如果水煮不足，指姜黄中间断开，汁液提取物会在两段间形成线状物。完全糊化则不会发生这种现象。煮过的姜黄湿根即可晒干。干姜黄片很容易破碎。黄色色素虽然对阳光敏感，但由于日晒时根茎对这些色素有很好保护作用，因而不会损失。

　　通常将母姜黄纵向切成四条，使之成为与指姜黄几乎一样粗细。母姜黄和指姜黄均可使用，但是指姜黄价值稍高。在出口市场上，有时要求将指姜黄抛光。指姜黄置于内侧粗糙的金属筒进行旋转可以实现抛光。抛光的指姜黄，具有光亮诱人的黄色，可卖更高价格。

　　干姜黄含 2% ~7% 精油，但这种油的香气特征没有价值。姜黄油有一定药用价值。姜黄的活性成分是姜黄素，这是一种亮黄色食用色素，含量水平在 1.5% ~5.5% 之间。表 98.1 所示为各种重要产区姜黄根的分析结果（Krishmamurthy 等，1976）。

表 98.1	挥发油和姜黄素的产率	
品种	挥发油含量/% （v/w）	姜黄素含量/%
瓦根	7.20	3.51
卡茨布提	5.60	4.03
西干顿	5.30	3.62
艾洛德	4.00	3.00
拉吉普利	4.50	3.45
嘎德地	6.00	3.49
探客比嗒	2.50	1.82
卡斯特利	5.80	3.44
米拉 26	6.30	2.87
阿勒皮	4.00	5.44
第革拉利	3.80	2.22
客代帕	3.30	2.46

化学组成

　　干姜黄含 8.6% 蛋白质、8.9% 脂肪、63.0% 碳水化合物和 6.9% 粗纤维。它含有矿物质和较低水平的水溶性维生素（如硫胺素、核黄素、烟酸和抗坏血酸）。如前所述，姜黄也含有挥发油和姜黄色素。

　　姜黄油的特征性成分是倍半萜类化合物，称为姜黄酮。它们包括芳姜黄酮、α-姜黄酮和β-姜黄酮。芳姜黄酮具有芳香环，结构如图98.1所示。α-姜黄酮有两个额外的H，而β-姜黄酮有四个额外H，分别从芳环除去一个和两个双键。

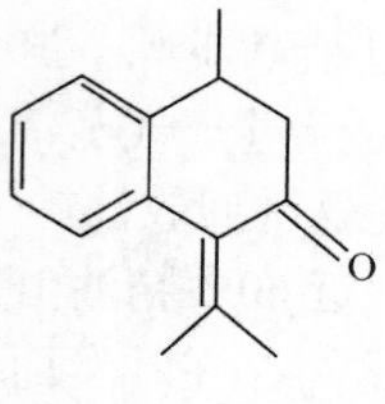

图98.1　芳-姜黄酮

　　姜黄的主要色素是姜黄素，其结构如图98.2所示。姜黄素是双-（阿魏酸酯）甲烷，呈微红亮黄色。姜黄素能以烯醇式和酮式两种形式存在。有两种与之相关的化合物，也有亮黄色：对羟基肉桂酰阿魏醛甲烷（脱甲氧基姜黄素）和双-（对羟基肉桂醛）乙烷（双脱甲氧基姜黄素）。

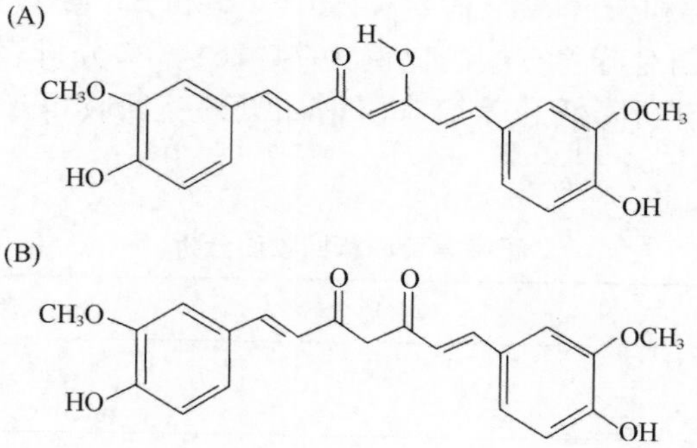

图98.2　姜黄素（A）烯醇式（B）酮式

　　姜黄的特征性黄色由上述三种色素提供。这些色素通常比例是：80%～85%姜黄素、10%～15%脱甲氧基姜黄素和约5%双脱甲氧基姜黄素。由于甲氧基被羟基取代，因而红色对亮黄色成分比例有所下降，当然，一般这种颜色变化粗看难以察觉。

　　因为这三种组分都具有黄色和类似的吸收特性，因此统称为总姜黄素。它们在425nm处有最大吸收，在445nm处出现拐点。三种色素很难通过普通提取过程分离，但可用色谱法分离。

精油

　　许多人认为，姜黄是一种染料而不是一种香料，但数百年来，印度人将姜黄作为咖喱粉配料使用，无疑，姜黄对食品的风味有一定贡献。西方人将姜黄主要作为食品色素使用，例如，虽然姜黄被用于芥末酱，但它并不贡献其特征风味。然而，世界贸易中，姜黄精油的需求量非常低。

干姜黄经粗粉碎，用水蒸气蒸馏，可得到2%~4%姜黄油。这种油是一种淡黄色平稳流动的液体，略带姜黄特征性药味。由于需要的蒸馏时间较长，因此，脱油材料不适合用于提取油树脂。因此，加工者考虑到精油需求量不大，而直接提取油树脂。为将油树脂制成姜黄素粉，需要经过结晶步骤。这要求包括精油在内的所有非结晶成分作为含油部分除去。这种含油部分经过蒸气蒸馏可以产生非常廉价的挥发油。由于姜黄油使用有限，因此有时使用的是这种回收油。

对于纯姜黄油的分析研究不多。近60%精油由芳姜黄酮、α-姜黄酮构成。早期的研究表明，这两种成分以几乎相等比例存在。然而，其他研究表明，姜黄酮与芳姜黄酮的比例为80:20。一项研究发现这种比例为30:70，表明姜黄酮转换成了芳姜黄酮（Govindarajan，1980）。其它主要成分是姜烯（约25%）。还报道了α-水芹烯、桉树脑、龙脑、桧烯和一些倍半萜醇（9%）。总之，可以说，除了含大量姜黄酮以外，姜黄油与姜油相似。

表98.2给出了正宗商业姜黄油和由含油部分回收的姜黄油分析结果。由表可以看出，正宗姜黄油含有更多（芳、α和β）姜黄酮，从而姜烯含量较低。正宗姜黄油还含有少量萜烯烃、醇和桉叶素。总姜黄酮中（α和β）姜黄酮约占45%，而芳姜黄酮约占16%。姜黄酮对芳姜黄酮的比例为74:26；GC分析表明，三者之和占总精油61%。除了姜黄酮有所降低和姜烯有所增加以外，回收得到的挥发油组成类似于正宗姜黄油。

表98.2 　　　　　　　　　　　　　正宗姜黄油和回收油分析

组分	姜黄油含量/%	含油部分回收油含量/%
α-蒎烯	<0.3	<0.5
月桂烯	1~3	0.5~4
柠檬烯	<0.5	0.2~4
对伞花烃	1~2	1~4
1,8-桉叶素	0.5~1.5	1~3
香叶醇-	<0.3	—
丁香酚	<0.5	0.2~1
α-姜黄酮	22~28	4~10
β-姜黄酮	18~23	15~20
芳姜黄酮	12~18	1~4.0
姜烯	5~10	15~20

注：GLC柱：HP Inowax；载体：H_2，探测器：FID。按面积%计。

油树脂

用溶剂对粉碎姜黄提取，去除溶剂后可以得到姜黄油树脂，其中包含所有存在于姜黄根的精油。二氯化乙烯、乙酸乙酯、丙酮、己烷－丙酮混合物均是令人满意的提取溶剂。一般而言，姜黄油树脂得率在10%左右，其中姜黄素含量为35%。一般要求产品的姜黄素含量介于25%～40%，可利用适当原料进行提取。油树脂是一种黄色到橙红色粘稠膏状物，具有姜黄挥发油特征性香气。

近年来，市场提出了纯度约95%结晶姜黄素的需求。这种产品没有姜黄香气，因为不存在姜黄挥发油。这种产品制备过程要使姜黄溶解于溶剂，并加热成为过饱和液。过饱和液静置一段时间后，姜黄素以粗结晶形式得到分离。很难从丙酮提取的油树脂得到结晶，但用其它溶剂，可以将结晶分开。

重复结晶可取得强度更高的晶体。得到的晶体通常用篮式离心机过滤，过滤时可用少量溶剂洗涤。如果使用相同溶剂，则有可能因溶解作用而有少量晶体损失。如果用己烷洗涤，则不会发生溶解。许多溶剂可用于结晶，如二氯化乙烯、乙酸乙酯、乙醇和异丙醇等。溶剂的选择取决于客户要求。气相色谱可检测到微量溶剂存在。有报道指出已检测到丙酮残留物存在，甚至不使用它作溶剂也可检测到。这种丙酮残留可能在高温蒸馏过程产生（Binu等，2007）。

含油部分也有天然色素价值，尽管这些化合物是缩合/聚合的姜黄素类化合物，不会结晶，但具有类似于姜黄素的颜色。

两分子香草醛与适当羰基单元缩合可生成姜黄素。但它并未显示出天然姜黄素及其他两个同系物色素所具有的生物活性。事实上，十年前人们就尝试过用姜黄提取的姜黄素生产香兰素。这种试验的意图是，得到的半合成产品品质有可能大大优于全合成香兰素产品的品质。

测试方法

姜黄素含量可用ASTA分光光度方法，利用415～425nm最大吸收范围的读数进行估计。然而，这种方法不能给出结晶姜黄素的含量，采用ASTA方法只能得到约三分之二总类姜黄素的量。结晶分离出的含油部分可在姜黄素最大吸收波长处有吸收。可结晶姜黄素需要根据实际结晶作用及产生的干晶体两部分确定。

用途

姜黄可作为风味剂用于印度和亚洲食品准备物。芥末酱也含有这种香料，这种产品使用姜黄油树脂可取得良好效果。

使用姜黄的食品包括糖果、冰淇淋、饮料、咖喱和海鲜制备物。

但姜黄素用量最大的却是保健食品业。印度国家营养研究所开展的系统研究表明

（Polasa 等，1991，1992；Mukundan 等，1993），姜黄素是一种高效抗氧化剂，因此是一种抗癌保健品。美国研究人员的研究结果表明，消费姜黄素可减缓乳腺癌、前列腺癌、肺癌和结肠癌发展。

阿育吠陀医学体系已发现姜黄有抗炎性和净化血液性能。加利福尼亚州大学洛杉矶分校最近的一项研究表明，消费姜黄素有助于战胜阿尔茨海默氏病（Balasubramanian，2006）。

据认为，姜黄具有许多化妆功能，这方面起作用的主要是姜黄素。然而，超临界二氧化碳萃取得到姜黄酮，则具有抗氧化和抗老化性能。有人进一步声称，姜黄酮具高度生物可利用性，可改善肤色和增加光泽。阿育吠陀疗法认为姜黄糊可使女性皮肤光滑并去除体毛。

Aggarwal 等人（2003）对姜黄的许多药理作用进行过综述。姜黄有利于治疗前列腺癌（Dorai 等，2001）、乳腺癌（Somasundaram 等，2002）、结肠癌（Chen 等，2006）和阿尔茨海默氏病（Balasubramanian，2006）。

识别编号

	FEMA 编号	CAS	US/CFR	E – 编号
姜黄油	3085	8024 – 37 – 1	182.10	—
姜黄提取物	30868	024 – 37 – 1	182.20	—
		84775 – 52 – 0		—
姜黄油树脂	3087	84775 – 52 – 0	182.20	—
姜黄素	—	458 – 37 – 7		100

参考文献

Aggarwal, Bharat B.; Kumar, Anushree; and Bharti, Alok C. 2003. Anticancer potential of curcumin. Preclinical and clinical studies. *Anticancer Res.* 23 (1A), 363 – 398.

Balasubramanian, Krishnan. 2006. Molecular orbital basis for yellow curry spice curcumin's prevention of Alzheimer's disease. *J. Agric. Food Chem.* 54 (10), 3512 – 3520.

Binu, Paul; Mathulla, Thomas; Issac, Anil; and Mathew, A. G. 2007. Acetone originating from curcumin during determination of residual solvent. *Indian Perfumer* 51 (2), 41 – 43.

Chen, A.; Xu, J.; and Johnson, A. C. 2006. Curcumin inhibits human colon cell growth by suppressing gene expression of epidermal growth factor receptor through reducing the activity of the transcription factor Egr-1. *Oncogene* 25 (2), 278 – 287.

Dorai, Thambi; Cao, Yi – Chen; Dorai, Bhuvaneswari; Buttyan, Ralph; and Katz, Aaron E. 2001. Therapeutic potential of curcumin in human prostate cancer III. Curcumin inhibits proliferation induces apoptosis, and inhibits angiogenesis of LNCaP prostate cancer cells *in vivo*. *Prostate* 47 (4), 293 – 303.

Govindarajan, V. S. 1980. Turmeric – chemistry, technology, and quality. *CRC Crit. Rev. Food Sci. Nutr.* 12,

199 – 301.

Krishnamurthy, N. ; Mathew, A. G. ; Nambudiri, E. S. ; Shivashankar, S. ; Lewis, Y. S. ; and Natarajan, C. P. 1976. Oil and oleoresin of turmeric. *Trop. Sci.* 18 (1), 37 – 45.

Mukundan, M. A. ; Chacko, M. C. ; Annapurna, V. V. ; and Krishnaswamy, K. 1993. Effect of turmeric and curcumin on BP-DNA adducts. *Carcinogenesis* 14 (3), 493 – 496.

Polasa, K. ; Sasikaran, B. ; Krishna, T. P. ; and Krishnaswamy, K. 1991. Turmeric (*Curcuma long*) induced reduction in urinary mutagens. *Food Chem. Toxicol.* 29 (10), 699 – 706.

Polasa, K. ; Raghuram, T. C. ; Krishna, Prasanna; and Krishnaswamy, K. 1992. Effect of turmeric on urinary mutagens in smokers. *Mutagenesis* 7 (2), 107 – 109.

Somasundaram, Sivagurunathan; Edmund, N. A. ; Moore, D. T. ; Small, G. W. ; Shi, Yue Y. , and Orlowski, R. Z. 2002. Dietary curcumin inhibits chemotherapy – induced apoptosis in models of human breast cancer. *Cancer Res.* 62 (13), 3868 – 3875.

99 香子兰

拉丁学名：*Vanilla planifolia* Andrews，*V. pompona* Schiede，
V. tahitensis Moore（兰科）

引言

欧洲探险家动身前往新大陆以前，墨西哥人就已经种植香子兰。15 世纪，阿兹台克人入侵并征服墨西哥中部。他们为这种优良香料开发出了一种滋味，并要求被征服者向他们提供香子兰豆。1520 年，西班牙探险家科尔特斯将这种香料介绍到了欧洲。据认为，香子兰取名于"黑花"，因为成熟豆在干燥时颜色会变深。

欧洲国家曾试图在其控制的热带国家种植香子兰豆，但这种努力未能取得成功。经过大量调查，发现这种植物授粉需要外界帮助。在墨西哥，这种外援授粉任务由当地各种分享香子兰花蜜的蜜蜂和蜂鸟完成。蜂鸟的长喙能插入花内吸取甘露，与此同时将花打开，使花药释放出花粉，从而可使柱头受粉。

1560 年，墨西哥的西班牙传教针对香子兰及其用途作过早期文档工作。尽管人工授粉出现于 19 世纪，但更为实用的授粉方法却是一位名为 Edmond Albius 的 12 岁法国奴隶所开发，至今，这种方法仍在使用。这种方法利用一根通常用竹子做成的小棒，小棒可像蜂鸟长喙一样打开花药。这种授粉技术开发，使得香子兰豆也能在其他热带地区种植和生产。

直到 19 世纪中叶，墨西哥仍然是香子兰主要种植国。19 世纪初，法国人将这种植物引入到了留尼汪岛和毛里求斯，而后又引入科摩罗、塞舌尔和马达加斯加。实用授粉方法的发展促进了这些非洲岛屿的香子兰生产发展。这一地区生产的香子兰豆称为波旁香子兰豆。如今，马达加斯加是最主要的香子兰生产国。除了藏红花，香子兰被认为是最昂贵的香料。

植物材料

香子兰属于兰科。事实上，该大家族中，香子兰是唯一具有商业意义的风味材料品种。主要品种是香草兰（*Vanilla planifolia*）。其他两个栽培品种是西印度香子兰（*Vanilla pompona*）和大溪地香子兰（*Vanilla tahitensis*）（Madhusoodanan 等，2003）。香子兰是一种多年生草本植物藤，它以攀缘方式生长在树木或支撑物上。它借助于直径约 2mm 的白色不定根固定。这些根出现在叶子的相反方向。真正的根在下部。这种根具有长柱形肉质支干。根支干直径在 1～2cm 间。香子兰具有带气孔的叶绿素覆盖

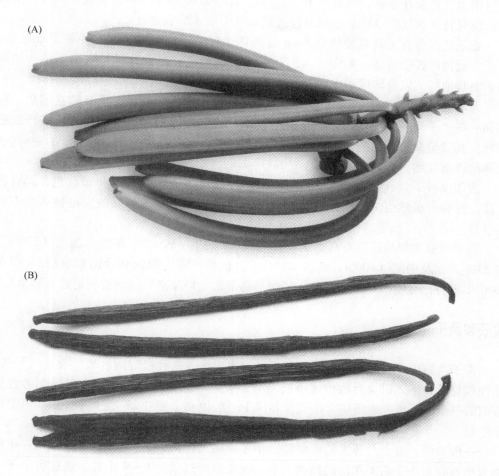

照片29 （A）未风干的香子兰豆 （B）风干后的香子兰豆（参见彩色插图）

物，因而可以进行光合作用。其叶子形状介于椭圆形至披针形之间。叶子为平面肉质，几乎无柄，相对间隔而生，叶子长度在 10～25cm，宽度在 3～10cm。一般香子兰具有简单腋生粗壮总花序。香子兰开大朵淡绿黄色蜡质花。唇瓣的下部发展成为中心柱。柱端生出一个雄蕊，此雄蕊带两个受帽形罩覆盖的花粉群。长度为 4～5cm 的细长柄状部位是子房。

香子兰花形成过程难以进行自我授粉，因为雄蕊与子房处于隔离状态。墨西哥是这种作物商业化发源地，当地通过各种无刺蜜蜂或蜂鸟授粉。在其他所有地方，甚至在某些墨西哥地区，人工授粉是使其结果的唯一途径。

人工授粉利用尖竹刺、削尖的牙签或其他类似工具实现（Madhusoodanan 等，2003）。借助于授粉工具，雄蕊的覆盖物被顶回，而花粉囊用拇指压向柱头，从而将花粉传播在柱头上。每朵花和柱头的授粉期仅为 1 天，因此，所有授粉操作要在同一天进行。授粉最好在早晨进行。

香兰子果实为蒴果，需要 250～280d 成熟，成熟蒴果重量约12g。这种称为豆的果实呈很窄三角圆柱条状，长度为 10~25cm，直径为 0.5~1.5cm。采摘下来的豆子为绿色，没有特征香气。这种豆子只有经过精心风干后才形成香气。

香子兰豆含有无数直径约 0.3mm 的黑色小籽。正常条件下，这种种子难以发芽。香子兰通过藤扦插传播。如今，人们利用组织培养进行商业化种植育苗。马达加斯加和非洲其他岛屿以及印度和中国等主产区种植的是香荚兰（V. planifolia）。

大溪地香子兰（V. tahitensis），顾名思义，属于大溪地品种，该品种在印尼、夏威夷和一些太平洋岛屿种植。该品种价格较低。其主要区别在于，它具有较多纤细茎和窄叶。其豆呈微红－褐色，长度范围在 12~15cm，直径略小于 1cm。豆子的中间较宽，朝两端逐渐变细。

西印度香子兰（V. pompona）酷似香荚兰，但叶更长更阔。花呈黄绿色，具有较多肉质。这种豆虽然也多肉质，但截面为带圆弧的三角形。这种豆的质量被认为不如香荚兰豆。

香子兰豆主要生产国有马达加斯加（6200t，约占 59%）、印度尼西亚（2399t，约占 23%）以及中国（1000t，约占 10%）。其他生产国，根据联合国粮农组织（FAO）2006 年报告，有墨西哥、土耳其、汤加、乌干达、科摩罗、法属波利尼西亚和留尼旺。

收获和风干

香子兰的生产、风干和利用过程已经相当成熟，这种过程因区域、农业气候条件、品种和豆子大小，以及当地传统不同而有差异。有关详细信息，读者可以参考各种此方面的书籍。不过，本节将介绍收获和风干一般原则。照片 29 所示为收获和风干的香子兰豆。

一般来说，香子兰藤大约需要经三年才到结果阶段，生产期约 12 年。第一年的植物大小看起来小于后面年份的植物大小。授粉后经过大约 6~9 个月，当这种豆子开始形成黄色尖端时，便可以进行收获。

墨西哥、波旁岛及其他种植香荚兰的地区，香子兰豆风干过程基本类似。在墨西哥，香子兰豆用毛毯和草席包裹，置于烘箱 24~48 小时。其他地方将豆子短时浸于热水中，然后在阳光下铺开，并定期翻动，以免过热。然后用被子包裹豆子，置于木箱，使其通宵出水。重复日晒和包裹过程，以便完成各种酶促变化。豆子存储于储室架上几周，使其进一步形成风味。总的风干时间为 3~6 个月。具体条件根据豆类差异和其他因素确定。为了得到最佳结果，要单独摘取豆子，以确保每一根豆荚均具有适当成熟水平（Nielsen，未注明日期）。

印度尼西亚栽培的是大溪地香子兰，当地为了节省劳力，倾向于成把地从藤蔓上摘下豆子。这种豆的成熟度会有差异，从而质量较次。风干过程利用油加热器，然后进行其他风干步骤。当地在控制香子兰豆成熟方面作过一些改进，例如让豆子留在藤蔓上成熟更长时间，但从该地区出产的香子兰豆质量仍然被认为不如波旁香子兰豆。

几乎所有地区都有推荐的获得最好香子兰豆质量的风干方法。最终水分含量应该在 20%~30%。水分含量较高，并且香子兰豆在不卫生条件下贮存，则有可能在表面出现真菌。如果偶尔需要打开擦拭，则需要晾干后再重新包装。

McCormicks 和 Co.（英国专利 1 – 205 – 829，1970）已开发出一种这方面的方法。豆子切成 1cm 长片断，在 60℃烘箱中杀青排湿 70~78h，使豆子的水分含量降到 35%~40%，然后在室温下鼓风干燥到水分含量 20%~25%。

风干的豆用三种形式处理：全荚、粉末和提取物。根据长度对全豆进行分级。A₁ 级是长度大于 15cm 的豆子。事实上，为了高价销售，豆形完好、长 16~17cm 的直豆需要单独醒目包装。A 级长 13~15cm，B 级长 10~13cm，C 级长度小于 10cm。也可以切段形式销售。香子兰豆经过粉碎得到粉末，有时与糖、淀粉或其他固体稀释剂混合。提取过程后面讨论。

上述分级体系并非通用，因为不同地区豆荚大小不同。马达加斯加豆的平均长度范围在 16~18cm，有的长达 23cm。留尼汪豆较长，而科摩罗豆较短。还有一个基于外观的分级系统。具有均匀巧克力棕色、无分裂之类缺陷、具有油性外观和细腻风味的豆子，均为所希望有的属性。薄、形状扭曲、颜色偏红、开裂、干燥过度及香气不佳，均为影响价值的缺陷。除香荚兰豆以外的其他植物品种所产的香子兰豆级别也较低。

化学组成

风干过程会发生许多酶促和化学反应，形成风味化合物。最重要的化合物是香草醛，它是 4 – 羟基，3 – 甲氧基苯甲醛（图 99.1）。胡椒醛（heliotropis）是含量较低但重要的香气组分。风干的香子兰豆除含香草醛以外，还含有乙基香草醛、香草酸对羟基苯甲酸、对香豆酸和一些非挥发性成分，如糖类、蜡质、固定油和多酚类物质。风干豆含 20%~30% 水分。

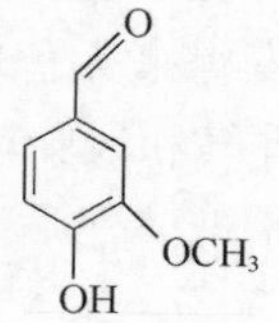

图 99.1　香草醛

萃取

香子兰豆的精油含量非常少，但它们所含的精油会产生非常具有吸引力的挥发性香气和风味。有时，这些精油会浓缩在提取物或香精中。过热对这种美妙风味有损害，因此，乙醇和超临界二氧化碳是仅有的两种合适的溶剂。使用酒精作溶剂时，最后不用将痕量溶剂除去，从而避免过度加热。超临界二氧化碳不需要加热就可除去二氧化碳。

在复杂风味混合物中，香草醛是最主要和最重要的组分。此外，还有大约 200 种含量较少，但对香气和风味有贡献的组分。根据美国 FDA 定义，单倍浓度香子兰风味物为 1gal 酒精中含 13.35oz 香子兰豆风味物（1oz = 28g；1 美制 gal = 3.79L）。双倍浓度、三倍浓度和四倍浓度应当在 1gal 中分别含 26.7oz、40.5oz 和 53.4oz 香子兰豆风味物。为了在标签中注明为提取物，香子兰风味物必须含 35% 体积浓度的酒精。任何酒精浓度低于此值的产品必须标为"风味剂"。由于酒精的目的是保持风味组分分散，超过 2 倍的浓度可能需要超过 35% 浓度的酒精。可以注意到，酒精强度会被风干豆中所含水分降低。通常市场零售的香子兰为单倍浓度。较强浓度的香子兰提取物，主要为工业中大批次食品提供风味（Nielsen，未注明日期）。

美国市场上有由天然和合成香子兰混合而成的香子兰香草醛混合物。也有含其他天然风味剂（WONF）的香子兰风味剂，但目前尚不清楚这类产品是否得到 FDA 认证。

一种较实用的提取方法是，将香子兰豆切断风干。豆切成每节长 2.5cm，并在环境温度下，在 50% 乙醇溶液中浸泡 12d。沥干后，进行第二次提取。一般，每 2kg 溶剂加入 1kg 切断的豆。用 70℃ 以下的真空蒸馏方法除去合并混合油中的溶剂，香荚兰豆提取物带有浓度低于 5% 乙醇和 20% 水分。这种含 80% 可溶性固形物的提取物，是一种黏稠液体，易溶于水。它呈深褐巧克力色，具有带焦糖化甜酒味的典型香兰素风味。

使用 95% 无水酒精的类似提取，得到具有相似感官特性的分成两层的产品，但黏性和油溶性略低。

香子兰豆的质量不仅取决于香兰素含量；其他含量适当的成分也有助于提高香兰素风味效果。一般来说，经过妥善风干的香子兰豆的香兰素含量为 1%～2%，极少数情况下甚至高达 3%。其他化学成分有对羟基苯甲醛、乙酸、异丁酸、己酸、丁子香酚、糠醛、对 - 羟基苄基甲基醚、香子兰乙基醚、茴香基乙醚和乙醛（Leung 和 Foster，1996）。

豆子所含的香兰素虽然大大提高了香子兰豆的质量，但缺少香兰素却并不改变香子兰特征，也不至于使相应香子兰豆变得毫无价值（Ranadive，2006）。一些主要、次要和微量元素成分，对香子兰特征性香气和风味也起着重要作用。Fu 等（2002）利用超临界二氧化碳对中国香子兰豆进行萃取，然后利用 GC - MS 进行分析，鉴定出了约 30 种化合物。

分析方法

AOAC 有测定香兰素含量的高效液相色谱法。然而，感官特性评价是最重要的质量评价方法。

用途

粉碎的风干香子兰豆可用于各种制备物，如糖果、乳制品、烘焙制品和饮料。工业化生产这些产品时，一般可用香子兰提取物。香子兰的重要用途是作为风味剂用于冰淇淋；冰淇淋和奶制品中最常见的风味剂是香子兰提取物。许多其他风味制备物都含有香子兰，如巧克力、奶油、焦糖，甚至咖啡。有些食品，消费者并不知其中含香子兰，但所含的香子兰可能对总体接受性起着相当重要作用。在可乐基软饮料中添加香子兰风味的尝试没有取得多大成功。

识别编号

	FEMA 编号	CAS	US/CFR	E - 编号
香子兰豆	3104	84650 - 63 - 5	182. 10	—
香子兰精	3105	8024 - 06 - 4	182. 20	—
香子兰油树脂	3106	84650 - 63 - 5	182. 20	—
香子兰绝对	—	8024 - 06 - 4	—	—
香兰素（天然）	3107	121 - 33 - 500	182. 60	—

参考文献

Fu, Shiliang; Huang, Maofang; Zhou, Jiang; and Li, Sidoug 2002. Determination of chemical constituents of vanilla by supercritical CO_2 fluid extraction. *Huaxue Yanyiu Yu Yingyoung* 14 (2), 208 – 210 (Chinese) (*Chem. Abstr.* 138: 136026).

Leung, Albert Y.; and Foster, Steven. 1996. *Encyclopedia of Common Natural Ingredients.* New York: John Wiley and Sons, pp. 510 – 511.

Madhusoodanan, K. J.; Radhakrishnan, V. V.; and Sudharshan, M. R. 2003. *Vanilla, the Prince of Spices.* Cochin, India: Spices Board India, pp. 5 – 9.

Nielsen, Chat Jr. Undated. *The Story of Vanilla.* Leeuwarden, the Netherlands: Nielsen-Massey Vanillas International.

Ranadive, Aravind. 2006. Chemistry and biochemistry of vanilla fiavour. *Perfumer Flavorist* 31 (3), 38 – 44.

第三部分
未来需求

引言

第二部分讲述了各种风味物和着色剂的天然来源。随着近来对天然材料应用的重视，这方面仍然存在相当大的拓展空间。事实上，很多植物产品的使用有区域性。一旦这些材料的风味品质得以确认，将它们推向全球市场就不会太复杂。

事实上，对于食品和风味技术方向学生来说，围绕这方面立项展开研究比较理想。针对这方面的活动，最重要的概念是开发具有自保存性的标准化提取物。一旦完成实验室研究，制造企业就可以进行小批量生产，对其经济潜力和消费者对这些产品的接受性进行调查。化妆品和香水厂商在这方面走得比较在前。人们一直在寻找香水，出现大量可选用产品，这些产品就是在十年前也是难以设想的。食品制造商和消费者在这方面较为保守。当然，原因之一可能是食物是要被摄入口中消耗的，而香水只需在外部应用。然而，借助于现有毒理试验的完善方法，不用担心出现有害风味物质和色素进入消费者的事发生，特别是天然产品。随着对于不良皮肤反应和过敏并发症的关注，新芳香物质有可能会经受比风味成分更为严格的测试比较。此外，如果区域性流行的风味物质和色素能扩展到世界其他地区，就没有必要为此担心。主要问题是消费者的接受性。面对众多材料，特定风味物在很大程度上是一种习惯获得的风味物质。因此，有必要进行长期规划。

天然着色剂的最大问题是可用材料的限制。许多目前可用色素的颜色范围在黄色至红色之间。幸好这一颜色范围也是人们接受的食品颜色范围。引入新着色剂的空间仍然相当大，新着色剂既可以是水溶性的，也可以是脂溶性的。许多新开发的天然着色剂，也可供化妆品制造商使用。

100 某些天然色素源的开发潜力

许多植物产品作为天然风味剂使用，尤其是用于烹饪。有些植物产品只要制成可应用的提取物，便可作为优良咸味风味剂，用于汤、小吃、色拉酱及方便调味料。

同类香料

一些主要香料在特征性风味方面具有密切关系。例如，姜与不同类型高良姜产品有关（第51~53章），而黑胡椒与荜拨有关（第71章）。

葱属植物有许多成员均可用于烹饪。两种大量应用的葱属产品分别是由第55和79章介绍的大蒜和洋葱。最近一项关于一般烹饪用不同热处理对各种葱属产品影响的研究，揭示了令人感兴趣的挥发性成分与非挥发性成分变化（Kramer等，2006）。

青葱（*Allium oschaninii*）起源于亚洲，由印度传播到地中海地区。许多人认为它起源于目前属于以色列的古城亚实基伦。葱的味道类似于洋葱，但风味较甜较温和。切割时，它具有催泪性质。青葱比洋葱小得多（照片30）。

照片30 葱（参见彩色插图）

　　青葱被广泛用于东南亚和南亚国家烹饪。青葱在两道流行于南印度的菜肴（南印酸豆汤和酸辣咖喱鸡）中起着主要作用。青葱可用于腌汁。然而，由于市场运作不佳，青葱在欧洲和美国比较昂贵。

　　有关青葱的研究很少。一般认为其催泪物质与洋葱的类似，但也可能有细微的差别。据报道，青葱含有类黄酮类多酚。

　　与洋葱不同的是，香葱对食物质地没有影响，并且其风味更细腻。很多人煎蛋喜欢用香葱而不愿用洋葱，主要是因为不必将它咬碎就可享受到其特殊香味。所有这些事实说明，适当制备的提取物有可能成功地作为独特且受欢迎的风味剂用于许多食品。

　　大葱（*Allium wakegi*）有许多别名，如春葱、沙拉洋葱及青葱花。大葱风味类似于香葱，但有微妙差异。它不像其他葱属产品，其球茎没有完全发展，但具有白色肿胀下部，上部为绿色空心结构。它们具有刺鼻味道，但比洋葱温和。它们可煮熟或生吃，并可用于汤、面条及海鲜制备物。

　　北葱（*Alliums choenoprasum*）或许是葱属植物中最小的成员。它们生长在北美、欧洲和亚洲。北葱的独特之处在于它是一种在新旧世界都能茁壮成长的植物。它是一种多年生草本植物，发育良好的球茎长 2～3cm，宽约 1cm。

　　新鲜北葱一年四季均有供应，因此常用于欧洲烹饪。干冻对它们的风味没有太大影响。北葱如大蒜一样，含有大量含硫风味化合物，这种含硫化合物被认为具有一定药用性能。它含有丰富的维生素 A 和维生素 C，并含有丰富的矿物质，如铁和钙。虽然从远古时代起欧洲已经种植北葱，但对于这种植物的化学研究相当有限。因此，有必要对其进行科学研究，以便在加工食品中使用标准化提取物。

　　韭菜（*Allium tuberosum*），也称为中国韭菜。野生韭菜分类为 *Allium ramosum*。韭菜虽然已经为英语世界接受，但在中国和其他亚洲国家却已经流行相当长时间。该植物具有直而薄的带状叶子，具有高大花茎及引人注意的白色花朵。茎和叶在中国、日本和韩国均可用于炒菜。韭菜是一种流行用于蛋、肉和海鲜饺子馅的香料。韭菜常用于制作不同煎饼。韭菜具有葱类典型风味，但与大蒜有明显差异。与其他葱属烹饪原料一样，如果可利用韭菜制成提取物，则韭菜也可在加工食品中发挥重要作用。

　　象大蒜（*Allium ampeloprasum*，也称为 *Allium porrum*），是洋葱家族另一成员。可食用部分是白色洋葱状球茎，其浅绿色茎是下部叶鞘的主要部分。深绿色上部不被使用。

　　古埃及已经存在象大蒜，象大蒜是罗马尼禄皇帝喜爱的食物。象大蒜是威尔士国徽，莎士比亚提到亨利五世时期有穿戴象大蒜的古老习俗。

　　象大蒜可煮制或炒制，做汤口感极佳。它也可用作色拉原料。虽然其质地非常重要，但开发象大蒜提取物作为一种天然风味剂使用仍然值得一试，特别是利用烹饪中不使用的植物部分进行提取。

　　灯笼椒（*Capsicum annuum*）与辣椒同属同种。它可作为蔬菜使用，但具有独特诱人风味。尽管灯笼椒可提取天然风味剂，但事实上人们曾经试图生产合成灯笼椒风味剂。应尽量利用这种植物废弃物及不被利用部分。这种植物的辣椒素含量非常低。

　　灯笼椒原产于墨西哥、中美洲和南美洲北部地区。据认为，其种子已在 1493 年被传到欧洲，作为一种带有温和辣味的非常可口蔬菜，后来被传播到亚洲和非洲。由于它呈钟形，因此被称为灯笼椒，但它有时也被称为甜椒。在印度，常将灯笼椒称为"辣椒"，而在印度尼西亚，它被称为"红辣椒"。它通常像青水果一样用于烹饪。成熟的灯笼椒呈黄色或红色。

以湿基准计，灯笼椒含 4.64% 碳水化合物、2.40% 糖、1.7% 膳食纤维、0.17% 脂肪及 0.86% 蛋白质。它含有多种 B 属维生素、抗坏血酸和一些矿物质。成熟时，灯笼椒富含胡萝卜素和番茄红素，两者均具有保健作用。

姜黄也有一些密切相关的香料，其风味受欢迎程度因地区不同而异（Govindarajan，1980）。以下介绍其中的一些这类香料。

郁金（*Curcuma aromatica*）生长在印度大部分地区。一般来说，种植更有价值的正宗姜黄（*Curcumalonga*）的地方，就可以种植郁金（见第 98 章）。郁金除用作香料以外，还可用于化妆品。南印度一直在稳定地生产少量郁金精油。

郁金是一种多年生根茎香草，带有芳香性黄色根茎。其根茎看起来像姜黄根茎，但具有较深橄榄绿色。郁金的指茎较长较细。其精油呈浅黄色，其气味与姜黄的有很大差异。黄色因所含姜黄素引起，这种色素是蒸汽蒸馏过程的挥发性馏分。

印尼姜黄（*Curcuma xanthorrhiza* R）与姜黄类似，流行于印尼。其根茎主要具有药用价值。这种根茎精油含量非常高，范围在 7% ~ 11%（*v/w*）。这种精油与家郁金（*Curcuma domestica*）油极为类似。该油含樟脑、对 - 甲苯基甲基甲醇及大量月桂烯。

莪术（*Curcuma zedoaria* R）因其含有淀粉和典型香气而种植。根茎和精油带有浓郁姜复香、樟脑味和苦味。然而，其使用地区有限。

芒果姜（*Curcuma amada* R），是一种比上述其他块根作物更常见的根茎作物。它具有鲜明的芒果味，因此，常用于酸泡菜。它也有一定医药用途。

分析表明芒果姜含有烃类、α - 蒎烯、罗勒烯和姜黄素。也有报道指出，它含有芳樟醇、樟脑、茴香甲醇、姜黄酮及一些酮醇。

芒果姜提取物具有诱人的风味。它具有甜、苦和清凉感觉，具有青芒果、姜黄和姜的混合香气。其精油和油树脂有待进一步详细分析，因为它们具有用作天然风味剂的潜力。

咀嚼产品

有一些植物产品是世界上不同地区相当流行的咀嚼品。这些材料持续受人睛睐的主要原因是它们的风味中含有某些特殊成分。两种经常在南美和非洲受到当地人使用的这类产品为古柯叶（见第 38 章）和可乐果（见第 65 章）。如何通过世界著名软饮料使这些植物产品广泛流行，是近代食品技术重大成功故事之一。

槟榔（*Areca catechu*）是一种棕榈树的内核，是印度和其他亚洲国家非常受欢迎的咀嚼品。事实上，伴随这种作物的流行性已经形成一个巨大产业。这种通常简称为核果的内核，由一层外壳包围，因此外观很像小型椰子。外壳内的核果长 5 ~ 8cm，直径 3 ~ 6cm。

槟榔的化学性质已得到很好研究。成熟时，它含 7%~35% 茶多酚（以干基计），这种物质使槟榔带有受欢迎的涩味。未成熟阶段的多酚浓度要高得多，可高达 50%。（+）儿茶酸和（-）表儿茶酸已被确定，但主要多酚物质是无色花青素，其中许多以缩合聚单宁形式存在。也有报道提到，槟榔存在微量白天竺葵苷元（Mathew 等，1969）。

这种核果还含有一种称为槟榔素的生物碱，含量水平在 0.1%~0.9%。还有一些含量少得多的此生物碱同系物。有关槟榔化学的研究已经不多，虽然，Wang 等人（1999）发表了一份关于其儿茶素含量的文献。

有报道称，咀嚼槟榔会引起口腔癌。然而，许多消费者将槟榔与粗劣烟草一起咀嚼。通常情况下，这种咀嚼混合物还含有一些熟石灰。致癌属性更有可能是由混在一起的烟草和熟石灰所引起的。据认为，槟榔提取物主要为无色花青素衍生物，它们像茶提取物一样是无害的。

茶叶中的儿茶素是黄烷-3-醇，现在被认为是一种极好的抗氧化剂。槟榔中的黄烷-3,4-二醇很有可能是一种同样有效的抗氧化剂。槟榔碱含量水平低，不太可能是一种有害化学物质。像大多数存在于食品中的其他生物碱一样，槟榔碱可起神经兴奋剂作用，但消费者（尤其是前几代人）喜欢的是它的涩味。

近年来，嚼槟榔的流行性有所下降，因为年轻一代认为这种习惯不合时宜。尽管存在这一趋势，加工商仍然通过混合干香料和甜味核片来生产更为完善的产品，因此印度嚼槟榔的兴趣一定程度得以维持。

卡塔（Acacia catechu）在印度是一种咀嚼品，一般与槟榔和槟榔叶混合在一起咀嚼。卡塔是中等大小落叶乔木，高 9~12m。由这种树木渗出的胶质呈褐色，有脆性，结构类似水晶。

卡塔提取物含有茶多酚，具有良好涩味。一种富含多酚物质的咀嚼品的主要性质之一是它具有消除恶心感觉性能，这个属性也会通过风味混合物体现。

蒌叶（Piper betle）是一种类似黑胡椒的攀缘植物。这种植物的鲜叶由于具有优雅的香草香气而受到重视，这种香气由其所含的精油产生。它富含酚基萜类，从而使得这种精油具有药气味。它含有佳味备醇、佳味醇、草蒿脑、丁香酚及羟基儿茶酚。新鲜叶的挥发油含量为 0.12%~0.14%（Sharma 等，1987）。

咀嚼槟榔和蒌叶的主要效应是激活唾液分泌作用。在进行风味配方（尤其是那些咸味风味配方）试验时，这一点应加注意。

其他

菝葜（Smilax officinalis）是一种植物的根，该植物生长于世界各地，特别是美洲。该植物的英文名"sarsaparilla"可能来自西班牙语 zarga（意为"灌木"）和 parilla（意为"小葡萄酒"）。这种植物的干根可作为风味剂用于软饮料，其中根啤酒和苏城菝葜便是两种这样的软饮料例子。这种植物在台湾、印度和其他国家也被制成甜饮料。

也有一些相关植物，如龙牙裸茎楤木（Aralia nudicaulis）和总花南芥（Aralia

racemosa），被作为菝葜替代物使用。欧洲医学界认为菝葜具有利尿、发汗和血液净化作用。然而，尽管有这么多潜在作用，但菝葜尚未成为一种可用于不同食品的风味剂，尤其是尚未成为一种标准化提取物。

各种工艺步骤产生的许多风味，也发生在日常生活。谷物制芽带来的微妙风味，由谷物发麦芽过程的生化变化所引起。烘焙使甜点仁果和香料风味得到改善。例如，罂粟籽和烤芝麻可以产生良好风味提取物。干绿芒果，被称为甘菊黄（Amchoor），作为酸味剂流行于印度北部地区。如果这种产品得到标准化，或者甚至更好的话，如果能制成水或含水醇提取物的浓缩物，则有可能作为天然风味剂推广。另一个例子是辣根，这是一种流行于日本和世界某些地区的调味品。它具有一股刺鼻的含硫风味。通过生产标准化提取物，有可能将这种风味物质推向世界其他地区。人们会发现周围有许多风味植物材料，目前仅限于某些局部地区。简单操作，如熟化、发芽、粉碎以及热处理，就有可能使这些植物产生良好的风味。这便是新型风味的发展机会。

参考文献

Govindarajan, V. S. 1980. Turmeric—chemistry, technology and quality. *CRC Crit. Rev. Food Sci. Nutr.* 12, 199–301.

Kramer, Gerhard; Sabater, Christopher; Brennecke, Stefan; Liebig, Margit; Freiherr, Kathrin; Ott, Frank; Ley, Jacob P.; Webber, Berthold; Stoeckigt, Detlef; Roloff, Michael; Schmidt, Claus Oliver; Gatfield, Ian; and Bertram, Heinz-Juergen. 2006. The flavor chemistry of culinary Allium preparations. *Dev. Food Sci.* 43, 169–172.

Mathew, A. G.; Parpia, H. A. B.; and Govindarajan, V. S. 1969. The nature of complex proanthocyanidins. *Phytochemistry* 8, 1543–1549.

Sharma, M. L.; Rawat, A. K. S.; and Balasubrahmanyam, V. R. 1987. Studies on essential oil of betel leaf. *Indian Perfumer* 31 (4), 319–324.

Wang, Gangli; Yu, Jiandong; Tian, Jingai; and Zhang, Ji. 1999. Analysis of chemical composition of catechin and epicatechin by RP-HPLC. *Yaowu Fenxi Zazhi* 19 (2), 88–90 (*Chem. Abstr.* 130：301773).

101 某些天然香料源的开发潜力

天然色素来源相当有限。几乎所有带颜色的可食用材料，如某些水果，价格均较高，因此，不适于作为着色剂用于他食品。必须围绕那些未曾得到利用的色素进行探索，即使这些色素目前不是食用的。

花青素类色素

花青素不仅具有鲜艳的颜色，而且水溶性很好。许多水果的着色作用仅部分得到利用。这些水果包括黑醋栗、蓝莓和小红莓。

黑加仑（*Ribes nigrum*）是一种原产于欧洲和亚洲北部地区的水果。这是一种高 1~2m 的小灌木。其果实为一种直径 1cm 的可食用浆果。这种浆果皮光滑，呈深紫色。每株植物每季可产多达 5kg 果实。

黑加仑是一种用途很广的水果，常用于水果制品、糖果及家庭烹饪。它富含抗坏血酸，因此，第一次世界大战中被作为维生素 C 源使用。黑加仑中的花青素是飞燕草色素 -3-0- 葡萄糖苷和芸香糖苷。据认为，这种水果也具有很好的营养功能。Pogor-zelski 和 Czyzowska（1997）对花青素及其耐热和耐老化性能作过一项调查研究。

然而，为了使黑加仑成为有用的天然着色剂，需要面对进一步栽培以及繁重采摘任务问题。这种作物 20 世纪在美国很少见，当时禁止种植黑加仑（一次虫蛀爆发被认为对美国伐木业是一种威胁）。随着科学耕作和高效收获的发展，可使黑加仑产量成倍增加，从而可以促进果品工业和天然色素工业发展。

蓝莓是一种开花植物，属于越橘属（*Vaccinium*），并属于 *cynococcus* 亚种。若干越橘品种在不同地区种植。

蓝莓并非真正浆果。这种水果直径范围在 5~16mm，具有酸甜味。该植物生长在美国、加拿大和欧洲。近年来，蓝莓被引入到南半球，尤其是澳大利亚、智利、南非、阿根廷和新西兰。目前，它被广泛用于水果制品，以及作为风味剂用于谷物、松饼及休闲食品。

蓝莓果富含花青素、原花色素和多酚类物质（Wang 等，2008）。但是，收获这种小水果是一个问题。尽管如此，如果蓝莓天然色素得到更好开发，则扩大其种植并提高其收获效率的潜力仍然巨大。

红莓（*Vaccinium oxycoccos*）是另一种具有天然色素成分的水果作物。这种水果长在匍匐灌木或藤本植物上。其果实最初呈白色，但最后变为深红色。其可食用果实有甜味，但也有强烈酸味。该作物在美国和加拿大某些地区流行。

这种水果大部分被制成汁、酱及加糖果干，也被制成酒。红莓富含花青素，如矢车菊素和芍药素，也含其他多酚类物质，如槲皮素。因此，红莓被认为是一种营养保健品，并具有作为天然食品色素的很大潜力。

桑属（Morus）果实均具有诱人色彩。黑桑（*Morus nigra*）产黑色桑葚，而红桑（*Morus rubra*）产红色桑葚。这些水果已确认含有花青素。为了利用这种水果，需要确定合适的品种，选择理想的农业气候条件，以及对提取方法进行优化。

许多这些小型水果，被列为浆果，被作为水果制品进行栽培和利用。事实上，其中有些作为原料用于提取色素。但着重于后者的利用量确实不大。天然食品色素制备，尤其是利用加工业废弃物制备，具有相当大范围。

半天然色素

某些色素是半天然的，如来自胭脂虫的胭脂红和叶绿酸铜，因为提取过程为产生明显变化进行过轻微化学处理。花青素苷是一种潜在色素，它可以变为花青素。广泛存在于植物产品中的花青素苷是黄烷－3，4－戊二醇，其中很多目前没有商业利用意义。花青素苷大多以无色花青素形式存在，但植物王国也存在蹄纹天竺素和无色飞燕草素。经热酸处理，它们很容易转换成相应的花青素（有关花青素结构，见第57章葡萄）。从化学结构来说，很明显的变化涉及脱水和脱氢步骤。笔者研究过槟榔的花青素苷（Mathew 和 Govindarajan，1964）和腰果外种皮（Mathew 和 Parpia，1970）。在加工过程中，有大量可用于转换的无色花色素材料。花青素苷是无色的，因此，含有这类成分的植物产品并不一定能卖好价钱。含有彩色化合物的原材料售价一般都比较贵。总有若干低价缩合单宁类材料会含有黄烷－3，4－二醇。这些材料可用作花青素原料。

无色花青素通常不以糖苷形式出现。不管怎样，热酸处理可将任何糖苷水解成糖苷配基。盐酸醇（如丁醇）溶液，是一种很好的试剂，用这种试剂在100℃下对无色花青素进行30～40min处理，可以得到相应的花青素。较高强度酸加上微量铁可作为催化剂，提高反应效率（Govindarajan 和 Mathew，1965）。得到的花青素颜色在亮粉红色到红色之间。为提高色素产率和稳定性，还需做更多工作。事实上，来自花青素苷的花青素是未来最有前途的食品色素源。这种色素应该非常经济，因为无色的原花青素源价廉，并且大量存在于植物界。

另一种半天然食品色素是黄烷－醇，如儿茶素类和无色花色素，通过醌形成和二次反应，可以产生有色化合物。茶的黑色素是这种反应的结果。

印度有一种当地人称为"pan"的混合咀嚼物，其主要配料是槟榔、蒌藤叶及湿熟石灰。通过石灰中的氢氧化钙改变 pH 使多酚发生明显化学变化，从而使口中的唾液成为红色。早年女性视这种嘴唇上的红色为（如现代口红那样的）美丽象征。

最初变化是在碱性 pH 条件下形成黄烷－醇醌。然后发生性质不曾了解的二次反应，产生诱人的红色素。实验室使用其他碱金属氧化物对提取的多酚类物质进行处理，可以重现这种反应。这种反应可用来制造红色的半天然食品色素。然而，这种色素需要稳定化处理，因为长期贮存，这种颜色会变淡，可能是由于持续存在强碱的缘故。

过去，越南人习惯于制做半天然黑色染料，用于织物染色，然而，随着合成染料的出现，已经停止这种做法。所用的染料用柿子（*Diospyros mollis*）制造。柿子破碎后用冷的 1% 乙酸处理 3h，使糖苷水解。用 10% 氢氧化钠水溶液处理 30 分钟后，进行过滤，再用浓盐酸中和，形成无定形固体形式的染料前体。这种无色染料，经暴露在空气中用过氧化氢处理，或使其变成微碱性，会变成稳定的黑色染料。过程中的过滤操作一般较缓慢，因此，可通过加压提高过滤速度。

众所周知，合成染料出现后，青黛植物的重要性大大降低，然而，现在有机会重新种植这种作物，以提取其中的靛蓝染料。

木材色素

由紫檀得到的紫檀素（见第 85 章）是最诱人的食用色素之一。菠萝蜜（*Artocarpus heterophyllus*）木也有一种具有诱人黄色的色素。由于这种树当圆木做成家具和门框，因此会产生大量木屑和锯末；这些都是潜在的天然色素源。同样，腰果木（*Anacardium occidentale*）有一种红棕色素。

苏木（*Caesalpinia sappan* L）也被称为巴西木，是另一色素源。该木切割时呈淡黄色，但很快就变成红色。这种色素可用水提取。这种心材木具有苦、涩和辛味，阿育吠陀疗法中，被认为有许多药性。这种色素尚未得到研究。在印度南部，当地人将这种木片用水煮沸，人们饮用得到的粉红色水，认为它对健康有益。

其他颜色

随着人们更加看重天然色素，为科技人员带来了开发新资源的机会。万寿菊（见第 75 章）是一种花卉，现在已经成为一种色素源，因此，一定会有其他含色素花卉。一旦这种色素得到研究，并确认为潜在色素源，就可将其传播开来。近年来，人们开始种植具有金黄色花朵的向日葵，以获取含油量丰富的种子。其花瓣尚未得到利用。即使部分枯萎，也有可能对余下的部分进行色素提取。

同样，水果废料也可成为良好的色素源。如果番茄和葡萄废料能够成为食品色素源，那么，诸如芒果之类的水果废料也值得开发。

栀子（*Gardenia jasminoides*）具有黄红色和蓝色食品色素。这种色素在商业化食品中应用已经取得进展，但仍有扩大应用潜力。包括藏红花素和藏花酸在内的其他色素已经得到鉴定（Chen 等，2007；Bi 等，2008）。

蒲桃（*Jambul syzygium/Eugenia jambolana*）是一种类似于圆形浆果的水果。该水果富含没食子酸型单宁，其颜色平时为粉红色，完全成熟时变成闪亮红黑色。蒲桃受到传统医学重视。这种水果可做成许多产品，由于含花青素和胡萝卜素，说明使用与其颜色有关（Shahnawaz 和 Sheikh，2008）。

川芎根（详见第 72 章）的深红色色素可用水或酒精提取，但未得到详细研究。柯卡姆（详见第 64 章），尤其是红色品种，也可产生可萃取色素。

世界各地，尤其是亚洲、非洲和南美农村，各种含色素可食用物质的着色性能还未得到充分调查。人们应当寻找机会，使新型、独特、具有诱人色调的天然食品色素产业化。

参考文献

Bi, Zhi-ming; Zhou, Xiao Xiao-qin; Li, Ping; Gu, Qian-kun; Wu, Qian; and Tian, Hui-bin. 2008. Chemical constituents of the fruits of *Gardenia jasminoides Ellis*. *Linchan Huaxue Yu Gongye* 28（6）, 67 – 69.

Chen, Hong; Xiao, Yongqing; Li, Li; and Zhang, Cun. 2007. Studies of chemical constituents in fruit of *Gardenia jasminoides*. *Zhongguo Zhongyao Zazhi* 32（11）, 1041 – 1043（Chinese）（*Chem. Abstr.* 149: 275307）.

Govindarajan, V. S.; and Mathew, A. G. 1965. Anthocyanidins from leucoanthocyanidins. *Phytochemistry* 4, 985 – 988.

Mathew, A. G.; and Govindarajan, V. S. 1964. Polyphenolic substances of arecanut. II. Changes during maturation and ripening. *Phytochemistry* 3, 657 – 665.

Mathew, A. G.; and Parpia, H. A. B. 1970. Polyphenols of cashew kernel testa. *J. Food Sci.* 35, 140 – 143.

Pogorzelski, Eugeniusz; and Czyzowska, Anna. 1997. Some physical and chemical properties of polyphenols as evaluation parameters for quality and colour of red wines. *Przem. Ferment. Owocowo-Warzywny* 41（5）, 14 – 16（*Chem. Abstr.* 127: 160942）.

Shahnawaz, Mohammed; and Sheikh, Saghir Ahmed. 2008. Study on off – colouring of jamun fruit products during storage. *J. Agric. Res.* 46（1）, 77 – 83.

Wang, Shiow Y.; Chen, Chi-Tsun; Sciarappa, William; Wang, Chin Y.; and Camp, Mary J. 2008. Fruit quality, antioxidant capacity and flavonoid content of organically and conventionally grown blue berries. *J. Agric. Food Chem.* 56（14）, 5788 – 5744.

后记

虽然许多食品令人喜爱，并且，即使某些食品含有合成添加剂也仍被称为天然食品，但消费者越来越倾向于选择完全天然的食品。这种消费意向促使人们使用更多来自生物资源的食品添加剂。特别是天然食品风味剂和色素已经开始在食品加工中发挥着重要作用。

本书笔者根据其在研究和工业领域积累了50年的食品化学和技术方面的专门知识，介绍了八十多种可作为食品风味剂和色素使用的天然提取物实用信息。全书分为三部分：第一部分涉及制造、质量、分析和监管方面问题。第二部分以方便查阅的字母顺序方式介绍了目前可用的天然香料和色素。第三部分介绍介绍了研究人员和制造商值得努力的未来发展方向。

《天然食品香料和色素》一书的读者为食品科学家、研究人员和产品开发专业人员，读者会发现，从了解和使用这些具有重要商业价值的天然食品配料角度来看，本书是一本极为宝贵的参考资料。

Mathew Attokaran 博士（原名 A. G. Mathew 博士），进入工业界工作以前，已在印度迈索尔（Mysore）中央食品技术研究所和特里凡得琅（Trivandrum）地方研究实验室（CSIR）从事过28年的食品科学技术研究。他曾经两次担任印度精油协会主席，目前担任印度 Kolenchery 植物脂质有限公司技术总监。

相关读物
《风味剂词典》（第二版）
D. A. De Rovira Sr.
9780813821351
《食品风味剂技术》（第二版）
Edited by A. J. Taylor
9781405185431
《风味剂生产的生物技术》
D. Havhin-Frekel 和 F. G. . Belanger
9781405156493